2023年版全国一级建造师执业资格考试辅导

港口与航道工程管理与实务

复 习 题 集

全国一级建造师执业资格考试辅导编写委员会 编写

中国建筑工业出版社
中国城市出版社

图书在版编目（CIP）数据

港口与航道工程管理与实务复习题集/全国一级建
造师执业资格考试辅导编写委员会编写. —北京：中国
城市出版社，2023.4

2023年版全国一级建造师执业资格考试辅导

ISBN 978-7-5074-3583-2

Ⅰ.① 港… Ⅱ.① 全… Ⅲ.① 港口工程—资格考试—
习题集 ② 航道工程—资格考试—习题集 Ⅳ.① U65-44
② U61-44

中国国家版本馆CIP数据核字（2023）第041164号

责任编辑：李 璇
责任校对：姜小莲

2023年版全国一级建造师执业资格考试辅导

港口与航道工程管理与实务复习题集

全国一级建造师执业资格考试辅导编写委员会 编写

＊

中国建筑工业出版社、中国城市出版社出版、发行（北京海淀三里河路9号）
各地新华书店、建筑书店经销
北京云浩印刷有限责任公司印刷

＊

开本：787毫米×1092毫米 1/16 印张：22¾ 字数：492千字
2023年5月第一版 2023年5月第一次印刷
定价：**60.00**元（含增值服务）
ISBN 978-7-5074-3583-2
（904585）

如有内容及印装质量问题，请联系本社读者服务中心退换
电话：（010）58337283 QQ：924419132
（地址：北京海淀三里河路9号中国建筑工业出版社604室 邮政编码：100037）

出版说明

为了满足广大考生的应试复习需要，便于考生准确理解考试大纲的要求，尽快掌握复习要点，更好地适应考试，根据"一级建造师执业资格考试大纲"（2018 年版）（以下简称"考试大纲"）和"2023 年版全国一级建造师执业资格考试用书"（以下简称"考试用书"），我们组织全国著名院校和企业以及行业协会的有关专家教授编写了"2023 年版全国一级建造师执业资格考试辅导——复习题集"（以下简称"复习题集"）。此次出版的复习题集共 13 册，涵盖所有的综合科目和专业科目，分别为：

- 《建设工程经济复习题集》
- 《建设工程项目管理复习题集》
- 《建设工程法规及相关知识复习题集》
- 《建筑工程管理与实务复习题集》
- 《公路工程管理与实务复习题集》
- 《铁路工程管理与实务复习题集》
- 《民航机场工程管理与实务复习题集》
- 《港口与航道工程管理与实务复习题集》
- 《水利水电工程管理与实务复习题集》
- 《矿业工程管理与实务复习题集》
- 《机电工程管理与实务复习题集》
- 《市政公用工程管理与实务复习题集》
- 《通信与广电工程管理与实务复习题集》

《建设工程经济复习题集》《建设工程项目管理复习题集》《建设工程法规及相关知识复习题集》包括单选题和多选题，专业工程管理与实务复习题集包括单选题、多选题、实务操作和案例分析题。题集中附有参考答案、难点解析、案例分析以及综合测试等。为了帮助应试考生更好地复习备考，我们开设了在线辅导课程，考生可通过中国建筑出版在线网站（exam.cabplink.com）了解相关信息，参加在线辅导课程学习。

为了给广大应试考生提供更优质、持续的服务，我社对上述 13 册图书提供网上增值服务，包括在线答疑、在线视频课程、在线测试等内容。

复习题集紧扣考试大纲，参考考试用书，全面覆盖所有知识点要求，力求突出重点，解释难点。题型参照考试大纲的要求，力求练习题的难易、大小、长短、宽窄适中。各科目考试时间、分值见下表：

序 号	科 目 名 称	考试时间（小时）	满 分
1	建设工程经济	2	100
2	建设工程项目管理	3	130
3	建设工程法规及相关知识	3	130
4	专业工程管理与实务	4	160

本套复习题集力求在短时间内切实帮助考生理解知识点，掌握难点和重点，提高应试水平及解决实际工作问题的能力。希望这套题集能有效地帮助一级建造师应试人员提高复习效果。本套复习题集在编写过程中，难免有不妥之处，欢迎广大读者提出批评和建议，以便我们修订再版时完善，使之成为建造师考试人员的好帮手。

中国建筑工业出版社

中国城市出版社

2023 年 2 月

购正版图书　享超值服务

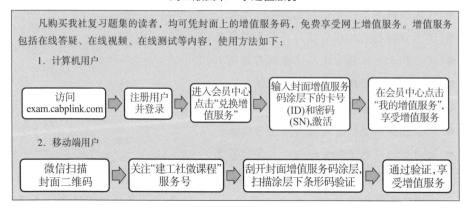

凡购买我社复习题集的读者，均可凭封面上的增值服务码，免费享受网上增值服务。增值服务包括在线答疑、在线视频、在线测试等内容，使用方法如下：

1. 计算机用户

访问 exam.cabplink.com → 注册用户并登录 → 进入会员中心点击"兑换增值服务" → 输入封面增值服务码涂层下的卡号(ID)和密码(SN),激活 → 在会员中心点击"我的增值服务"，享受增值服务

2. 移动端用户

微信扫描封面二维码 → 关注"建工社微课程"服务号 → 刮开封面增值服务码涂层，扫描涂层下条形码验证 → 通过验证,享受增值服务

读者如果对图书中的内容有疑问或问题，可关注微信公众号【建造师应试与执业】，与图书编辑团队直接交流。

建造师应试与执业

目 录

第一部分　单项选择题　多项选择题

第二部分　实务操作和案例分析题

第三部分　综合测试题及参考答案

第四部分　参考答案

单项选择题　多项选择题

1E410000　港口与航道工程技术

1E411000　港口与航道工程专业技术

1E411010　港口与航道工程的水文和气象

1E411011　波浪要素和常用波浪的统计特征值

一 单项选择题

1．下列关于绘制波浪玫瑰图时，波高和周期分级的说法，正确的是（　　）。

A．一般波高每间隔 0.1m 为一级、周期每间隔 0.5s 为一级

B．一般波高每间隔 0.1m 为一级、周期每间隔 1.0s 为一级

C．一般波高每间隔 0.5m 为一级、周期每间隔 0.5s 为一级

D．一般波高每间隔 0.5m 为一级、周期每间隔 1.0s 为一级

2．下列关于波浪波长的说法，正确的是（　　）。

A．相邻的上跨点与下跨点之间的水平距离

B．两个上跨点之间的水平距离

C．两个下跨点之间的水平距离

D．相邻的两个上跨点或下跨点之间的水平距离

3．关于海浪有效波高和有效周期的说法，正确的是（　　）。

A．连续记录中波高总个数的 1/3 个波的波高平均值和对应周期的平均值

B．连续记录中波高总个数的 1/3 个波的波高值和对应的周期值

C．连续记录中波高总个数的 1/3 个大波的波高平均值和对应周期的平均值

D．连续记录中波高总个数的 1/3 个大波的波高值和对应的周期值

4．采用极坐标法绘制的波浪玫瑰图，极坐标的径向长度表示（　　）。

A．波浪的波长大小

B．波浪的频率大小

C. 波浪的波高大小

D. 波浪的周期大小

5. 海浪连续记录中，波高总个数的（　　）个大波的波高平均值为有效波高。

A. 1/2　　　　　　B. 1/3

C. 1/4　　　　　　D. 1/5

6. 某规则波，波速为 1.0m/s，过上跨零点和相邻下跨零点的经时为 2s，该规则波的波长是（　　）。

A. 1m　　　　　　B. 2m

C. 3m　　　　　　D. 4m

7. 规则波列中，波峰顶点及其邻近的上跨零点通过同一测波器的时间间隔为 5s，则每分钟通过该测波器的完整波形为（　　）个。

A. 3　　　　　　　B. 2

C. 6　　　　　　　D. 12

8. 对于深水波，$H_{5\%}$ 的波高等于（　　）。

A. $1.61\overline{H}$　　　　　B. $1.95\overline{H}$

C. $2.03\overline{H}$　　　　　D. $2.66\overline{H}$

二 多项选择题

1. 下列关于波浪对施工船舶影响的说法，正确的有（　　）。

A. 从横摇的角度考虑，横浪航行较顶浪航行更容易发生横谐摇

B. 从横摇的角度考虑，斜顺浪航行较斜顶浪航行更容易发生横谐摇

C. 从横摇的角度考虑，顶浪航行较横浪航行更容易发生横谐摇

D. 大风浪中，当船长与波长接近、波速与船速接近时顺浪航行危险最大

E. 从艉淹的角度考虑，当波长超过 2 倍船长、波速与船速接近时顺浪航行危险最大

2. 常用波高统计特征值有（　　）。

A. $H_{1/10}$　　　　　B. $H_{1/3}$

C. H_{max}　　　　　D. $H_{1/2}$

E. $\overline{H}$

3. 对于深水不规则波，波浪特征值换算正确的有（　　）。

A. $H_{1/100} \approx H_{0.4\%}$　　B. $H_{1/100} = H_{1\%}$

C. $H_{1/10} \approx H_{4\%}$　　　D. $H_{1/10} = H_{10\%}$

E. $H_{1/3} \approx H_{13\%}$

4. 关于波浪要素定义的说法，正确的有（　　）。

A. 波陡是指波高与波长之比

B. 波高是指相邻的波峰与波谷的高度差

C. 波长是指相邻的上跨零点与下跨零点之间的水平距离

D. 波速是指单位时间内波形传播的距离

E. 波浪周期是指波形传播一个波长的距离所需要的时间

5. 关于常用波高特征值的说法，正确的有（　　）。

A. $\overline{H}$ 是指海面上所有的波浪波高的平均值

B. H_{max} 是指某次观测中实际出现的最

大的一个波

C. H_F 是指统计波列中小于此波高的累积频率为 F（%）

D. $H_{1/p}$ 是指海浪连续记录中波高总个数的 $1/p$ 个大波的波高平均值

E. H_S 是指海浪连续记录中波高总个数的 $1/3$ 个大波的波高平均值

6. 关于波浪要素的说法，正确的有（   ）。

A. 波速是指单位时间内波传播的距离

B. 波高是指相邻的波峰与波谷的高度差

C. 波长是指相邻的两个上跨零点或下跨零点之间的水平距离

D. 波陡是指波高与波长之比

E. 波浪周期是指波传播一个波长的距离所需的时间

1E411012   潮汐与设计潮位

一 单项选择题

1. 日潮港湾在半个月中有多数天数在一个太阴日中只有一次高潮和低潮，其余天数为（   ）。

A. 不正规日潮混合潮

B. 不正规半日潮混合潮

C. 正规日潮混合潮

D. 正规半日潮混合潮

2. 下列关于半日潮特征的说法，错误的是（   ）。

A. 两次相邻的潮差几乎相等

B. 两次高潮的潮高几乎相等

C. 两次相邻低潮之间的时间间隔也几乎相等

D. 两次相邻高潮之间的时间间隔也几乎相等

3. 不正规半日潮混合潮在一个太阴日中有（   ）。

A. 一次高潮和两次低潮

B. 两次高潮和一次低潮

C. 两次高潮和两次低潮，两次相邻的高潮或低潮的潮高几乎相等

D. 两次高潮和两次低潮，两次相邻的高潮或低潮的潮高不相等

4. 海港工程的极端低水位应采用重现期为（   ）的年极值低水位。

A. 25 年   B. 30 年

C. 50 年   D. 100 年

5. 关于各种特征潮位关系的说法，错误的是（   ）。

A. 大潮平均高潮位高于平均高潮位

B. 大潮平均低潮位高于小潮平均低潮位

C. 小潮平均高潮位低于平均高潮位

D. 小潮平均低潮位高于平均低潮位

6. 平均海平面是多年潮位观测资料中，取（   ）潮位记录的平均值，也称为平

均潮位。

A. 每半小时　　　B. 每小时

C. 每 2 小时　　　D. 每 3 小时

7. 位于海岸和感潮河段常年潮流段的港口，设计高水位应采用高潮累积频率（　　　）的潮位。

A. 5%　　　　　　B. 7%

C. 10%　　　　　D. 15%

8. 海港工程的极端高水位应采用重现期为（　　　）的年极值高水位。

A. 25 年　　　　　B. 30 年

C. 40 年　　　　　D. 50 年

9. 位于海岸和感潮河段常年潮流段的港口，如已有历时累积频率统计资料，其设计高水位也可采用历时累积频率（　　　）的潮位。

A. 1%　　　　　　B. 2%

C. 5%　　　　　　D. 10%

10. 位于海岸和感潮河段常年潮流段的港口，如已有历时累积频率统计资料，其设计低水位也可采用历时累积频率（　　　）的潮位。

A. 95%　　　　　B. 99%

C. 98%　　　　　D. 90%

11. 不正规日潮混合潮，在半个月中出现（　　　）。

A. 日潮天数不到一半，其余的天数为不正规半日潮混合潮

B. 日潮天数等于一半，其余的天数为不正规半日潮混合潮

C. 日潮天数超过一半，其余的天数为不正规半日潮混合潮

D. 不正规半日潮混合潮不到一半，其余的天数为日潮天数

12. 周期为半个太阴日的潮汐叫半日潮，其特征是（　　　）。

A. 两次高潮（或低潮）的潮高相差很大，两次相邻的潮差几乎相等

B. 两次高潮（或低潮）的潮高相差很大，两次相邻的潮差较大

C. 两次高潮（或低潮）的潮高相差不大，两次相邻的潮差几乎相等

D. 两次高潮（或低潮）的潮高相差不大，两次相邻的潮差较大

13. 我国规定做为计算中国陆地海拔高度的起算面是（　　　）。

A. 黄海平均海平面

B. 渤海平均海平面

C. 东海平均海平面

D. 南海平均海平面

14. 关于累积频率法所选取的统计样本的说法，错误的是（　　　）。

A. 统计样本是各次高潮值

B. 统计样本是各次低潮值

C. 统计样本是各整点潮位

D. 统计样本是各日平均水位

15. 位于海岸和感潮河段常年潮流段的港口，设计低水位应采用低潮累积频率（　　　）的潮位。

A. 95%　　　　　B. 99%

C. 90%　　　　　D. 98%

16. 综合历时曲线法所选取的统计样本是（　　　）。

A. 各次高潮位或低潮位

B. 各日高潮位或低潮位

C. 各日平均水位

D. 各整点潮位

1. 不正规半日潮混合潮，其实质是不正规半日潮，其特征是（   ）。

   A. 在一个太阴日中有两次高潮

   B. 在一个太阴日中有两次低潮

   C. 两次相邻高潮的潮高不相等

   D. 两次相邻低潮的潮高相等

   E. 两次相邻高潮的潮高相等

2. 混合潮可分为（   ）。

   A. 正规半日潮混合潮

   B. 不正规半日潮混合潮

   C. 正规日潮混合潮

   D. 不正规日潮混合潮

   E. 日潮混合潮

3. 周期为半个太阴日的潮汐叫半日潮，其特征是（   ）。

   A. 两次高潮（或低潮）的潮高相差不大

   B. 两次相邻的潮差几乎相等

   C. 两次相邻高潮（或低潮）之间的时间间隔几乎相等

   D. 每天高潮出现的时间基本相同

   E. 每天低潮出现的时间基本相同

4. 关于累积频率法和综合历史曲线法所选取的统计样本的说法，正确的有（   ）。

   A. 累积频率法所选取的统计样本是各次高潮值

   B. 累积频率法所选取的统计样本是各次低潮值

   C. 综合历史曲线法所选取的统计样本是各整点平均水位

   D. 综合历史曲线法所选取的统计样本是各日平均水位

   E. 累积频率法所选取的统计样本是各整点潮位

5. 海港工程的设计潮位应包括（   ）。

   A. 设计高水位   B. 平均水位

   C. 设计低水位   D. 极端高水位

   E. 极端低水位

1E411013   近岸海流特征

1. 关于近岸海流特征的说法，错误的是（   ）。

   A. 在某些情况下盐水楔异重流也相当显著

   B. 河口区的水流一般以径流为主

   C. 在潮区界内，不存在指向上游的涨潮流

   D. 潮流界以下，落潮流量大于涨潮流量

2．下列关于感潮河段内的水流特性的说法，正确的是（　　）。

A．涨潮历时小于落潮历时，涨潮历时越向上游越短

B．涨潮历时等于落潮历时，涨潮历时愈向上游愈长

C．涨潮历时大于落潮历时，涨潮历时愈向上游愈短

D．涨潮历时小于落潮历时，涨潮历时愈向上游愈长

3．河口区的水流一般以（　　）为主。

A．潮流和风海流　　B．潮流和径流

C．潮流和沿岸流　　D．潮流和离岸流

二　多项选择题

1．在港口与航道工程中，通常所指的近岸海流主要有（　　）。

A．沿岸流和裂流

B．潮流和河口水流

C．潮流和气压梯度流

D．潮流和补偿流

E．风海流和密度梯度流

2．关于近岸海流特征的说法，正确的有（　　）。

A．近岸海流一般以潮流为主

B．近岸海流一般以密度梯度流为主

C．河口区的水流一般以径流为主

D．河口区的水流一般以潮流为主

E．近岸海流一般以气压梯度流为主

1E411014　海岸带泥沙运动规律

一　单项选择题

1．沙质海岸一般指泥沙颗粒的中值粒径大于（　　），颗粒间无粘结力。

A．0.01mm　　　　B．0.5mm

C．0.1mm　　　　D．1.0mm

2．关于粉沙质海岸的说法，错误的是（　　）。

A．水下地形无明显起伏现象

B．在水中颗粒间有一定的粘结力

C．干燥后粘结力消失、呈分散状态

D．海底坡度较平缓、通常小于1/100

3．在沙质海岸，（　　）是造成泥沙运动的主要动力。

A．船舶航行　　　　B．水下挖泥

C．波浪　　　　　　D．潮流

4．在淤泥质海岸，（ ）是输沙的主要动力。
  A．船舶航行 B．水下挖泥
  C．波浪   D．潮流

5．海岸带的泥沙来源一般以（ ）为主。

A．当地崖岸侵蚀来沙

B．河流来沙

C．邻近岸滩来沙

D．海底来沙

二 多项选择题

1．关于沙质海岸的说法，正确的有（ ）。
  A．滩面宽广，坡度平坦
  B．主要分布在渤海湾
  C．泥沙颗粒的中值粒径大于 0.1mm
  D．泥沙颗粒间无粘结力
  E．在水中颗粒间有一定粘结力

2．在淤泥质海岸，波浪作用下产生的浮泥有（ ）特性，会增加随潮进入港区和航道的泥沙数量。
  A．自身可能流动 B．易为潮流掀扬
  C．黏性   D．重度大
  E．转化为悬移质

3．下列关于海岸带泥沙运动一般规律的说法，正确的有（ ）。

A．沙质海岸的泥沙运移形态有推移和悬移两种

B．淤泥质海岸的泥沙运移形态以悬移为主

C．粉沙质海岸的泥沙运移形态有悬移、底部高浓度含沙层和推移三种

D．沙质海岸的泥沙运移形态以悬移为主

E．海岸带泥沙运动方式可分为与海岸线垂直的横向运动和与海岸线平行的纵向运动

1E411015 内河的特征水位和泥沙运动规律

一 单项选择题

1．内河特征水位的正常水位是多年水位的（ ）。
  A．最低值 B．平均值
  C．最高值 D．极值

2．河流中较大的沙砾受水流拖拽的作用在河床滚动或滑动，大体上常与河床相接触，这种运动的泥沙叫做（ ）。

A．悬移质   B．推移质

C．跃移质   D．河床质

1. 关于内河特征水位定义的说法，正确的有（　　）。

   A．平均最高水位是指历年最高水位的算术平均值

   B．中水位是均分平均高水位和平均低水位之差的居中水位

   C．平均最低水位是指历年最低水位的算术平均值

   D．正常水位是指在研究时期内水位的算术平均值

   E．最高水位是指在研究时期内出现的最高水位

2. 关于内河的特征水位和泥沙运动规律的说法，正确的有（　　）。

   A．内河特征水位的平均最高水位为历年最高水位的算术平均值

   B．内河特征水位的正常水位为一年水位平均值

   C．内河特征水位的最低水位有月最低水位、年最低水位、历年最低水位

   D．泥沙在水中的运动状态主要可分为悬移质运动和推移质运动状态

   E．推移质中颗粒较小的部分与悬移质中颗粒较大的部分构成彼此交错状态

1E411016　气象及影响

1. 考虑雾对有效施工天数的影响时，一般雾的持续时间要达到（　　）以上，才能从有效作业天数中扣除。

   A．1h
   B．2h
   C．3h
   D．4h

2. 风速用蒲福风级来表示，蒲福风级按风速大小不同范围将风分为（　　）级。

   A．14
   B．18
   C．16
   D．12

3. 风玫瑰图是指用来表达风的时间段、风向、风速和频率四个量的变化情况图，风玫瑰图一般按（　　）绘制。

   A．16个方位
   B．24个方位
   C．12个方位
   D．36个方位

4. 在最大风速玫瑰图中，某一方向的线段长度与图例中单位长度的比值表示该方向风的（　　）。

   A．频率值
   B．统计值
   C．代表值
   D．最大风速

5. 大风是指风力达（　　）的风。

   A．8级
   B．6级
   C．9级
   D．10级

6. 港口工程大型施工船舶的防风、防台是指防御（　　）级风力以上的季风和热带气旋。

A. 6　　　　　　　　B. 8

C. 10　　　　　　　D. 12

7. 世界气象组织规定，中心最大风力≥（　　）级的风暴称为台风。

A. 6～8　　　　　　B. 8～9

C. 10～11　　　　　D. 12

8. 世界气象组织规定，中心最大风力为（　　）级的风暴称为强热带风暴。

A. 6～8　　　　　　B. 8～9

C. 10～11　　　　　D. ≥12

9. 按照降水过程中某一时间段降下水量的多少即降水强度将降雨划分为（　　）。

A. 5个等级　　　　B. 7个等级

C. 6个等级　　　　D. 8个等级

10. 对大体积混凝土浇筑最有利的气温条件是（　　）。

A. 夏季高温

B. 冬季寒冷

C. 秋冬季较低的温度

D. 较小的日夜温差

二 多项选择题

1. 关于降雨强度等级的说法，正确的有（　　）。

A. 中雨是指24h降水量在5.0～14.9mm之间

B. 大雨是指24h降水量在25.0～49.9mm之间

C. 暴雨是指24h降水量在30.0～69.9mm之间

D. 大暴雨是指24h降水量在100.0～249.9mm之间

E. 特大暴雨是指24h降水量≥140.0mm

2. 关于风与降水的说法，正确的有（　　）。

A. 风速为5.5～7.9m/s或风力达5级的风称为劲风

B. 风速为10.8～13.8m/s或风力达6级的风称为强风

C. 风速为17.2～20.7m/s或风力达8级的风称为大风

D. 降水强度系指在单位时间内的降水总量

E. 降水强度通常取1h或1d为单位时间

3. 世界气象组织将太平洋风暴分为（　　）等几个等级。

A. 热带低压　　　B. 强热带低压

C. 热带风暴　　　D. 强热带风暴

E. 台风

4. 关于冬期施工利弊的说法，正确的有（　　）。

A. 不利于混凝土强度增长

B. 不利于大体积混凝土入模温度控制

C. 有利于模板周转

D. 有利于降低大体积混凝土温度

E. 一定会加大施工成本

1E411020　港口与航道工程勘察与测量成果的应用

1E411021　港口与航道工程地质勘察与地质钻孔剖面图的应用

一、单项选择题

1. 关于港口工程施工图设计阶段勘探点布置要求的说法，错误的是（　　）。
   A. 应根据岩土性质等结合所需查明的问题综合确定
   B. 应根据基础类型等结合所需查明的问题综合确定
   C. 应根据工程类型等结合所需查明的问题综合确定
   D. 应根据地质条件等结合所需查明的问题综合确定

2. 关于疏浚工程疏浚区勘探点布置要求的说法，错误的是（　　）。
   A. 应根据地形复杂程度等确定
   B. 应根据地貌复杂程度等确定
   C. 应根据水深大小等确定
   D. 应根据岩土层复杂程度等确定

3. 港口工程施工图设计阶段，勘察应查明（　　）。
   A. 场地的工程地质条件
   B. 场地的水文地质条件
   C. 建筑场地岩土工程条件
   D. 建筑场地的地貌条件

4. 港口工程施工图设计阶段取原状土的最少数量应不少于勘探点总数的（　　）。
   A. 1/5
   B. 1/4
   C. 1/3
   D. 1/6

5. 航道工程施工图设计阶段勘察应进一步查明（　　）。
   A. 建筑场地岩土工程条件
   B. 场地的水文条件
   C. 场地的工程地质条件
   D. 建筑场地的地貌条件

6. 工程勘察报告关于岩土层分布的描述中应包括：岩土层的分布、产状、性质、地质时代、成因类型、（　　）等。
   A. 地形特征
   B. 成层特征
   C. 成层分布
   D. 标高与范围

7. 关于勘探点布置原则的说法，错误的是（　　）。
   A. 宜按建筑物周边线布置
   B. 宜按建筑物角点布置
   C. 宜按建筑物中心线布置
   D. 重大设备基础应单独布置勘探点

8. 属于工程勘察报告中关于不良地质作用描述与评价的是（　　）。
   A. 采空区
   B. 多年冻土
   C. 膨胀土
   D. 湿陷黏土

9. 属于工程勘察报告中地基变形控制评价的是（　　）。
   A. 岩土层成层特征
   B. 岩土层分布
   C. 岩土层产状
   D. 地层均匀性

10. 工程勘察报告中关于场地地震效应的地

面运动是否会造成场地和地基的失稳或失效的分析与评价，主要是考虑液化、（　　　）、滑坡等。

A．蠕动　　　　　B．震陷

C．断裂　　　　　D．波动

11. 在对岩土工程评价时应对所选参数的可靠性和适用性进行分析，岩土参数的可靠与否主要取决于的因素是（　　　）。

A．一是岩土受扰动的程度，二是试验方法和取值标准

B．一是岩土结构受扰动的程度，二是试验方法和取值方法

C．一是岩土结构受扰动的程度，二是试验方法和取值标准

D．一是岩土受扰动的程度，二是试验方法和取值方法

12. 工程勘察报告关于岩土工程评价的描述中应包括：对各岩土单元体的综合评价及工程设计所需的岩土技术参数；（　　　）；对天然岸坡稳定性的评价。

A．对持力层的推荐

B．对持力层的确定

C．对持力层的计算

D．对持力层的评价

13. 工程勘察报告《勘察点平面位置图》以（　　　）为底图，标有各类勘察点、剖面线的位置和序号，勘探点坐标、高程数据表。

A．地形图　　　　B．基线图

C．水深图　　　　D．地貌图

14. 工程勘察报告中的室内试验成果图表包括固结试验数据表、土工试验成果表和（　　　）等。

A．颗粒级配曲线　B．静力触探曲线

C．动力触探曲线　D．标准贯入试验表

15. 下列勘察成果图表中，属于原位测试成果图表的是（　　　）。

A．土工试验成果表

B．静力触探曲线

C．固结试验数据表

D．颗粒级配曲线

16. 工程勘察报告《钻孔柱状图》反映（　　　）岩土层厚度、分布、性质、取样和测试的位置、实测标准贯入击数、地下水位，有关的物理力学指标（如天然含水量、孔隙比、无侧限抗压强度等）。

A．钻孔深度内　　B．施工深度内

C．设计深度内　　D．工作深度内

17. 浅层平板荷载试验可用于测定浅层地基各类岩土的（　　　）。

A．变形模量　　　B．压缩模量

C．液化趋势　　　D．灵敏度

18. 孔隙比 e 是土体中孔隙体积与土粒体积之比值，用于确定（　　　）的分类和确定单桩极限承载力。

A．沙性土　　　　B．黏性土

C．粉土　　　　　D．淤泥性土

19. 液限是指由（　　　）的界限含水量，用于计算塑性指数和液性指数。

A．可塑状态转为半固体状态

B．流动状态变成半固体状态

C．可塑状态转为固体状态

D．流动状态变成可塑状态

20. 孔隙率 n（％）是（　　　）。

A．土中孔隙体积与土粒体积之比

B．土中水体积与土体总体积之比

C．土中孔隙体积与土体总体积之比

D．土中水体积与土粒总体积之比

21. 塑性指数 I_P 是指土颗粒保持结合水的数量，说明可塑性的大小，用于确定（　　）的名称和确定单桩极限承载力。

A. 沙性土　　　　B. 黏性土

C. 粉土　　　　　D. 淤泥性土

22. 液性指数 I_L 说明土的软硬程度，用于确定（　　）的状态和单桩极限承载力。

A. 沙性土　　　　B. 黏性土

C. 粉土　　　　　D. 淤泥性土

23. 黏聚力 c 和内摩擦角 φ 用于土坡和地基的（　　）。

A. 稳定验算　　　B. 承载力验算

C. 结构计算　　　D. 强度计算

24. 标准贯入试验击数 N 值系指质量为 63.5kg 的锤，从（　　）的高度自由落下，将标准贯入器击入土中 30cm 时的锤击数。

A. 36cm　　　　　B. 56cm

C. 76cm　　　　　D. 96cm

25. 在砂土按密实度分类中，标准贯入击数 $10 < N \leq 15$ 的砂土是（　　）砂土。

A. 松散　　　　　B. 稍密

C. 中密　　　　　D. 密实

26. 港口工程地质勘察按岩石质量指标（RQD）对岩体分类时，RQD 值为 50 的岩体是属于（　　）。

A. 差　　　　　　B. 极差

C. 较差　　　　　D. 较好

27. 某堆场地基黏性土样 Z1-1 的液性指数为 0.5，则可判定该土样的状态为（　　）。

A. 硬塑　　　　　B. 可塑

C. 软塑　　　　　D. 流塑

28. 在黏性土的天然状态中，标准贯入试验击数 N 值为 2～4 的土的天然状态为（　　）。

A. 坚硬　　　　　B. 中等

C. 软　　　　　　D. 很软

29. 疏浚工程技术孔应分控制性钻孔和一般性钻孔，技术孔数量不得少于总钻孔数的（　　）。

A. 15%　　　　　B. 20%

C. 25%　　　　　D. 30%

30. 勘察点的布置应根据不同勘探阶段的要求和疏浚区的地形、地貌和岩土层的复杂程度确定，孤立勘探区的钻孔应至少布置（　　）。

A. 3 个　　　　　B. 4 个

C. 5 个　　　　　D. 6 个

31. 在淤泥性土的分类中，含水率 $36\% < \omega \leq 55\%$ 的土为（　　）。

A. 浮泥　　　　　B. 淤泥

C. 流泥　　　　　D. 淤泥质土

二 多项选择题

1. 航道工程施工图设计阶段勘察应（　　）等。

A. 提供施工所需的岩土参数

B. 对工程场地做出岩土工程评价

C. 对建筑地基做出岩土工程评价

D. 提出地基类型、基础形式设计

E．提供地基基础设计的岩土参数

2．港口与航道工程实施勘察时应根据技术要求和场地岩土特性，可选用的方法有（　　）等。

A．钻探　　　　B．试挖

C．井探　　　　D．洞探

E．物探

3．港口工程施工图设计阶段勘察应（　　）等。

A．提出工程降水设计

B．查明场地的工程地质条件

C．对建筑地基做出岩土工程评价

D．查明建筑场地岩土工程条件

E．对工程场地做出岩土工程评价

4．属于工程勘察报告中场地稳定性的分析和评价内容的有（　　）等。

A．岩土体的坍塌　　B．岩土体的变形

C．岩土体的滑坡　　D．岩土体的强度

E．岩土体的断裂

5．工程勘察报告关于岩土层的描述中应包括岩土层的（　　）。

A．产状　　　　B．成因类型

C．性质　　　　D．地质时代

E．地质构造

6．工程勘察报告关于地质构造的描述中应包含场地的地质构造稳定性和（　　）。

A．与工程有关的地质构造现象

B．地质构造对工程建设费用的增加

C．对不利地质构造防治措施的建议

D．地质构造对岸坡稳定性影响的分析

E．场地地质构造对工程影响的分析

7．工程勘察报告关于不良地质作用和特殊性岩土的描述和评价中，不良地质作用主要包括（　　）。

A．岩溶　　　　B．地震

C．滑坡　　　　D．地下水高度

E．泥石流

8．工程勘察报告关于场地地下水情况的描述中应包括（　　）。

A．地下水体积

B．地下水类型

C．地下水形成条件

D．地下水水位特征

E．地下水的可采性

9．属于工程勘察报告中场地地震效应的分析与评价内容的有（　　）等。

A．地面运动是否会造成场地和地基的失稳或失效

B．软黏土液化造成的破坏

C．地面断裂造成的破坏

D．局部地形、地质构造的局部变化引起的地面异常波动造成的破坏

E．泥石流造成的破坏

10．工程勘察报告关于不良地质作用和特殊性岩土的描述和评价中，特殊岩土主要包括（　　）。

A．淤泥　　　　B．花岗岩

C．红黏土　　　D．填土

E．膨胀土

11．工程勘察报告关于岩土工程评价的描述中，应包括：对各岩土单元体的综合评价及工程设计所需的岩土技术参数、（　　）等内容。

A．对持力层的推荐和施工中应注意的问题

B．天然岸坡稳定性的评价

C．对上部结构设计的建议

D．不良地质现象的整治方案建议

E. 地基处理方案的建议

12. 属于工程勘察报告中钻孔柱状图应反映钻孔深度内容的有（　　）等。

A. 有关的物理力学指标

B. 岩土层厚度、分布、性质

C. 取样和测试的位置

D. 实测标准贯入击数

E. 地下水位

13. 工程勘察报告中钻孔柱状图应反映钻孔深度内岩土层的（　　）等。

A. 厚度　　　　　B. 构造线

C. 分布　　　　　D. 性质

E. 测试的位置

14. 下列勘察成果图表中，属于室内试验成果图表的有（　　）。

A. 土工试验成果表

B. 颗粒级配曲线

C. 旁压试验数据表

D. 固结试验数据表

E. 击实试验数据表

15. 工程勘察中的原位测试试验一般应包括（　　）。

A. 标准贯入试验　　B. 十字板剪切试验

C. 静力触探试验　　D. 颗粒级配试验

E. 压缩系数试验

16. 圆锥动力触探试验分为轻型、重型和超重型三种，可用于（　　）等。

A. 沙类土　　　　B. 碎石类土

C. 极软岩　　　　D. 饱和软黏土

E. 软岩

17. 孔隙比 e 是土中孔隙体积与土粒体积之比值，用于（　　）。

A. 确定淤泥性土的分类

B. 确定砂土的分类

C. 确定黏性土的分类

D. 确定粉土的分类

E. 确定单桩极限承载力

18. 液限 w_L 是指土由流动状态变成可塑状态的界限含水量，塑限 w_P 是指土从可塑状态转为半固体状态的界限含水量。两者用于计算（　　）。

A. 塑性指数 I_P

B. 液性指数 I_L

C. 确定砂性土的分类

D. 确定砂性土的状态

E. 确定砂土的名称

19. 塑性指数 I_P：土颗粒保持结合水的数量，说明可塑性的大小，用于（　　）。

A. 确定单桩极限承载力

B. 确定黏性土的名称

C. 确定粉土的名称

D. 确定淤泥性土的分类

E. 确定砂土的名称

20. 液性指数 I_L：说明土的软硬程度，用于（　　）。

A. 确定单桩极限承载力

B. 确定砂土的名称

C. 确定粉土的名称

D. 确定淤泥性土的分类

E. 确定黏性土的状态

21. 关于砂土定义的说法，正确的有（　　）。

A. 粒径大于 0.075mm 的颗粒含量大于总质量 50% 的砂是粉砂

B. 粒径大于 0.075mm 的颗粒含量大于总质量 85% 的砂是细砂

C. 粒径大于 0.25mm 的颗粒含量大于总质量 50% 的砂是中砂

D. 粒径大于 0.5mm 的颗粒含量大于总

质量 50% 的砂是粗砂

　　E．粒径大于 2.0mm 的颗粒含量大于总质量 50% 的砂是砾砂

22．十字板剪切试验系指用十字板剪切仪在原位直接测定饱和软黏土的不排水抗剪强度和灵敏度的试验。十字板剪切强度值，可用于（　　）。

　　A．计算结构强度

　　B．地基土的稳定分析

　　C．检验软基加固效果

　　D．测定地基土的沉降量

　　E．测定软弱地基破坏后滑动面位置和残余强度值

23．关于航道工程初步设计阶段工程地质勘察要求的说法，正确的有（　　）。

　　A．取原状土孔的数量不少于勘探点总数的 1/2

　　B．控制性勘探点的数量不少于勘探点

总数的 1/3

　　C．勘探点布置应根据岩土性质等综合确定

　　D．控制性钻孔深度不宜超过 30m

　　E．大型航道标志工程的一般性勘探点勘探深度要到达强风化岩面

24．港航工程地质勘察成果中，可用于确定单桩极限承载力的指标有（　　）。

　　A．含水率 w（%）　　B．孔隙比 e

　　C．塑性指数 I_P　　　D．液性指数 I_L

　　E．孔隙率 n（%）

25．航道疏浚工程吹填区内的钻孔深度应根据（　　）等因素确定。

　　A．吹填厚度

　　B．现场地质情况

　　C．岩土特性

　　D．围堰的作用与结构

　　E．吹填高程

1E411022　港口与航道工程地形图和水深图的应用

一　单 项 选 择 题

1．关于港口与航道工程地形图和水深图的说法，错误的是（　　）。

　　A．理论深度基准面即各港口或海域理论上可能达到的最低潮位

　　B．一般说，测图比例尺越大反映测区的地形越不精确

　　C．地形图测图比例尺应根据测量类别、测区范围选用

　　D．等高线即地面上高程相等的地点所连成的平滑曲线

2．地形图的比例尺，又称缩尺，是图上直线长度与地面上相应直线（　　）之比。

　　A．长度　　　　　B．水平投影长度

　　C．斜向长度　　　D．侧向投影长度

3．航道工程竣工测量的测图比例尺应按（　　）进行。

A．基本测量要求　B．检查测量要求

C．施工测量要求　D．设计测量要求

4．地形图测图比例尺应根据测量类别、工程类别等，按有关规范规定选用，施工测量的水工建筑物及附属设施测图比例尺为（　　）。

    A．1∶100～1∶1000

    B．1∶200～1∶2000

    C．1∶300～1∶2000

    D．1∶500～1∶2000

5．地形图测图比例尺应根据测量类别、工程类别等，按有关规范选用，施工测量的航道测图比例尺为（　　）。

    A．1∶200～1∶1000

    B．1∶500～1∶2000

    C．1∶1000～1∶5000

    D．1∶2000～1∶10000

6．地形图测图比例尺应根据测量类别、工程类别等按有关规范规定选用，施工测量的吹填区测图比例尺为（　　）。

    A．1∶100～1∶1000

    B．1∶200～1∶2000

    C．1∶500～1∶2000

    D．1∶500～1∶3000

7．航道施工测量的测图比例尺可按（　　）比例尺要求进行。

    A．航道基本测量

    B．航道检查测量

    C．可研阶段测量

    D．初步设计阶段测量

8．关于水运工程测图比例尺的说法，错误的是（　　）。

    A．比例尺越小，反映测区的地形越精确

B．比例尺越大，反映测区的地形越详细

C．测图比例尺应根据测量类别、工程类别和阶段等选用

D．地形图的比例尺是图上直线长度与地面上相应直线水平投影长度之比

9．当地潮汐表查得某时刻潮高的起算面是当地的（　　）。

    A．平均海平面

    B．理论深度基准面

    C．高潮平均海平面

    D．低潮平均海平面

10．港航工程及航运上常用的水深图（海图或航道图），其计量水深用比平均海平面低的较低水位或最低水位做为水深的起算面，称为（　　）。

    A．理论深度基准面

    B．海拔基准面

    C．高程基准面

    D．最低深度面

11．关于地形海拔高度、水深与理论深度基准面之间关系的说法，错误的是（　　）。

A．某时刻的实际水深是指某时刻的实际海平面与海底面的高程差值

B．某时刻的潮高是指某时刻的实际海平面与理论深度基准面的高程差值

C．山的海拔高度是指黄海平均海平面以上山的高度

D．海图水深是指平均海平面以下的海水深度

12．我国内河港口采用某一保证率的（　　）做为深度基准面。

    A．中水位　　　　B．高水位

C. 低水位　　　D. 最低水位

13. 陆地海拔高度基准面与理论深度基准面相比较（　　）。

A. 理论深度基准面的高程低

B. 海拔高度基准面低

C. 某些时刻理论深度基准面低

D. 有些时刻海拔高度基准面低

二　多项选择题

1. 下列关于等高线的说法，正确的有（　　）。

A. 等高线是地面上高程相等的地点所连成的平滑曲线

B. 两相邻等高线间的高程差称为等高距

C. 两相邻等高线间的间距称为等高距

D. 等高线的密度越大，表示地面坡度越小

E. 等高线的密度越小，表示地面坡度越大

2. 水运工程测图比例尺根据（　　）选用。

A. 测量类别　　　B. 工程实施阶段

C. 工程类别　　　D. 测区范围

E. 工程规模

1E411030　港口与航道工程常用混凝土原材料

1E411031　水泥

一　单项选择题

1. 普通硅酸盐水泥的最低强度等级是（　　）。

A. 22.5 级和 22.5R 级

B. 32.5 级和 32.5R 级

C. 42.5 级

D. 52.5R 级

2. 早强型普通硅酸盐水泥的最低强度等级是（　　）。

A. 32.5 级　　　B. 32.5R 级

C. 42.5 级　　　D. 42.5R 级

3. 硅酸盐水泥的最高强度等级是（　　）。

A. 50.0　　　　B. 52.5

C. 62.5　　　　D. 70.0

4. 对于硅酸盐水泥可能包含的组分，说法错误的是（　　）。

A. 熟料＋石膏

B．粒化高炉矿渣

C．火山灰质混合料

D．石灰石

5．对于粉煤灰硅酸盐水泥，粉煤灰组分为（　　）。

A．＞10且≤30　　B．＞20且≤40

C．＞10且≤40　　D．＞20且≤50

6．对于复合硅酸盐水泥，矿渣、火山灰、粉煤灰及石灰石的组分为（　　）。

A．＞20且≤50　　B．＞10且≤50

C．＞20且≤60　　D．＞10且≤40

7．我国北方港口与航道工程有抗冻性要求的混凝土不宜采用（　　）水泥。

A．硅酸盐

B．火山灰质硅酸盐

C．粉煤灰硅酸盐

D．普通硅酸盐

8．在各种环境下的港口与航道工程混凝土中，（　　）均不得使用。

A．矿渣硅酸盐水泥

B．火山灰质硅酸盐水泥

C．粉煤灰硅酸盐水泥

D．烧黏土质火山灰质硅酸盐水泥

9．采用普通硅酸盐水泥拌制大体积混凝土时，宜掺入粉煤灰、粒化高炉矿渣粉等（　　）掺合料。

A．碱性　　　　　B．酸性

C．活性　　　　　D．惰性

10．高性能混凝土宜选用标准稠度用水量（　　）的硅酸盐水泥、普通硅酸盐水泥。

A．高　　　　　　B．低

C．适中　　　　　D．较高

二 多项选择题

1．对于普通硅酸盐水泥，可能包含的组分有（　　）。

A．熟料＋石膏

B．粒化高炉矿渣

C．火山灰质混合料

D．石灰石

E．粉煤灰

2．港口与航道工程常用的水泥品种有（　　）。

A．硅酸盐水泥

B．普通硅酸盐水泥

C．烧黏土质火山灰质硅酸盐水泥

D．粉煤灰硅酸盐水泥

E．矿渣硅酸盐水泥

3．港口工程中使用水泥应考虑的技术条件包括（　　）。

A．品种及强度等级

B．凝结时间

C．早强性能

D．耐久性

E．潮解性能

4．普通硅酸盐水泥的强度等级分为（　　）。

A．22.5级、22.5R级

B．32.5级、32.5R级

C．42.5级、42.5R级

D．52.5级

E．52.5R 级

5．高性能混凝土不宜采用（　　）。

    A．硅酸盐水泥

    B．矿渣硅酸盐水泥

    C．粉煤灰硅酸盐水泥

    D．火山灰质硅酸盐水泥

    E．复合硅酸盐水泥

6．港口与航道工程中可以选用的水泥有

    （　　）。

    A．硅酸盐水泥

    B．烧黏土质火山灰质硅酸盐水泥

    C．普通硅酸盐水泥

    D．粉煤灰硅酸盐水泥

E．矿渣硅酸盐水泥

7．拌制大体积混凝土的水泥宜采用（　　）。

    A．矿渣硅酸盐水泥

    B．粉煤灰硅酸盐水泥

    C．火山灰质硅酸盐水泥

    D．复合硅酸盐水泥

    E．硅酸盐水泥

8．拌制高性能混凝土的水泥宜选用（　　）。

    A．硅酸盐水泥

    B．矿渣硅酸盐水泥

    C．普通硅酸盐水泥

    D．火山灰质硅酸盐水泥

    E．粉煤灰硅酸盐水泥

1E411032　骨料

一　单项选择题

1．采用碎石粗骨料时，碎石需质地坚硬、颗粒密度不低于（　　）。

    A．2100kg/m³　　B．2200kg/m³

    C．2300kg/m³　　D．2400kg/m³

2．采用石灰岩碎石配置 C50 混凝土时，石灰岩岩石立方体抗压强度需大于等于（　　）MPa。

    A．60　　　　　　B．70

    C．75　　　　　　D．80

3．采用片麻岩碎石配置 C40 混凝土时，片麻岩岩石立方体抗压强度需大于等于

（　　）MPa。

    A．60　　　　　　B．80

    C．90　　　　　　D．100

4．无论混凝土是否有抗冻要求，对粗骨料所含杂质和缺陷颗粒限值相同的是（　　）。

    A．针片状颗粒含量

    B．含泥量

    C．软弱颗粒含量

    D．水溶性硫酸盐及硫化物

对骨料最大粒径的要求有（　　）。

A. 不大于 60mm

B. 不大于构件截面最小尺寸的 1/4

C. 不大于钢筋最小净距的 3/4；最大粒径可不大于 1/2 板厚

D. 对南方浪溅区不大于混凝土保护层厚度的 4/5

E. 对厚度不大于 100mm 的混凝土板，最大粒径可不大于 1/2 板厚

1E411033　掺合料

一 单项选择题

1. 混凝土中掺加适量的硅灰能（　　）。

A. 提高混凝土的流动性

B. 提高水泥的水化度

C. 减少高效减水剂的掺量

D. 明显降低水化热

2. 单掺粒化高炉磨细矿渣粉的适宜掺量是（　　）。

A. 5%～10%　　　B. 10%～20%

C. 25%～50%　　　D. 50%～80%

二 多项选择题

1. 粉煤灰对混凝土性能的影响有（　　）。

A. 减少泌水和离析

B. 提高混凝土的早期强度

C. 降低混凝土的水化热

D. 提高其抗渗性

E. 降低干缩变形

2. 粒化高炉矿渣粉对混凝土性能的影响有（　　）。

A. 增大浆体的流动性

B. 提高混凝土的强度

C. 降低混凝土的水化热

D. 提高其抗渗性

E. 提高其抗蚀性

1E411034 外加剂

一 单项选择题

1. 对混凝土的水化热温升有明显影响的外加剂是（　　）。
   A. 减水剂　　　B. 促凝剂
   C. 引气剂　　　D. 防冻剂

2. 对混凝土的水化热温升有明显影响的外加剂是（　　）。
   A. 减水剂　　　B. 引气剂
   C. 缓凝剂　　　D. 防冻剂

二 多项选择题

应用缓凝剂可起到的作用有（　　）。
A. 补偿混凝土收缩
B. 减慢水化热释放
C. 降低水化热温升峰值
D. 降低混凝土内表温度
E. 降低混凝土温度应力

1E411040　港口与航道工程钢材的性能及其应用

1E411041　港口与航道工程钢材的物理力学性能及其应用范围

多项选择题

港口与航道钢结构工程常用钢材品种主要有（　　）。
A. 碳素结构钢
B. 普通低合金结构钢
C. 高合金钢
D. 桥梁用低合金钢
E. 工具钢

1E411042 港口与航道工程钢筋的品种及其应用范围

一 单 项 选 择 题

1. 港航工程钢筋混凝土结构常用钢筋的抗拉强度范围为（   ）。
   A. 100～200MPa
   B. 300～800MPa
   C. 1000～1300MPa
   D. 1300MPa 以上

2. 港航工程钢筋混凝土结构常用钢筋的伸长率范围为（   ）。
   A. 3%～5%
   B. 6%～8%
   C. 10%～25%
   D. 30% 以上

3. 港航工程预应力混凝土结构常用钢丝钢绞线的伸长率范围为（   ）。
   A. 10%～20%
   B. 3%～5%
   C. 8%～10%
   D. 25% 以上

4. 港航工程预应力混凝土结构常用钢丝钢绞线的抗拉强度范围为（   ）。
   A. 300～600MPa
   B. 700～900MPa
   C. 1000～1700MPa
   D. 1700MPa 以上

二 多 项 选 择 题

1. 港航工程钢筋混凝土结构用钢有（   ）。
   A. 低碳钢热轧盘条
   B. 热轧光圆钢筋
   C. 热轧带肋钢筋
   D. 冷拉钢丝（级别为Ⅱ级）
   E. 冷拉钢筋

2. 港航工程预应力混凝土结构用钢有（   ）。
   A. 热轧带肋钢筋
   B. 矫直回火钢丝
   C. 冷拉钢丝
   D. 冷拉钢筋
   E. 预应力钢绞线

1E411043 粗直径钢筋的机械连接

一 单 项 选 择 题

1. 当直径不同的钢筋连接时，钢筋机械连接的连接区段长度应（   ）计算。
   A. 按直径较小的钢筋 30d
   B. 按直径较小的钢筋 35d

C. 按直径较大的钢筋 30d

D. 按直径较大的钢筋 35d

2. 等粗直径钢筋锥螺纹连接的强度与母材的强度相比,( )。

A. 前者高 　　　 B. 前者低

C. 两者相等 　　 D. 没有规律

3. 等粗直径钢筋镦粗直螺纹连接的强度与母材的强度相比,( )。

A. 前者高 　　　　　　 B. 前者低

C. 两者相等 　　 D. 没有规律

4. 粗直径钢筋的套筒挤压连接、锥螺纹连接、镦粗直螺纹连接、滚轧直螺纹连接,其中连接质量最稳定、可靠、速度快,且无需切削套丝工艺(不形成虚假螺纹)的是( )。

A. 套筒挤压连接 　 B. 锥螺纹连接

C. 镦粗直螺纹连接 D. 滚轧直螺纹连接

二　多项选择题

1. 粗直径钢筋套筒挤压连接的优点有( )。

A. 无明火 　　　　 B. 不受气候影响

C. 无需专用设备 　 D. 钢筋断面不受损

E. 可用于水下钢筋连接

2. 粗直径钢筋锥螺纹连接的优点有( )。

A. 对中性好

B. 可连接异径钢筋

C. 锥螺纹套筒局部加粗,连接断面连接强度高于母材

D. 现场套丝质量可靠

E. 可连接水平、垂直、斜向钢筋

3. 滚轧直螺纹钢筋连接的优点包括( )。

A. 自动一次成型 　 B. 测力简单

C. 螺纹牙型好 　　 D. 螺纹精度高

E. 连接工效高

1E411050　港口与航道工程土工织物的性能及其应用

1E411051　港口与航道工程常用土工织物的种类及其性能

一　单项选择题

1. 具有加筋、隔离、反滤和防护功能的土工织物是( )。

A. 编织土工布 　 B. 无纺土工布

C. 机织土工布 　 D. 针刺土工布

2. 土工膜是港口与航道工程常用的土工合成材料之一，其具有（　　）功能。

A. 排水　　　　　B. 加筋

C. 防渗　　　　　D. 反滤

3. 土工带是港口与航道工程常用的土工织物之一，其具有（　　）功能。

A. 防护　　　　　B. 加筋

C. 隔离　　　　　D. 反滤

4. 土工网是港口与航道工程常用的土工合成材料之一，其具有（　　）功能。

A. 加筋　　　　　B. 隔离

C. 反滤　　　　　D. 排水

5. 下列土工织物的性能指标中，属于产品形态指标的是（　　）。

A. 织物厚度　　　B. 材质

C. 有效孔径　　　D. 单位面积质量

6. 渗透系数是土工织物的（　　）。

A. 物理性能指标　B. 力学性能指标

C. 水力学性能指标　D. 产品性能指标

二　多项选择题

1. 下列性能指标中，属于土工织物的产品形态指标的有（　　）。

A. 材质　　　　　B. 织物厚度

C. 幅度　　　　　D. 每卷的长度

E. 有效孔径

2. 关于土工织物功能的说法，正确的有（　　）。

A. 编织土工布具有防护的功能

B. 机织土工布具有反滤的功能

C. 非织造土工布具有排水的功能

D. 土工带具有加筋的功能

E. 土工网具有隔离的功能

3. 非织造（无纺、针刺）土工布的功能主要有（　　）。

A. 反滤功能　　　B. 隔离功能

C. 排水功能　　　D. 防渗功能

E. 加筋功能

4. 机织土工布是港口与航道工程常用的土工织物之一，其具有（　　）功能。

A. 加筋　　　　　B. 隔离

C. 排水　　　　　D. 反滤

E. 防护

5. 港口与航道工程常用土工织物的主要性能指标有（　　）。

A. 产品形态指标　B. 产品性能指标

C. 物理性能指标　D. 力学性能指标

E. 水力学性能指标

6. 下列性能指标中，（　　）属于土工织物的物理性能指标。

A. 有效孔径　　　B. 断裂伸长率

C. 渗透系数　　　D. 耐热性

E. 耐磨性

7. 下列性能指标中，（　　）属于土工织物的力学性能指标。

A. 断裂抗拉强度　B. 断裂伸长率

C. 撕裂强度　　　D. 耐热性

E. 耐磨性

1E411052　土工织物在港口与航道工程中的应用

一　单项选择题

1. 关于土工织物在港口与航道工程中应用的说法，错误的是（　　）。

   A. 将机织土工布铺设于软基上所建斜坡堤的堤基表面可以起到加筋作用

   B. 用编织土工布可以代替高桩码头后方抛石棱体上的反滤层

   C. 将土工网铺设于路基与基土之间可以减少路基厚度

   D. 将无纺土织物用于包裹堆场排水盲沟

2. 在高桩码头工程中，代替码头后方抛石棱体上的反滤层可以采用（　　）。

   A. 土工膜　　　　　B. 非机织土工布

   C. 土工网　　　　　D. 土工带

3. 海岸防护工程中将土工织物铺设在块石护面层与坡内土料之间，土工织物主要起到（　　）。

   A. 反滤作用　　　　B. 防护作用

   C. 隔离作用　　　　D. 防渗作用

二　多项选择题

1. 关于土工合成材料在堆场与道路工程中应用的说法，正确的有（　　）。

   A. 应用于港区堆场软基加固中的塑料排水板可以起到排水作用

   B. 将土工织物铺设于路基与基土之间可以起到隔离作用

   C. 将土工织物铺设于路基与基土之间可以起到加筋作用

   D. 应用于港区堆场软基加固中的袋装砂井的包覆材料可以起到加筋作用

   E. 将土工织物铺设于路基与基土之间可以起到防渗作用

2. 关于土工织物在海岸防护与围海造陆工程中应用的说法，错误的有（　　）。

   A. 土工织物铺设在块石护面层与坡内土料之间可以起到加筋作用

   B. 将土工织物铺设于软基上所建围堰的堰基表面可以起到防渗作用

   C. 将土工织物沿护岸墙竖向设置与排水砾石层组合可以起到排水作用

   D. 大型土工织物模袋充灌混凝土护岸具有施工快、美观的特点

   E. 大型土工织物充砂袋围堰具有整体稳定性好的特点

3. 在软基上的防波堤工程中，将土工织物铺设于软基上，其作用是（　　）。

A. 加筋作用   B. 排水作用   E. 防渗作用

C. 隔离作用   D. 防护作用

1E411060　港口与航道工程混凝土的特点及其配制要求

1E411061　港口与航道工程混凝土特点

一 单 项 选 择 题

1. 港航工程≤C40 有抗冻要求混凝土，其细骨料总含泥量（以重量百分比计）的限值是（　　）。

A. ≤1.0   B. ≤3.0

C. ≤5.0   D. ≤7.0

2. 港航工程 C30～C55 无抗冻要求的混凝土，其细骨料总含泥量（以重量百分比计）的限值是（　　）。

A. ≤1.0   B. ≤3.0

C. ≤5.0   D. ≤7.0

3. 港航工程＜C30 的无抗冻要求混凝土，其细骨料总含泥量（以重量百分比计）的限值是（　　）。

A. ≤1.0   B. ≤3.0

C. ≤5.0   D. ≤7.0

4. 港航工程≤C40 有抗冻要求混凝土，其粗骨料总含泥量（以重量百分比计）的限值是（　　）。

A. ≤0.1   B. ≤0.7

C. ≤3.0   D. ≤5.0

5. 港航工程 C30～C55 无抗冻要求混凝土，其粗骨料总含泥量（以重量百分比计）

的限值是（　　）。

A. ≤1.0   B. ≤0.5

C. ≤2.0   D. ≤3.0

6. 港航工程＜C30 的无抗冻要求混凝土，其粗骨料总含泥量（以重量百分比计）的限值是（　　）。

A. ≤1.0   B. ≤2.0

C. ≤3.0   D. ≤4.0

7. 海水环境中港航工程混凝土严禁采用（　　）粗、细骨料。

A. 活性   B. 惰性

C. 石英类   D. 重晶石类

8. 港航工程混凝土，按强度要求得出的水灰比与按耐久性要求规定的水灰比限值相比较（　　）做为配制混凝土的依据。

A. 取较大值   B. 取较小值

C. 取平均值   D. 任取一值

9. 某海港码头泊位顶面高程为＋3.0m，设计高水位＋1.2m，某浪溅区上界为（　　）。

A. ＋2.2m   B. ＋2.7m

C. +3.0m D. +3.5m

10. 我国海水环境严重受冻港水位变动区钢筋混凝土及预应力混凝土的抗冻等级标准为（　　）。

A. F300 B. F350

C. F400 D. F450

11. 有抗冻性要求的混凝土必须掺入（　　），使其具有要求的含气量。

A. 抗冻剂 B. 引气剂

C. 早强剂 D. 减水剂

12. 港航工程海水环境预应力混凝土中氯离子的最高限值（　　）为0.06。

A. 按混凝土重量的%计

B. 按骨料重量的%计

C. 按水泥重量的%计

D. 按拌合水重量的%计

二 多项选择题

混凝土结构物的环境类别划分为（　　）。

A. 湿热环境 B. 海水环境

C. 淡水环境 D. 冻融环境

E. 化学腐蚀环境

1E411062　港口与航道工程混凝土配制要求

一 单项选择题

1. 港航工程混凝土的配制强度公式为：

$f_{cu,0} = f_{cu,k} + 1.645\sigma$

（1）式中 $f_{cu,0}$ 为（　　）。

A. 混凝土的后期强度

B. 混凝土的施工配制强度

C. 混凝土的换算强度

D. 设计要求的混凝土立方体抗压强度标准值

（2）式中 $f_{cu,k}$ 为（　　）。

A. 混凝土的后期强度

B. 混凝土的配制强度

C. 混凝土的换算强度

D. 设计要求的混凝土立方体抗压强度标准值

（3）式中 σ 为混凝土的（　　）。

A. 立方体抗压强度统计值

B. 立方体抗压强度离差统计值

C. 立方体抗压强度标准差的实际统计值

D. 强度离差系数

（4）按该公式配制的混凝土，混凝土的施工配制强度不低于设计要求的混凝土立方体抗压强度标准值的保证率为（　　）。

A．80%　　　　　B．90%

C．95%　　　　　D．100%

2．混凝土的可操作性，又称为混凝土的和易性，可以用混凝土的（　　）来表征。

A．初凝时间　　　B．终凝时间

C．坍落度值　　　D．振捣时间

3．有抗冻要求的混凝土，骨料最大粒径40mm，其含气量应为（　　）。

A．5.0%～8.0%　　B．3.5%～6.5%

C．4.0%～7.0%　　D．3.0%～6.0%

4．对于设计使用年限50年的工程，处于浪溅区、水位变动区和大气区的高性能预应力混凝土结构，其混凝土抗氯离子渗透性指标（电通量法）最高限值为（　　）。

A．2000C　　　　B．1200C

C．1000C　　　　D．800C

5．混凝土抗氯离子渗透性指标（电通量法）试验用的混凝土试件，对掺入粉煤灰或粒化高炉矿渣粉的混凝土，应按标准养护条件下（　　）龄期的试验结果评定。

A．14d　　　　　B．28d

C．56d　　　　　D．90d

6．当混凝土强度等级大于或等于C30，计算的强度标准差小于3.0MPa时，计算配制强度用的混凝土立方体抗压强度标准差应为（　　）。

A．2.5MPa

B．3.0MPa

C．3.5MPa

D．所计算的标准差

二 多 项 选 择 题

1．港航工程有抗冻性要求的混凝土，抗冻性合格的指标是在满足所要求的冻融循环次数后（　　）。

A．抗压强度损失≤20%

B．抗渗性≥P5

C．重量损失≤5%

D．动弹性模量下降≤25%

E．抗拉强度损失≤20%

2．港口与航道工程混凝土配制的基本要求是（　　）。

A．强度满足设计要求

B．轻质

C．和易性满足施工操作要求

D．经济、合理

E．耐久性满足设计要求

1E411070 港口与航道工程大体积混凝土的开裂机理及防裂措施

1E411071 港口与航道工程大体积混凝土开裂机理

单 项 选 择 题

1．港航工程大体积混凝土的开裂是由于
（　　）造成的。

A．承受的使用荷载过大

B．混凝土的膨胀

C．温度应力超过抗裂能力

D．变形过大

2．混凝土结构产生温度应力的条件是
（　　）。

A．外界环境温度有突然的变化

B．承受过大的外荷载

C．混凝土中水泥水化热温升变形受到约束

D．混凝土的温度变形过大

1E411072 港口与航道工程大体积混凝土防裂措施

一 单 项 选 择 题

1．为防止大体积混凝土发生温度裂缝，要
控制混凝土施工期间的内表温差。规范
规定混凝土的内表温差不大于（　　）。

A．30℃　　　　B．28℃

C．25℃　　　　D．20℃

2．大体积混凝土宜选用缓凝型高效减水
剂，其减水率（　　），其中缓凝成分
不应为糖类。

A．不宜小于 10%　B．不宜小于 12%

C．不宜小于 15%　D．不宜小于 18%

3．大体积混凝土配合比设计中，在满足工
艺要求的条件下，要选择（　　）。

A．较小的坍落度和较大的砂率

B．较小的坍落度和较小的砂率

C．较大的坍落度和较小的砂率

D．较大的坍落度和较大的砂率

4．《水运工程大体积混凝土温度裂缝控制
技术规程》JTS 202—1—2010 要求：大
体积混凝土采用洒水养护时，养护水温
度和混凝土表面温度之差（　　），蓄
水养护时深度不宜小于 200mm。

A．不宜大于 25℃

B．不宜大于 20℃

C．不宜大于 15℃

D. 不宜大于 10℃

5. 对混凝土温度的监测频次，在升温期间，环境温度、冷却水温度和内部温度应每（　　）监测一次。

A. 2~4h 　　B. 4~6h

C. 6~8h 　　D. 8~12h

1. 大体积混凝土的矿物掺合料可单独使用（　　）。

A. Ⅰ级粉煤灰 　　B. Ⅱ级粉煤灰

C. Ⅲ级粉煤灰 　　D. 粒化高炉矿渣粉

E. 硅粉

2. 大体积混凝土在施工中采取正确的防裂措施是（　　）。

A. 控制混凝土的浇筑温度

B. 控制混凝土内部最高温度

C. 拆模后用冷水对混凝土表面降温

D. 浇筑于岩石上的要对地基表面凿毛

E. 在无筋或少筋大体积混凝土中埋放块石

1E411080　港口与航道工程混凝土的耐久性

1E411081　提高港口与航道工程混凝土耐久性的措施

1. 港口与航道工程混凝土的耐久性是指（　　）。

A. 混凝土的强度

B. 混凝土的刚度

C. 混凝土的使用年限

D. 抗冲击性

2. 保证混凝土的抗冻性，在搅拌混凝土时，必须掺加（　　），以保证混凝土达到要求的含气量。

A. 早强剂 　　B. 引气剂

C. 微膨胀剂 　　D. 缓凝剂

3. 混凝土中钢筋的锈蚀是指（　　）。

A. 水泥碱性对钢筋的腐蚀

B. 混凝土骨料中的碳酸钙对钢筋的腐蚀

C. 混凝土内外氯离子对钢筋的腐蚀

D. 混凝土骨料中的碱性物质发生的碱骨料反应

4．混凝土耐久性所指的抗冻性是指（　　）。

　　A．抗外界冻融循环的破坏

　　B．混凝土冬期施工的耐低温程度

　　C．混凝土冬期耐低温程度

　　D．混凝土耐冬期寒潮的程度

5．为保证混凝土的耐久性，要求（　　）。

　　A．水灰比有最大限制

　　B．水灰比有最小限制

　　C．水灰比无限制

　　D．水灰比只要满足混凝土的强度要求

6．为保证混凝土的耐久性，混凝土的水泥用量要求（　　）。

　　A．有最低限制

　　B．有最高限制

　　C．无限制

　　D．只要满足强度要求

7．对实施涂装的混凝土龄期要求是（　　）。

　　A．不宜少于 14d　　B．不宜少于 21d

　　C．不宜少于 28d　　D．不宜少于 56d

8．对混凝土采用外加电流阴极保护时正确的做法是（　　）。

　　A．保护单元内的辅助阳极应满足电绝缘

　　B．辅助阳极和阴极保护的钢筋之间应满足电连接

　　C．不同保护单元的辅助阳极之间电绝缘

　　D．混凝土中实施阴极保护的钢筋应进行电绝缘

二 多项选择题

1．港口与航道工程混凝土的耐久性是指（　　）。

　　A．抗冻性

　　B．防止钢筋锈蚀性能

　　C．抗氯离子渗透性能

　　D．抗海水侵蚀性能

　　E．高强度

2．保证混凝土抗冻性的措施有（　　）。

　　A．掺加引气剂

　　B．保证足够的含气量

　　C．降低水灰比

　　D．提高混凝土强度

　　E．提高混凝土的工作性能

3．提高混凝土耐久性的措施有（　　）。

　　A．选用优质原材料

　　B．优化配合比设计

　　C．延长混凝土振捣时间

　　D．精心施工

　　E．保证足够的钢筋保护层厚度

4．为保证混凝土的抗冻性，用于混凝土的砂、石骨料（　　）。

　　A．应该粒径均匀，尽量一致

　　B．杂质含量低

　　C．氯离子含量低

　　D．压碎指标低

　　E．尽可能选用针片状

5．为保证混凝土的耐久性，混凝土应（　　）。

A．搅拌均匀，时间尽可能长　　　　D．防止开裂

B．振捣时间尽可能长　　　　　　　E．杂质含量尽可能低

C．充分养护

1E411082　高性能混凝土的特性

一　单项选择题

1．HPC 是（　　　）。

　　A．高强混凝土

　　B．高流态混凝土

　　C．高性能混凝土

　　D．高黏聚性混凝土

2．高性能混凝土的特征之一是（　　　）。

　　A．必须采用特定的水泥

　　B．必须采用特定种类的骨料

　　C．大量掺用特定的矿物掺合料

　　D．采用特定的密实方式

二　多项选择题

1．高性能混凝土（HPC）的主要特性是（　　　）。

　　A．高耐久性　　　　B．低水胶比

　　C．高工作性　　　　D．高体积稳定性

　　E．高变形适应性

2．高性能混凝土（HPC）的主要技术条件特征是（　　　）。

　　A．大量掺用特定的矿物掺合料

　　B．采用高效减水剂

　　C．采用低水胶比

　　D．采用低砂率

　　E．大尺寸粗骨料

3．高性能混凝土拌制过程对拌合物分三批投料，正确的顺序有（　　　）。

　　A．先投放粗骨料和掺合料

　　B．先投放细骨料和掺合料

　　C．再加水泥和部分拌合用水

　　D．最后加粗骨料、减水剂溶液和余下的拌合用水

　　E．最后加细骨料、减水剂溶液和余下的拌合用水

4．高性能混凝土的胶凝材料包括（　　　）。

　　A．磨细矿石粉　　　　B．磨细矿渣粉

　　C．硅粉　　　　　　　D．优质粉煤灰

　　E．水泥

1E411090 港口与航道工程预应力混凝土

1. 张拉预应力混凝土结构时，预应力筋应以（　　）进行控制。
   A. 张拉应力值
   B. 预应力筋的伸长率
   C. 总张拉力
   D. 张拉应力及预应力筋伸长值双控

2. 预应力混凝土中钢筋的张拉，应控制在其（　　）范围之内。
   A. 塑性变形　　　B. 弹性变形
   C. 屈服点左右　　D. 极限拉伸变形

3. 预应力筋张拉锚固后，实际预应力值与工程设计规定检验值的相对允许偏差为（　　）。
   A. ±3%　　　　　B. ±5%
   C. ±15%　　　　D. ±10%

4. 用应力控制法张拉时，应校核预应力筋的伸长值，当实际伸长值比计算伸长值长（　　）时，应暂停张拉，查明原因并采取措施予以调整后，方可继续张拉。
   A. 3%　　　　　　B. 4%
   C. 5%　　　　　　D. 6%

5. 为减少预应力筋松弛的影响，从零应力开始，张拉至（　　）倍预应力筋的张拉控制应力 σ_{con}，持荷 2min 后，卸荷至预应力的张拉控制应力。
   A. 1.03　　　　　B. 1.05
   C. 1.08　　　　　D. 1.10

6. 为减少预应力筋松弛的影响，从零应力开始，张拉至（　　）倍预应力筋的张拉控制应力 σ_{con}。
   A. 1.03　　　　　B. 1.05
   C. 1.08　　　　　D. 1.10

预应力混凝土结构的优点是（　　）。
A. 同样荷载下结构断面小
B. 结构抗裂能力强
C. 同样荷载下结构的跨度大
D. 结构相同截面下钢筋保护层较薄
E. 预应力钢筋抗腐蚀能力强

1E411091　先张法预应力混凝土

一　单项选择题

1. 先张法预应力是指预应力筋的张拉是在（　　）之前。
   A. 锚固　　　　　　B. 构件吊装
   C. 浇筑混凝土　　　D. 放松钢筋

2. PHC 管桩放张、拆模时混凝土强度不得低于（　　）。
   A. 40MPa　　　　　B. 45MPa
   C. 50MPa　　　　　D. 55MPa

3. PHC 桩（先张法预应力高强混凝土桩）高速离心成型、常压和高压蒸养，混凝土强度等级 C80，桩身混凝土有效预压应力为（　　）。
   A. 3MPa　　　　　 B. 5MPa
   C. 8MPa　　　　　 D. 12MPa

4. 先张法结构中钢绞线断裂或滑脱的数量严禁超过结构同一截面钢材总根数的（　　），且严禁相邻两根预应力筋断裂或滑脱。
   A. 3%　　　　　　 B. 5%
   C. 4%　　　　　　 D. 6%

5. 在先张法预应力中，预应力筋张拉后以（　　）为支点进行锚固。
   A. 混凝土构件本身　B. 预应力张拉台座
   C. 张拉千斤顶　　　D. 其他固定设备

6. 先张法预应力混凝土张拉钢丝（钢绞线）最大张拉应力允许值为（　　）。
   A. $0.75f_{ptk}$　　　 B. $0.80f_{ptk}$
   C. $0.85f_{ptk}$　　　 D. $0.90f_{ptk}$

二　多项选择题

1. 先张法张拉台座的长度应根据（　　）综合考虑确定。
   A. 构件长度
   B. 场区地形
   C. 张拉力的大小
   D. 每次张拉的构件件数
   E. 混凝土的强度

2. 先张法预应力工艺（相对后张法）的优点是（　　）。

   A. 工序少　　　　　B. 效率高
   C. 质量易保证　　　D. 工艺较简单
   E. 适用于大断面构件的现场预制

3. 先张法预应力张拉台座必须保证（　　）。
   A. 有足够的强度和刚度
   B. 抗倾稳定系数不得小于 1.5
   C. 抗滑稳定系数不得小于 1.3
   D. 台座区不得产生差异沉降
   E. 足够的适应变形的能力

1E411092　后张法预应力混凝土

1. 应用钢绞线的后张法预应力张拉，其张拉控制应力设计值应为预应力钢绞线抗拉强度标准值的（　　）。
   A. 70%　　　　　　B. 80%
   C. 85%　　　　　　D. 90%

2. 在后张法预应力中，预应力筋张拉后以（　　）为支点进行锚固。
   A. 混凝土构件本身
   B. 预应力张拉台座
   C. 张拉千斤顶
   D. 后张法预应力专用固定设备

3. 大管桩管节在蒸汽养护脱模后还应潮湿养护的时间是（　　）。

   A. 不少于 5d　　　B. 不少于 7d
   C. 不少于 10d　　D. 不少于 14d

4. 在后张法预应力中，张拉时结构中钢丝（束）、钢绞线断裂或滑脱的数量，严禁超过结构同一截面总根数的（　　），且一束钢丝只允许发生 1 根。
   A. 1%　　　　　　B. 3%
   C. 5%　　　　　　D. 7%

5. 在后张法预应力中，孔道灌浆可采用水泥浆或水泥砂浆，其强度不得低于（　　）。
   A. 20MPa　　　　B. 30MPa
   C. 50MPa　　　　D. 60MPa

1. 后张法预应力预留孔道应保证（　　）。
   A. 尺寸及位置正确
   B. 走向平顺
   C. 孔道通畅
   D. 端部预埋垫板与孔道中心线平行
   E. 除两端口外孔道应密封

2. 后张法预应力（较先张法）优点是（　　）。
   A. 施工安全性较高
   B. 不需要张拉台座

   C. 适用于结构断面大的长大型构件预制
   D. 适用于现场生产
   E. 工序较少

3. 后张法预应力孔道灌浆应（　　）。
   A. 缓慢进行
   B. 均匀进行
   C. 连续不停顿进行
   D. 孔道除两端口外应密封
   E. 孔道应留排气孔

1E411100 港口与航道工程软土地基加固方法

1E411101 排水固结法

一 单项选择题

1. 用做堆载预压排水砂垫层的中沙渗透系数规定是（　　）。

A. 不大于 5×10^{-3}cm/s

B. 不小于 5×10^{-3}cm/s

C. 不大于 5×10^{-2}cm/s

D. 不小于 5×10^{-2}cm/s

2. 适合采用排水固结法中的真空预压法加固的地基是（　　）。

A. 砂土地基　　　　B. 超软土地基

C. 碎石地基　　　　D. 杂填土地基

3. 袋装砂井做为竖向排水体时的适宜的间距是（　　）。

A. 0.75～1.0m　　　B. 1.0～1.5m

C. 1.5～2.0m　　　D. 2.0～2.5m

4. 普通砂井做为竖向排水体时的适宜的间距是（　　）。

A. 0.75～1.0m　　　B. 1.0～1.5m

C. 2.0～3.0m　　　D. 3.0～3.5m

5. C型塑料排水板适合的打设深度是（　　）。

A. ≤15m　　　　B. ≤25m

C. ≤35m　　　　D. ≤50m

6. 真空预压法加固的地基卸载时，对加固深度范围内地基平均固结度的规定要求是（　　）。

A. ≥70%　　　　B. ≥75%

C. ≥80%　　　　D. ≥90%

7. 下列地基加固的有关监测、试验中，不属于堆载预压加固过程中要进行的是（　　）。

A. 孔隙水压力监测

B. 侧向位移监测

C. 地基沉降监测

D. 十字板剪切试验

8. 堆载预压工程在堆载过程中应每天进行沉降、位移、孔隙水等观测，对设置竖向排水体的地基，基底中心沉降每昼夜应小于（　　）。

A. 10mm　　　　B. 15mm

C. 20mm　　　　D. 30mm

9. 打设水上袋装砂井的井距允许偏差规定要求是（　　）。

A. ≤100mm　　　B. ≤150mm

C. ≤200mm　　　D. ≤250mm

10. 打设水上塑料排水板的允许平面偏差规定要求是（　　）。

A. ≤80mm　　　　B. ≤100mm

C. ≤120mm　　　D. ≤150mm

二 多项选择题

1. 下列堆载预压竖向排水体施工参数和要求中，属于排水体设计内容的有（　　）。
   A. 选择排水体形式
   B. 确定排水体打设深度
   C. 选择排水体打设设备
   D. 确定排水体排列方式
   E. 确定排水体打设顺序

2. 堆载预压法加固地基时，确定实际施加的荷载值的依据有（　　）。
   A. 建筑物基底压力
   B. 沉降产生的补填土重
   C. 为缩短压载期的超载
   D. 加载时地基的稳定情况
   E. 地基强度的增长情况

3. 竖向袋装砂井排水体设计时，下列做法中正确的有（　　）。
   A. 袋装砂井直径采用 10cm
   B. 袋装砂井间距采用 1.0～1.5m
   C. 平面布置采用等边三角形
   D. 打设深度至危险滑动面以下 3m
   E. 袋装砂井的井径比取 30

4. 下列塑料排水板打设要求中，错误的有（　　）。
   A. 打入地基的塑料排水板宜为整板
   B. 每根塑料排水板允许有 1 个接头
   C. 塑料排水板打设时回带长度不得超过 500mm
   D. 有接头的塑料排水板根数不应超过总打设根数的 20%
   E. 塑料排水板在水平排水砂垫层表面的外露长度不应小于 100mm

5. 真空预压法加固地基时，对于抽真空施工的要求，正确的有（　　）。
   A. 采用的射流泵在进气孔封闭状态真空压力应不小于 85kPa
   B. 试抽气时间为 2～3d
   C. 抽真空设备应连续运行
   D. 密封膜上应有一定深度的覆水
   E. 施工后期抽真空设备开启数量应超过总数的 80%

6. 排水固结法监控测点布置的正确方法有（　　）。
   A. 地表竖向位移监测点宜在加固区内均匀布置
   B. 深层位移监测点应沿加固区边界均匀布置
   C. 测点应选取最不利断面位置
   D. 土体分层沉降监测每个土层布 1 个点
   E. 深层位移监测点的测斜管进入相对稳定层不应少于 2m

7. 下列指标中，可做为真空预压卸载时卸载条件指标的有（　　）。
   A. 地基沉降量　　B. 满载时间
   C. 固结度　　　　D. 残余沉降量
   E. 沉降速率

8. 对以沉降控制的工程，确定真空预压法卸载标准的根据有（　　）。
   A. 地基沉降量
   B. 残余沉降量
   C. 满载时间
   D. 平均应变固结度
   E. 沉降速率

1E411102　振动水冲法

1. 振冲置换法处理较大面积时，宜用的布置形式是（　　）。
   A. 正方形　　　　　B. 矩形
   C. 等边三角形　　　D. 等腰三角形

2. 振冲置换法可选用的桩间距是（　　）。
   A. 1.0～1.5m　　　B. 1.5～2.5m
   C. 2.5～3.0m　　　D. 3.0～3.5m

3. 振冲处理土坡工程地基的振冲顺序宜采用（　　）。
   A. 围打法　　　　　B. 跳打法
   C. 排打法　　　　　D. 放射法

4. 振冲置换法中，宜采用的桩径是（　　）。
   A. 0.3～0.4m　　　B. 0.8～1.2m

   C. 1.2～1.5m　　　D. 1.5～1.8m

5. 振动水冲法处理地基的载荷试验和桩间土检验应在施工完成并间隔一定时间后进行，对粉土地基可取（　　）。
   A. 7d　　　　　　　B. 14d
   C. 21d　　　　　　D. 28d

6. 振动水冲法成孔贯入时水压宜为（　　）。
   A. 200～600kPa　　B. 150～200kPa
   C. 100～150kPa　　D. 50～100kPa

7. 振冲置换法成后，孔内每次允许填料厚度的规定要求是（　　）。
   A. ≤200mm　　　　B. ≤300mm
   C. ≤500mm　　　　D. ≤600mm

1. 不属于振冲挤密法设计应包括的内容有（　　）。
   A. 振冲处理的深度
   B. 振冲器功率
   C. 质量检测要求
   D. 水压及流量
   E. 振冲点的布置方式

2. 采用振冲挤密法处理可液化的地基时，处理深度应满足（　　）的要求。
   A. 地基强度
   B. 地基变形
   C. 地基土密实程度
   D. 地基土固结度
   E. 地基抗震

3. 适用振冲置换法处理的土层有（　　）。

    A. 粉土   B. 淤泥

    C. 粉质黏土   D. 砂土

    E. 淤泥质土

4. 对于振冲置换法填料，适宜采用质地坚硬的（　　）。

    A. 粗砂   B. 中粗砂

    C. 卵石   D. 块石

    E. 碎石

5. 振冲挤密法和振冲置换法处理地基时，下列施工顺序和参数中正确的有（　　）。

    A. 砂土和粉土地基处理宜采用围打法

    B. 土坡工程地基处理宜采用自下而上的跳打法

    C. 黏土地基处理宜采用放射法

    D. 成孔贯入时水压宜为 200～600kPa

    E. 振冲器下沉速率宜为 1.0～2.0m/min

6. 振冲挤密法施工过程中必须对场地进行监测、监测的项目有（　　）。

    A. 场地地面高程变化

    B. 场地地面裂缝

    C. 深层水平位移

    D. 孔隙水压力

    E. 地下水位

1E411103　强夯法

一　单项选择题

1. 不宜采用强夯法处理的地基土是（　　）。

    A. 杂填土   B. 素填土

    C. 低饱和度粉土   D. 高饱和度粉土

2. 进行强夯法处理地基时，规范规定每边宜超出建筑物基础外缘的处理宽度是（　　）。

    A. 设计处理深度的 1/3～1/2，且不宜小于 2m

    B. 设计处理深度的 1/3～1/2，且不宜小于 3m

    C. 设计处理深度的 1/2～2/3，且不宜小于 2m

    D. 设计处理深度的 1/2～2/3，且不宜小于 3m

3. 对于粗颗粒土的地基，单击夯击能 4000kN·m 的预估有效加固深度是（　　）。

    A. 4.0～5.0m   B. 5.0～6.0m

    C. 6.0～7.0m   D. 8.0～9.0m

4. 确定强夯施工中两遍夯点间隙时间的根据是（　　）。

    A. 施工计划   B. 土的渗透性

    C. 处理深度   D. 土的含水量

5. 单点夯击能小于 4000kN·m 的强夯停锤时，最后两击的平均夯沉量不应大于（　　）。

    A. 50mm   B. 100mm

C. 150mm   D. 200mm

6．强夯处理粉土地基的施工中，两遍夯点间隙时间的规范要求是不宜少于（　　）。

A. 5d   B. 10d

C. 14d   D. 21d

7．对于地下水位较高的场地，强夯施工时的地下水位宜人工降到地面以下（　　）。

A. 1～1.5m   B. 2～3m

C. 3.5～4m   D. 4.5～5m

8．进行强夯置换作业宜采用的施工方式是（　　）。

A. 由外而内、隔行跳打

B. 由外而内、逐行排打

C. 由内而外、隔行跳打

D. 由内而外、逐行排打

二 多项选择题

1．关于强夯法和强夯置换法处理范围和勘察的要求，正确的有（　　）。

A. 处理范围应大于建筑物基础范围

B. 每边超出基础外缘的处理宽度宜为设计处理深度的1/3～1/2

C. 夯前勘察应进行常规勘察试验

D. 每边超出基础外缘的处理宽度不宜小于2m

E. 应安排原位观测

2．下列关于强夯设计和施工的要求，正确的有（　　）。

A. 单击夯击能应根据要求的加固深度经公式计算确定

B. 夯点宜采用正方形或梅花形布置

C. 单点夯击遍数宜采用2～3遍

D. 后一遍夯点应选在前一遍夯点间隙位置

E. 单点夯击完成后宜用低能量满夯2遍

3．下列强夯置换的单点夯击和处理深度要求，正确的有（　　）。

A. 单点夯击击数和处理深度应根据现场试验确定

B. 累计夯沉量应达到设计墩长的1.0～1.2倍

C. 强夯置换墩的深度不宜超过9m

D. 强夯置换形成的墩底部应穿透软弱土层

E. 强夯置换墩的深度应到达较硬土层上

4．下列强夯施工的做法，正确的有（　　）。

A. 正式施工前进行试夯

B. 夯点定位偏差不大于100mm

C. 强夯过程中测量每一击夯沉量

D. 每夯完一遍应将行坑填平，并测量场地的平均高程

E. 对粉土地基采用连续夯击

5．下列强夯置换施工的做法，正确的有（　　）。

A. 采用由内而外、隔行跳打的方式进行施工

B. 单点夯击的夯击能采用先小后大逐渐加大夯击能

C. 夯锤宜选用短粗的圆台状夯锤

D. 采用由外而内、隔行跳打的方式进行施工

E. 强夯置换材料采用矿渣

6. 下列强夯法施工监控的做法，正确的有（   ）。

A. 孔隙水压力监测点应在加固区内均匀布置

B. 孔隙水压力监测点垂直间距为 2m

C. 地下水位监测点布置 1 个点

D. 强夯施工同步进行夯坑周边隆起监控

E. 周边环境影响监控的平面影响范围按照 1.0 倍的设计加固深度选取

1E411104　深层搅拌法

一 单项选择题

1. 陆上搅拌桩直径和搭接宽度的规定分别是（   ）。

A. 0.3～0.5m，≥200mm

B. 0.3～0.5m，≥100mm

C. 0.5～0.7m，≥200mm

D. 0.5～0.7m，≥100mm

2. 下列外加剂中，不在水泥搅拌桩配合比使用的是（   ）。

A. 减水剂　　　　B. 絮凝剂

C. 缓凝剂　　　　D. 早强剂

3. 陆上搅拌桩复合地基的基础和桩之间垫层的厚度和材料最大粒径规定分别是（   ）。

A. 100～150mm，≤20mm

B. 100～150mm，≤50mm

C. 200～300mm，≤20mm

D. 200～300mm，≤50mm

4. 基础有防渗要求的建筑物采用水泥土垫层时，宜选用的土料是（   ）。

A. 砂土　　　　　B. 碎石土

C. 粉土　　　　　D. 黏性土

5. 水上搅拌桩拌合体设置结构缝的位置宜与上部结构分缝的位置相对应，规范规定的间距不宜小于（   ）。

A. 4m　　　　　　B. 6m

C. 8m　　　　　　D. 10m

6. 陆上单轴搅拌桩施工前，通过工艺性试桩确定每种工艺参数的规范规定最少试桩数量是（   ）。

A. 1 根　　　　　B. 2 根

C. 3 根　　　　　D. 4 根

7. 陆上搅拌桩的搭接施工时间间隔不宜超过（   ）。

A. 12h　　　　　　B. 18h

C. 20h　　　　　　D. 24h

8. 陆上水泥搅拌桩的施工质量检测采取开挖目测检查的方法，检测数量不宜少于总桩数的（   ）。

A. 2%   B. 5%

C. 8%   D. 10%

9. 陆上水泥搅拌桩钻孔取芯宜在成桩 90d 后进行，规范规定的钻孔取芯率不应低于（　　　）。

A. 80%   B. 85%

C. 90%   D. 95%

10. 水下水泥搅拌桩的搅拌叶片沿加固深度每米土体的搅拌切土次数不应

少于（　　　）。

A. 200 次   B. 250 次

C. 300 次   D. 400 次

11. 水下水泥搅拌桩钻孔取芯宜在成桩 90d 后进行，规范规定的钻孔取芯率不应低于（　　　）。

A. 70%   B. 80%

C. 85%   D. 90%

二　多项选择题

1. 用水泥搅拌桩法处理地基土时，应通过现场试验确定适用性的土类有（　　　）。

A. 偏酸性软土   B. 偏碱性软土

C. 淤泥质土   D. 泥炭土

E. 腐殖土

2. 水泥搅拌桩室内配合比试验设计时应依据的被加固土层有（　　　）。

A. 占比最多土层   B. 不透水土层

C. 透水土层   D. 最硬土层

E. 最软土层

3. 下列外加剂中，可用于水泥搅拌桩配合比的有（　　　）。

A. 絮凝剂   B. 膨胀剂

C. 早强剂   D. 缓凝剂

E. 减水剂

4. 水上搅拌桩拌合土的抗压强度标准值，取室内配合比试验拌合土的无侧限抗压强度，可取对应的龄期有（　　　）。

A. 90d   B. 28d

C. 7d   D. 56d

E. 120d

5. 当水上搅拌桩拌合体做为重力式结构基础时，以下做法中正确的有（　　　）。

A. 将拌合体顶部隆起土完全清除

B. 拌合体顶部应设有抛石基床

C. 抛石基床的厚度定为 0.5～1.5m

D. 需夯实时采用每夯 120kJ/m² 夯击能夯实

E. 需夯实时采用重锤低落距拍夯

6. 陆上搅拌桩平面布置可采用的加固形式有（　　　）。

A. 柱式   B. 壁式

C. 格栅式   D. 块式

E. 板式

7. 关于陆上水泥搅拌桩法施工要求的说法，正确的有（　　　）。

A. 单轴水泥搅拌桩的加固深度不宜大于 25m

B. 当桩身范围内的土层以砂土为主时，宜采用三轴水泥搅拌桩

C．单轴搅拌桩每种工艺参数试桩数量不少于 2 根

D．搅拌桩的搭接施工时间间隔不宜超过 18h

E．搅拌桩直径和加固深度范围内土体的任一点均应经过 20 次以上的搅拌

8．关于水下水泥搅拌桩法施工水泥浆的制备与储存要求的说法，正确的有（　　）。

A．水泥浆在储罐内的储存时间不得超过 3h

B．水、水泥和外加剂的计量装置按要求率定

C．计量允许误差为 ±3%

D．水泥浆在储罐内的储存时间不得超过 2h

E．掺加了缓凝剂并在储罐内缓慢搅拌的水泥浆的储存时间不得超过 4h

9．关于水下水泥搅拌桩施工要求的说法，正确的有（　　）。

A．拌合体要施工到海床顶面

B．拌合体设计顶高程以上要留有覆盖层

C．搅拌桩的搭接宽度应为 200mm

D．搅拌桩桩顶、桩底高程偏差不应大于 300mm

E．施工过程中主要施工参数应逐桩进行记录

10．当提升喷浆过程中因故停浆时，正确的做法有（　　）。

A．将搅拌头下沉至停浆点以下 300mm

B．将搅拌头下沉至停浆点以下 500mm

C．当停浆超过 3h 时，宜拆卸输浆管路，进行清洗

D．恢复供浆时再提升喷浆搅拌施工

E．恢复供浆时再喷浆搅拌提升施工

11．关于陆上水泥搅拌桩施工过程的质量控制要求，正确的有（　　）。

A．水泥应现场取样送检

B．搅拌头翼片应定期检查

C．施工计量应使用检定合格的计量设备

D．超过 3h 未使用的浆液应弃用

E．施工主要施工参数应进行现场记录

1E411105　爆炸排淤填石法

一　单项选择题

1．爆破排淤填石法置换体宜选用的材料是（　　）。

A．碎石　　　　B．砂石

C．块石　　　　D．条石

2．爆破排淤填石法处理的地基，所具备的特点之一是（　　）。

A．后期沉降量不稳定

B．后期沉降量大

C．需要定期补抛块石

D．后期沉降量小

3. 爆破排淤填石法可置换淤泥厚度的范围是（　　）。

A. 2～6m　　　B. 3～12m

C. 4～25m　　D. 5～30m

4. 爆破排淤填石法的置换体边坡采用变坡度的条件和变坡方式分别是（　　）。

A. 置换体较薄，下部坡度取较大值

B. 置换体较薄，上部坡度取较大值

C. 置换体较厚，下部坡度取较大值

D. 置换体较厚，上部坡度取较大值

5. 爆破排淤填石法中布药线长度由堤身断面稳定验算确定的爆破是（　　）。

A. 堤端推进爆破　B. 堤侧拓宽爆破

C. 边坡爆破　　　D. 边坡爆填

6. 爆破排淤填石法药包在泥面下的埋入深度与置换淤泥厚度或折算淤泥厚度之比的范围是（　　）。

A. 0.15～0.25　B. 0.30～0.40

C. 0.45～0.55　D. 0.60～0.90

7. 爆破排淤填石法的爆破排淤填石一次推进水平距离和置换淤泥厚度有关，其范围是（　　）。

A. 4～7m　　　B. 8～9m

C. 9～12m　　　D. 20～30m

8. 爆破排淤填石法钻孔爆破的顺序和钻孔要求是（　　）。

A. 由浅水到深水、一次钻至炮孔设计底高程

B. 由浅水到深水、多次钻至炮孔设计底高程

C. 由深水到浅水、一次钻至炮孔设计底高程

D. 由深水到浅水、多次钻至炮孔设计底高程

9. 爆破排淤填石法钻孔爆破作业处于水位变动区时，控制药包埋深应采用的是（　　）。

A. 平均水位　　B. 设计低水位

C. 实测水位　　D. 设计高水位

10. 爆破排淤填石法爆炸安全设计时，分别计算出三种爆炸效应与被保护对象的安全距离后，取其（　　）。

A. 较大值　　　B. 平均值

C. 较小值　　　D. 中值

二　多项选择题

1. 下列建造抛石堤的过程，属于爆破排淤填石法的有（　　）。

A. 端部爆填　　B. 基槽清淤

C. 边坡爆填　　D. 基床爆夯

E. 边坡爆夯

2. 下列施工优点中，属于爆破排淤填石法的有（　　）。

A. 施工速度快　B. 堤身密度高

C. 前期沉降量小　D. 堤身稳定性好

E. 施工费用少

3. 关于爆破排淤填石法置换体材料和施工要求，正确的有（　　）。

A. 置换体材料宜选用含泥量小于10%的10～500kg自然级配开山石

B. 置换体宜落底在下卧持力层上，混合层厚度不宜大于2m

C. 置换体坡度宜为1：0.8~1：1.25，外侧取较小值

D. 当置换体较厚时可采用变坡度，上部坡度取较大值

E. 对较宽的置换体，两侧宜落底在下卧持力层上

4. 关于爆破排淤填石法钻爆施工的要求，正确的有（　　）。

A. 水下爆破钻孔船必须经过测量定位锚定

B. 钻孔爆破宜由浅水到深水顺序进行

C. 沿海工程钻孔位置的偏差不应大于500mm

D. 药包埋深应采用设计低水位控制

E. 钻孔爆破宜一次钻至炮孔设计底高程

5. 爆炸安全设计时，确定保护对象安全距离需要考虑的爆炸影响效应有（　　）。

A. 强噪声　　　　B. 化学烟尘

C. 地震波　　　　D. 冲击波

E. 飞散物

6. 下列有关爆破安全的事项中，属于爆破排淤施工爆破通告中需要发布的内容有（　　）。

A. 爆破总装药量

B. 安全警戒范围

C. 单次爆破装药量

D. 警戒标志

E. 起爆信号

1E411110　管涌和流沙的防治方法

1E411111　影响土渗透性的因素

一 单项选择题

1. 关于土的渗透规律的说法，正确的是（　　）。

A. 层流条件下，土中水的渗透速度与水力梯度成反比

B. 层流条件下，土中水的渗透速度与水力梯度成正比

C. 紊流条件下，土中水的渗透速度与水力梯度成反比

D. 紊流条件下，土中水的渗透速度与水力梯度成正比

2. 常见几种原生矿物组成的土的透水性规律是（　　）。

A. 尖角石英＞浑圆石英＞长石＞云母

B. 尖角石英＞长石＞浑圆石英＞云母

C. 浑圆石英＞尖角石英＞长石＞云母

D. 尖角石英＞长石＞云母＞浑圆石英

3. 一般情况下，黏性土的渗透性随着溶液中阳离子数量的增加而（　　）。

A．减小　　　　　B．不变

C．增大　　　　　D．或大或小

4．一般情况下，土颗粒越粗、越浑圆、越均匀，土的渗透性（　　）。

A．越强　　　　　B．越不均匀

C．越弱　　　　　D．越均匀

5．关于土的渗流与渗透性的说法，错误的是（　　）。

A．土的渗透性指的就是地下水在土体孔隙中渗透流动的难易程度

B．土的渗流、强度、变形三者互相关联、相互影响

C．土的渗透性是土的重要力学性质之一

D．土的孔隙中流体在本身重力作用下发生的流动就是水的渗流

6．土的密度影响土的渗透性，土越密实、

孔隙越小，土的渗透性（　　）。

A．越高　　　　　B．越低

C．越匀　　　　　D．越不匀

7．不同类型的矿物对土的渗透性的影响是不同的。一般情况下，土中亲水性强的黏土矿物或有机质越多，渗透性越低。含有大量有机质的淤泥（　　）。

A．透水性强　　　B．透水性弱

C．透水性不均匀　D．几乎是不透水的

8．一般情况下，黏性土的渗透性随着水溶液浓度的增加而（　　）。

A．增大　　　　　B．减小

C．不变　　　　　D．或大或小

9．水的黏滞性越大，渗透系数越小。水的黏滞性随水温升高而（　　）。

A．减小　　　　　B．增大

C．不变　　　　　D．或大或小

二　多项选择题

1．关于土的密度与结构构造对土的渗透性影响的说法，正确的有（　　）。

A．具有网状裂隙的黏土，远远小于砂土的渗透性

B．海相沉积物水平方向的渗透性要比铅垂方向弱

C．对同一种土来说，土越密实其渗透性越低

D．对同一种土来说，土中孔隙越小其渗透性越低

E．土的渗透性随土的密实程度增加而降低

2．关于水溶液成分与浓度和水的黏滞性对土的渗透性影响的说法，正确的有（　　）。

A．黏性土的渗透性随着水溶液中阳离子数量的增加而减小

B．黏性土的渗透性随着水溶液浓度的增加而减小

C．黏性土的渗透性随着水溶液浓度的增加而增大

D．水的黏滞性越小，渗透系数越小

E．水的黏滞性越大，渗透系数越小

3．下列关于影响土的渗透性因素的说法，

正确的有（　　　）。

A．土的渗透性通常表现出各向同性的特征

B．土的级配愈好渗透性就愈弱

C．黏性土的渗透性随着溶液中阳离子数量的增加而增大

D．土中封闭气泡会降低土的渗透性

E．水的黏滞性越大，渗透系数越小

1E411112　管涌和流沙的防治方法

一　单项选择题

1．在非黏性土中流沙表现为（　　　）等现象。

A．土体的浮动　　　B．土体的隆胀

C．土体的断裂　　　D．土体的翻滚

2．管涌与流沙（土）是两种主要的渗透破坏形式，相对而言，流沙（土）的危害性较管涌（　　　）。

A．严重　　　　　　B．小

C．相同　　　　　　D．或严重、或小

3．关于管涌与流沙（土）的说法，错误的是（　　　）。

A．管涌和流沙（土）经常发生在闸坝的渗流出逸处

B．非黏性土中出现的泉眼群属于流沙现象

C．相对而言，管涌的危害性较流沙（土）严重

D．深基坑开挖时出现的坑底隆起属于流土现象

4．渗透变形有两种主要形式，其中流沙（土）是指在一定渗透力作用下，土体颗粒（　　　）。

A．同时起动而流失的现象

B．同时起动而沉浮的现象

C．不同时起动而流失的现象

D．产生振动的现象

5．下列流土和流沙现象中，属于流土现象的是（　　　）。

A．砂沸　　　　　　B．土体的隆胀

C．泉眼群　　　　　D．土体的翻滚

6．治理管涌与流沙（土）的原则是以防为主，大范围的流沙（土）险情出现时，首先应采取的有效措施是（　　　）。

A．截水防渗　　　　B．回土压顶

C．土质改良　　　　D．人工降水

7．在治理管涌与流沙（土）的方法当中，土质改良的目的是改善土体结构，提高土的抗剪强度与模量及其整体性，（　　　），增强其抗渗透变形能力。

A．改变土的透水性

B．减少土的透水性

C．增大土的透水性

D．增加土体自重

8．截水防渗措施的目的是隔断渗透途径或

延长渗径、减小水力梯度，如大坝工程的（　　）所形成的止水帷幕。

A．混凝土　　　　B．黏土

C．板桩　　　　　D．注浆

9．在治理管涌与流沙（土）的方法当中，水平向铺设防渗铺盖是截水防渗措施之一。水平向铺设防渗铺盖可采用（　　）、沥青铺盖、混凝土铺盖以及土工膜。

A．金属板铺盖

B．砂土铺盖

C．无纺土工布铺盖

D．黏土及壤土铺盖

10．在治理管涌与流沙（土）的方法当中，垂直向防渗是截水防渗措施之一。垂直向防渗结构形式很多，如基坑及其他开挖工程中广泛使用的地下连续墙、板桩、MSW 工法插筋水泥土墙以及水泥搅拌墙。这些竖向的隔水结构主要是打设在透水层内，其深度根据（　　）确定。打设在强透水层中时应尽可能深入到不透水层，否则隔渗效果有限。

A．经验　　　　　B．渗流计算

C．试验模型　　　D．数学模型

11．人工降低地下水位的方法是（　　）临时防渗措施。该法可以降低水头，或使地下水位降至渗透变形土层以下。在弱透水层中采用轻型井点、喷射井点；在较强的透水层中采用深井法。

A．很少使用的　　B．最常见的

C．一般不使用的　D．唯一使用的

12．在治理管涌与流沙（土）的方法当中，出逸边界措施是指在下游加盖重，以防止土体被渗透力所悬浮，防止流沙（土）。在浸润线出逸段，设置（　　）是防止管涌破坏的有效措施。

A．土工膜　　　　B．反滤层

C．黏土铺盖　　　D．隔断层

二　多项选择题

1．管涌与流沙（土）防治的方法与措施应与工程结构及其他岩土工程措施结合在一起综合考虑，属于其宗旨的有（　　）。

A．防渗　　　　　B．增大水力梯度

C．减弱渗透力　　D．疏通渗透途径

E．缩短渗径

2．搅拌法是管涌防治基本方法中的一种，其目的有（　　）。

A．隔断渗透途径　B．减小水力梯度

C．改善土体结构　D．延长渗径

E．提高土的抗剪强度

3．在黏性土中流土常表现为（　　）等现象。

A．土体的隆胀　　B．土体的浮动

C．土体的翻滚　　D．土体的断裂

E．泉眼群

4．管涌和流沙（土）经常发生在（　　）的渗流出逸处。管涌也可以发生在土体内部。

A．高桩码头　　　B．闸坝

C．堤防　　　　　D．板桩岸壁

E．岸坡

5．在非黏性土中，流沙表现为（　　）等现象。

A．砂沸　　　　　B．土体的隆胀

C．土体翻滚　　　D．土体的浮动

E．泉眼群

6．管涌与流沙（土）防治的基本方法中，土质改良的目的是改善土体结构，提高土的抗剪强度与模量及其整体性，减小其透水性，增强其抗渗透变形能力。常用的方法有（　　）。

A．注浆法　　　　B．高压喷射法

C．搅拌法　　　　D．冻结法

E．铺设土工加筋网法

7．管涌与流沙（土）防治的基本方法中，截水防渗措施的目的是隔断渗透途径或延长渗径、减小水力梯度。水平向铺设防渗铺盖，可采用（　　）。

A．金属板铺盖

B．黏土及壤土铺盖

C．沥青铺盖

D．混凝土铺盖

E．土工膜铺盖

8．管涌与流沙（土）防治的基本方法中，截水防渗措施的目的是隔断渗透途径或延长渗径、减小水力梯度。基坑及其他开挖工程中垂直防渗结构形式有（　　）。

A．地下连续墙

B．板桩

C．插塑料排水板

D．MSW 工法插筋水泥土墙

E．水泥搅拌墙

9．人工降低地下水位应根据（　　）等选择适宜的降水方法和所需设备。

A．工程结构

B．土层的渗透系数

C．工程特点

D．施工条件

E．土层的抗剪强度

1E411120　港口与航道工程钢结构的防腐蚀

1E411121　港口与航道工程钢结构防腐蚀的主要方法及其效果

一　单项选择题

1．在港口与航道工程中，常应用电化学防护与涂层防护联合进行，在平均潮位以下，在有效保护年限内其保护效率可达（　　）。

A．70%～80%　　　B．80%～85%

C．85%～95%　　　D．90% 以上

2．港口与航道工程中，海水浪溅区碳素钢的单面年平均腐蚀速度可达（　　）。

A．0.1～0.2mm　　B．0.2～0.5mm

C．0.5～0.6mm　　D．0.6mm 以上

3．海港工程钢结构采用阴极保护，在有效保护年限内，其平均潮位至设计低水位间的保护效率在（　　）。

A．40%～50%　　B．60%～80%

C．20%～90%　　D．80%～90%

二 多项选择题

港航工程钢结构防腐的主要方法中，外壁涂覆涂层法主要适用于结构的（　　）。

A．大气区　　　B．浪溅区

C．水位变动区　　D．水下区

E．泥下区

1E411122　海水环境中钢结构腐蚀区域的划分和防腐蚀措施

一 单项选择题

下列可用来做为海港钢结构"浪溅区"划分参照基准的是（　　）。

A．最高潮位　　　B．大潮平均高潮位

C．设计高水位　　D．平均高潮位

二 多项选择题

1．港航工程钢结构防腐蚀的主要方法中，电化学的阴极防护法适用于钢结构的（　　）。

A．大气区　　　B．浪溅区

C．水位变动区　　D．水下区

E．泥下区

2．对钢结构涂层施工的有关要求的说法，正确的有（　　）。

A．表面处理时，钢结构基体金属表面温度不低于露点以上 3℃

B．作业环境湿度大于60% 小于等于85% 时，表面处理与第一层涂料涂装的

间隔时间不应超过 6h

C. 涂装结束后 4h 内应避免雨淋或潮水冲刷

D. 涂层自然养护时间不宜少于 7d

E. 损坏的涂层应用同规格面漆修补

1E411130 港口与航道工程施工的测量控制

1E411131 港口与航道工程施工平面控制与高程控制方法

一 单项选择题

1. 关于施工平面控制测量方法要求的说法，错误的是（ ）。

A. 施工控制网应充分利用测区内原有的平面控制网点

B. 施工平面控制网可采用三角形网等形式进行布设

C. 三级平面控制及以上等级点均应埋设永久标石

D. 矩形施工控制网角度闭合差不应大于测角中误差的 4 倍

2. 当采用 DGPS 定位系统进行港口工程施工定位及放样时，应将其转换为（ ）。

A. 设计坐标系   B. 当地坐标系

C. 施工坐标系   D. 自设坐标系

3. 施工基线应与建筑物主轴线、前沿线平行或垂直，其长度最小不应小于放样视线长度的（ ）。

A. 0.4 倍   B. 0.5 倍

C. 0.6 倍   D. 0.7 倍

4. 下列港口与航道工程中，不可以采用图根等级控制网做为施工控制网的是（ ）。

A. 疏浚工程   B. 码头工程

C. 吹填工程   D. 航道整治工程

5. 施工平面控制网布设时，施工坐标宜与（ ）一致。

A. 临时坐标   B. 工程设计坐标

C. 国家 85 坐标   D. 当地城市坐标

6. 下列港口与航道工程中，施工高程控制可采用四等水准测量的是（ ）。

A. 船坞工程   B. 航道整治工程

C. 船闸工程   D. 码头工程

7. 关于施工基线设置要求的说法，错误的是（ ）。

A. 港口陆域施工宜采用建筑物前沿线代替施工基线

B. 基线应与建筑物主轴线、前沿线平行或垂直

C. 疏浚工程可采用图根及以上等级控制网做为施工控制网

D. 基线应与测区基本控制网进行联测

8. 港口工程施工控制网测定后，在施工中应定期复测，复测间隔时间不应超过（　　）个月。

A. 3　　　　　　　　B. 1

C. 6　　　　　　　　D. 12

9. 港口工程施工水准点应布设在受施工影响小、不易发生沉降和位移的地点，数量不应少于（　　）个。

A. 3　　　　　　　　B. 1

C. 2　　　　　　　　D. 4

二　多项选择题

1. 下列关于施工平面控制测量方法，正确的有（　　）。

A. 施工平面控制网可采用三角形网进行布设

B. 二级平面控制点均应埋设永久标石

C. 施工控制网的复测不应超过 12 个月

D. 陆域施工宜采用建筑物轴线代替施工基线

E. 施工期超过 6 个月时，对水域平面和高程控制点宜建测量平台

2. 施工平面控制网可采用（　　）等形式进行布设。

A. 三角形网　　　　B. 平面网

C. 导线网　　　　　D. 蜂窝网

E. GPS 网

3. 关于二级平面控制及以上等级控制点布设要求的说法，正确的有（　　）。

A. 对平面控制点，均应绘点之记

B. 施工期超过 1 年时，陆上宜建测量墩

C. 对兼做水准点用的平面控制点，应按水准标石规格埋设

D. 施工期超过半年时，水域宜建测量平台

E. 均应埋设永久标石，或在固定地物上凿设标志和点号

4. 关于建立矩形施工控制网要求的说法，正确的有（　　）。

A. 矩形施工控制网边应根据建筑物的规模而定

B. 矩形施工控制网边宜为 100～200m

C. 矩形施工控制网的原点应埋设永久标石

D. 矩形施工控制网角度闭合差不应大于测角中误差的 4 倍

E. 矩形施工控制网的轴线方向宜与施工坐标系的坐标轴方向一致

5. 港口航道工程测量施工中，施工高程控制的规定包括（　　）。

A. 施工过程中，应定期对施工水准点进行校核

B. 码头、船坞、船闸和滑道施工高程控制点引测精度不应低于四等水准精度要求

C. 码头、船坞、船闸和滑道施工高程控制点引测精度应按三等水准测量进行

D. 施工水准点数量不应少于 4 个

E. 施工水准点数量不应少于 2 个

1E411132   港口与航道工程沉降和位移观测方法

一 单 项 选 择 题

1. 港口与航道工程垂直和水平位移观测使用的监控网宜采用（   ）。

   A. 设计坐标和设计高程系统

   B. 施工坐标和施工高程系统

   C. 独立坐标和假定高程系统

   D. GPS 测量控制网

2. 关于视准线法进行水平位移观测要求的说法，正确的是（   ）。

   A. 基点观测墩面离地表的最小高度为 1m

   B. 视准线的长度一般不应超过 400m

   C. 变形观测点偏离视准线的距离不应大于 30mm

   D. 视准线距各种障碍物应有 1m 以上的距离

3. 监测网的布设规定中，平面控制网可采用边角网、三角网和 GPS 网等形式。受地形条件限制时，可布设成导线网形式，导线网中相邻节点间的导线点数不得多于（   ）个。

   A. 2   B. 1

   C. 3   D. 4

4. 地基堆载或卸载的表层垂直位移观测，观测标志需升高或降低时，应在升高或降低前、后各观测（   ）。

   A. 三次   B. 两次

   C. 一次   D. 四次

5. 关于内部垂直位移观测要求的说法，错误的是（   ）。

   A. 每个观测断面不得少于 1 个观测点

   B. 观测点的位置应按观测的目的和要求确定

   C. 观测点的数量应按观测的目的和要求确定

   D. 观测时应每个观测点平行测定 2 次

6. 下列垂直位移观测的方法中，适用于水工建筑物表层垂直位移观测的是（   ）。

   A. 水管式沉降仪观测法

   B. 干簧管式沉降仪观测法

   C. 电磁式沉降仪观测法

   D. 液体静力水准高程测量法

二 多 项 选 择 题

1. 下列关于静力水准测量应满足的要求的说法，正确的有（   ）。

A. 两端测站的环境温度不宜过大

B. 观测前，应对观测头的零点进行检验

C．观测前，应对观测头的零点差进行检验

D．每观测一次，应读数2次，取其平均值做为观测值

E．观测头的气泡应居中

2．下列关于变形观测监测网基准点及工作基点布设要求的说法，正确的有（　　）。

A．一个测区的基准点至少不应少于4个

B．一个测区的基准点至少不应少于3个

C．基准点远离变形体时可布设工作基点

D．采用GPS进行变形测量时，GPS基准点应埋设在变形区域外

E．采用视准线法进行水平位移观测时，两端应布设基准点或工作点

3．关于变形监测网布设要求的说法，正确的有（　　）。

A．高程控制应采用闭合水准网形式

B．导线网中相邻结点间的导线点数不得多于2个

C．内部垂直位移观测应每个观测点平行测定2次

D．当采用极坐标法进行水平位移观测时宜采用双测站极坐标法

E．平面控制可采用边角网、三角网和GPS网等形式

4．关于垂直位移观测要求的说法，正确的有（　　）。

A．建筑物表层垂直位移观测点应布设在沉降缝两端

B．内部垂直位移观测的每个观测断面不得少于1个观测点

C．内部垂直位移观测点的位置和数量应按观测的目的和要求确定

D．内部垂直位移观测应每个观测点平行测定2次，读数差不大于±2mm

E．垂直位移观测的各项记录应注明观测时的水文、气象情况和荷载变化

5．水工建筑物内部垂直位移观测宜采用的测量方法有（　　）。

A．电磁式沉降仪观测法

B．几何水准高程测量法

C．干簧管式沉降仪观测法

D．电磁波测距三角高程测量法

E．水管式沉降仪观测法

6．港口与航道工程水工建筑水平位移可采用交会法进行观测，以下说法正确的是（　　）。

A．当采用交会法进行水平位移观测时，其交会方向不宜少于3个

B．当采用测角交会法进行水平位移观测时，交会角应为60°～120°

C．当采用测边交会法进行水平位移观测时，交会角宜为30°～150°

D．当采用交会法进行水平位移观测时，其交会方向不宜大于3个

E．当采用交会法进行水平位移观测时，其交会角不做规定

1E411140 GPS 在港口与航道工程中的应用

1E411141 GPS 测量定位系统

单 项 选 择 题

1. GPS 卫星星座的卫星颗数为（　　），卫星轨道面个数为 6。
   A. 21 + 3　　　　B. 21 + 4
   C. 22 + 3　　　　D. 22 + 4

2. 关于 GPS 测量控制网布设要求的说法，错误的是（　　）。
   A. GPS 控制网宜在测区内布设成由独立基线构成的单边网
   B. GPS 控制网中做为起算点的高级控制点不得少于 2 个
   C. GPS 基线构成的最简独立闭合环的边数，一级网不应多于 8 条
   D. GPS 基线构成的最简独立闭合环的边数，二级网不应多于 10 条

3. GPS 全球卫星定位系统是以卫星为基础的无线电导航定位系统，能为各类用户提供精密的（　　）、速度和时间。
   A. 平面坐标　　　B. 三维坐标
   C. 高程　　　　　D. 平面尺寸

4. GPS 点位的选取应方便使用和保存，在地平仰角（　　）以上的视野内不宜有障碍物。
   A. 30°　　　　　B. 25°
   C. 20°　　　　　D. 15°

5. 关于 GPS 测量数据处理要求的说法，正确的是（　　）。

   A. 数据处理宜采用自动处理方式，不应采用人工干预处理
   B. GPS 网的无约束平差宜在 WGS-84 坐标系中进行
   C. GPS 网的约束平差应在国家坐标系中进行
   D. 对 RTK 平面控制成果应进行 90% 的内业检查

6. GPS 测量方法主要分为事后差分处理和实时差分处理，（　　）属于事后差分处理方法。
   A. 静态和快速静态
   B. 位置差分
   C. 载波相位差分
   D. 伪距差分

7. 关于 RTK 平面控制测量流动站观测规定的说法，错误的是（　　）。
   A. 每次观测历元数应大于 20 个
   B. 作业过程中如卫星信号失锁，应重新初始化后继续作业
   C. RTK 平面控制测量平面坐标转换允许残差应为 ±20mm
   D. 每次作业开始前应进行至少一个同等级或高等级已知点的检核

8. GPS 基线构成的最简独立闭合环或附合路线的边数，一级网不应多于（　　），

其余等级网不应多于 10 条。

A. 7 条　　　　　B. 6 条

C. 8 条　　　　　D. 9 条

9. GPS 点位置选择要求中，当 GPS 点间需要通视时，应在附近设方位点，两者之间的距离（　　），其观测精度应与 GPS 点相同。

A. 不宜小于 500m

B. 不宜小于 100m

C. 不宜大于 300m

D. 不宜小于 300m

10. GPS 测量的外业观测规定中，测站观测应满足下列要求：卫星高度角不小于 15°；观测时间不少于 30min；采样时间间隔为 5～30s；观测卫星不少于（　　），卫星分布象限不少于 2 个。

A. 3 颗　　　　　B. 4 颗

C. 2 颗　　　　　D. 6 颗

1E411142　GPS 测量定位系统在港口与航道工程中的应用

多 项 选 择 题

下列关于"远程 GPS 打桩定位系统"的说法，正确的有（　　）。

A. 可以自动记录锤击数

B. 可以自动计算平均贯入度

C. 实现了全天候打桩船导航定位

D. 实现了全天候打桩船导航沉桩施工定位

E. 沉桩定位精度可达到分米级

1E411150　港口与航道工程混凝土的质量检查和试验检测

1E411151　港口与航道工程混凝土质量检查

单 项 选 择 题

1. 水泥在正常保管情况下，规范规定的质量检查周期是（　　）。

A. 1 个月　　　　B. 2 个月

C. 3 个月　　　　D. 半年

2. 外加剂（除加气剂水溶液的泡沫度）在正常保管情况下，规范规定的质量检查周期是（　　）。

A．1个月 　　　　B．2个月

C．3个月 　　　　D．半年

3．矿物掺合料在正常保管情况下，规范规定的含水率检查周期是（　　）。

A．1个月 　　　　B．2个月

C．3个月 　　　　D．半年

4．散装水泥一个抽样批的最大数量是（　　）。

A．100t 　　　　B．200t

C．300t 　　　　D．500t

5．粉煤灰与磨细矿渣一个抽样批的最大数量是（　　）。

A．100t 　　　　B．200t

C．300t 　　　　D．500t

6．粗、细骨料一个抽样批的最大数量是（　　）。

A．100m³ 　　　　B．200m³

C．300m³ 　　　　D．400m³

7．同一配合比混凝土连续浇筑不超过1000m³时，混凝土的取样要求是（　　）。

A．每50m³ 及余下的不足50m³ 取一组

B．每100m³ 及余下的不足100m³ 取一组

C．每150m³ 及余下的不足150m³ 取一组

D．每200m³ 及余下的不足200m³ 取一组

二　多项选择题

1．对于混凝土拌合物运送至浇筑地点时出现离析、分层或稠度不满足要求的处理，正确的方法有（　　）。

A．对混凝土拌合物进行二次搅拌

B．少量加水二次搅拌

C．加入水和胶凝材料搅拌

D．保持水胶比不变

E．直接废弃

2．对于混凝土强度的评定验收应分批进行，正确的评定方法是（　　）。

A．将强度等级相同的混凝土做为同一验收批

B．对预制混凝土构件，宜按月划分验收批

C．对现浇混凝土结构构件，宜按分项工程划分验收批

D．对同一验收批的混凝土强度，应以该批内按规定留置的所有标准试件组数强度代表值，做为统计数据进行评定

E．对于疑似试验失误的数据，不参加评定

1E411152　港口与航道工程混凝土试验检测

1. 标准养护试件的养护环境条件是，在（　　）的标准养护室中养护。

   A. 温度为 18±3℃和相对湿度为 85% 以上

   B. 温度为 18±3℃和相对湿度为 90% 以上

   C. 温度为 20±3℃和相对湿度为 85% 以上

   D. 温度为 20±2℃和相对湿度为 95% 以上

2. 混凝土构件施工时，宜采用维勃稠度仪进行拌合物稠度试验的是（　　）。

   A. 大管桩　　　　B. 灌注桩

   C. 沉箱　　　　　D. PHC 桩

3. 桩、梁、板混凝土构件实体混凝土强度验证性检测的抽查数量要求是（　　）。

   A. 1% 且不少于 2 件

   B. 2% 且不少于 4 件

   C. 1%～2% 且不少于 3 件

   D. 1%～2% 且不少于 5 件

4. 沉箱、扶壁、圆筒混凝土构件实体混凝土强度验证性检测的抽查数量要求是（　　）。

   A. 5% 且不少于 2 件

   B. 10% 且不少于 3 件

   C. 5%～10% 且不少于 5 件

   D. 15%～20% 且不少于 5 件

5. 闸墙、坞墙、挡墙混凝土构件实体混凝土强度验证性检测的抽查数量要求是（　　）。

   A. 1% 且不少于 2 件

   B. 2% 且不少于 4 件

   C. 5% 且不少于 3 件

   D. 5%～10% 且不少于 5 件

6. 桩和梁类构件的钢筋保护层厚度检测时，正确的做法是（　　）。

   A. 应对全部主筋进行检测

   B. 应抽取不少于 4 根受力筋进行检测

   C. 应抽取不少于 6 根受力筋进行检测

   D. 应抽取不少于 8 根受力筋进行检测

7. 桩、梁、板、沉箱、扶壁、圆筒等构件的钢筋保护层的实际厚度的允许值为（　　）。

   A. 正偏差不应超过 12mm，负偏差不应超过 5mm

   B. 正偏差不应超过 12mm，负偏差不应超过 10mm

   C. 正偏差不应超过 15mm，负偏差不应超过 5mm

   D. 正偏差不应超过 15mm，负偏差不应超过 10mm

8. 主要构件实体钢筋保护层厚度检测合格的判定标准是（　　）。

   A. 全部检测点的合格率达 70% 及以上，且其中不合格点的最大负偏差均不大于规定偏差值的 2.0 倍

B．全部检测点的合格率达 70% 及以上，且其中不合格点的最大负偏差均不大于规定偏差值的 1.5 倍

C．全部检测点的合格率达 80% 及以上，且其中不合格点的最大负偏差均不

大于规定偏差值的 1.5 倍

D．全部检测点的合格率达 80% 及以上，且其中不合格点的最大负偏差均不大于规定偏差值的 2.0 倍

1E412000　港口与航道工程施工技术

微信扫一扫
在线做题＋答疑

1E412010　重力式码头施工技术

1E412011　基床施工

一 单 项 选 择 题

1．重力式结构抛石基床的主要作用是（　　）。

A．加固地基的作用

B．填充开挖的基槽

C．整平基础及扩散应力

D．消除地基沉降

2．重力式码头基槽抛石前，对于重力密度大于（　　）kN/m^3、厚度超过 300mm 的回淤物，应予清除。

A．10　　　　　　B．11.5

C．12.6　　　　　D．13.5

3．爆破开挖水下岩石基槽，浅点处整平层的厚度不应小于（　　）。

A．0.1m　　　　　B．0.2m

C．0.3m　　　　　D．0.5m

4．对于抛石基床应预留沉降量，夯实的基床可按（　　）预留。

A．地基沉降量

B．地基沉降量和基床沉降量之和

C．基床本身的沉降量

D．地基沉降量和基床沉降量各 50%

5．用于夯实基床的夯锤底面积不宜小于（　　）。

A．0.8m^2　　　　B．1.0m^2

C．1.2m^2　　　　D．1.5m^2

6．重力式码头需夯实的基床要求块石的饱水抗压强度（　　）。

A．≥50MPa　　　B．≥30MPa

C．≥80MPa　　　D．≥100MPa

7．重力式码头不需夯实的基床要求块石的

饱水抗压强度（　　）。

A. ≥ 50MPa　　　　B. ≥ 30MPa

C. ≥ 80MPa　　　　D. ≥ 100MPa

8. 对抛石基床顶面标高的控制，应掌握抛石（　　）的原则。

A. 宁高勿低

B. 宁低勿高

C. 高低均可

D. 有时以 A 为主，有时以 B 为主

9. 在已有建筑物附近进行基槽开挖时，应选择（　　）。

A. 绞吸式挖泥船

B. 链斗式挖泥船

C. 小型抓扬式挖泥船

D. 大型铲斗式挖泥船

10. 基床夯实时，为避免发生"倒锤"或偏夯而影响夯实效果，每层夯实前应对抛石面层做适当整平，其局部高差不宜大于（　　）。

A. 100mm　　　　B. 200mm

C. 300mm　　　　D. 500mm

11. 基床夯实后，进行复夯检验时，复打一夯次的平均沉降量应不大于（　　）。

A. 10mm　　　　B. 30mm

C. 50mm　　　　D. 300mm

12. 对于底面积为 15m×6m 的沉箱结构，基床夯实后，当基床顶面补抛块石的连续面积超过（　　），且厚度普遍大于 0.5m 时，就需要做补夯处理。

A. 10m² 　　　　B. 20m²

C. 30m² 　　　　D. 40m²

13. 基床夯实后，进行复夯检验时，对离岸码头采用选点复打一夯次，其平均沉降量不大于（　　）。

A. 10mm　　　　B. 30mm

C. 50mm　　　　D. 300mm

14. 基床夯实后，进行复夯检验时，对离岸码头采用选点复打一夯次，复夯选点的数量不少于（　　）点，并应均匀分布在选点的基床上。

A. 10　　　　B. 20

C. 50　　　　D. 80

15. 采用爆夯法密实基床时，其夯沉量一般控制在抛石厚度的（　　）。

A. 0～10%　　　　B. 10%～20%

C. 20%～30%　　　　D. 10%～30%

16. 采用爆夯法密实基床时，分层夯实厚度不宜大于（　　）。

A. 8m　　　　B. 10m

C. 12m　　　　D. 15m

17. 局部补抛石层平均厚度大于 50cm 时，应按原设计药量的（　　）补爆一次，补爆范围内的药包应按原设计位置布放。

A. 1/4　　　　B. 1/3

C. 1/2　　　　D. 1 倍

18. 进行水下抛石基床整平时，对于块石间不平整部分，宜用（　　）填充。

A. 5～50mm 碎石　　B. 30～70mm 碎石

C. 二片石　　　　D. 混合石

19. 重力式码头大型构件底面尺寸大于等于（　　）时，其基床可不进行极细平处理。

A. 10m² 　　　　B. 20m²

C. 30m² 　　　　D. 50m²

20. 重力式码头基槽抛石前，对重力密度超过 12.6kN/m³、厚度大于（　　）的回淤物应予清除。

A. 200mm　　　　B. 300mm

C. 400mm　　　　D. 500mm

1. 重力式码头基槽开挖时，为保证断面尺寸的精度和边坡稳定，对靠近岸边的基槽需分层开挖，每层厚度根据（　　）确定。
   A. 开挖厚度　　　　B. 边坡精度要求
   C. 土质　　　　　　D. 风浪
   E. 挖泥船类型

2. 重力式码头基槽挖泥时要（　　），以保证基槽平面位置准确防止欠挖和超挖。
   A. 勤对标　　　　　B. 勤测水深
   C. 复测断面　　　　D. 核对土质
   E. 复测密度

3. 重力式码头基槽挖泥时，对有（　　）"双控"要求的基槽，如土质与设计要求不符，应继续下挖，直至相应土层出现为止。
   A. 标高　　　　　　B. 强度
   C. 土质　　　　　　D. 坡度
   E. 密度

4. 基床夯实后，应进行夯实检验。检验时，每个夯实施工段（按土质和基床厚度划分）抽查不少于 5m 一段基床，用（　　）复打一夯次（夯锤相邻排列，不压半夯）。
   A. 原夯锤　　　　　B. 原夯击能
   C. 原锤重　　　　　D. 原锤型
   E. 设计夯锤

5. 爆破夯实是在水下块石或砾石地基和基础表面布置（　　）药包，利用水下爆破产生的地基和基础振动使地基和基础

   得到密实的方法。
   A. 裸露　　　　　　B. 悬浮
   C. 密封　　　　　　D. 漂浮
   E. 基面

6. 采用爆夯法密实基床时，布药方式可分别选用（　　）。
   A. 点布　　　　　　B. 线布
   C. 面布　　　　　　D. 立体布
   E. 漂浮布

7. 基床采用爆炸夯实施工，在进行水上布药时，应取（　　）布药顺序。
   A. 逆风　　　　　　B. 顺风
   C. 逆流向　　　　　D. 顺流向
   E. 漂流

8. 爆炸夯实施工时，夯实率检查可分别选用（　　）等方法。
   A. 水砣　　　　　　B. 测杆
   C. 测深仪　　　　　D. 测绳
   E. 估算

9. 重力式码头基床整平的范围是（　　）的范围内。
   A. 墙身底面每边各加宽 1.0m
   B. 墙身底面每边各加宽 0.5m
   C. 墙身底面横向各加宽 1.0m
   D. 墙身底面横向各加宽 0.5m
   E. 墙身底面与基床接触部分

10. 基床整平按精度要求可分为（　　）。
    A. 粗平　　　　　　B. 细平
    C. 微平　　　　　　D. 极细平
    E. 精细平

11. 抛石基床顶面整平的目的是（　　）。

A. 平稳安装墙身构件

B. 使基床均匀承受上部荷载的压力

C. 使地基均匀承受上部荷载的压力

D. 加固地基

E. 防止墙身结构局部应力过大而破坏

12. 重力式码头松散岩石的基槽开挖宜选用（　　）挖泥船进行开挖作业。

A. 绞吸式　　　　B. 链斗式

C. 抓扬式　　　　D. 铲斗式

E. 爬吸式

1E412012　构件预制及安装

一　单项选择题

1. 在模板设计时，作用在有效高度内的倾倒混凝土所产生的水平动力荷载取决于向模板内供料的方法，用容量 0.8m³ 以上的运输器具，其产生的水平荷载为（　　）kN/m²。

A. 2.0　　　　B. 3.0

C. 4.0　　　　D. 6.0

2. 重力式码头施工中，预制体积较大的方块时，在混凝土中往往埋放块石，尺寸应根据运输条件和振捣能力而定，其最大边与最小边长之比不应大于（　　）。

A. 1.2　　　　B. 1.5

C. 2　　　　D. 3

3. 混凝土插入式振动器的振捣顺序宜（　　），移动间距不应大于振动器有效半径的 1.5 倍。

A. 从近模板处开始，先外后内

B. 从浇筑中心处开始，先内后外

C. 从底部开始，先下后上

D. 从一端向另一端

4. 混凝土振捣采用插入式振动器的振捣顺序宜从近模板处开始，先外后内，移动间距不应大于振动器有效半径的（　　）倍。

A. 1　　　　B. 1.5

C. 2　　　　D. 3

5. 重力式方块码头为墩式建筑物时，方块安装以墩为单位，逐墩安装，每个墩（　　）逐层安装。

A. 由一边的一角开始

B. 由一端向另一端安装

C. 由中间向四周安装

D. 先安外侧，后安内侧

6. 对由多层方块组成的重力式码头，在安装底层第一块方块时，方块的纵、横向两个方向都无依托，为达到安装要求，又避免因反复起落而扰动基床的整平层，一般在第一块方块的位置（　　）。

A. 先精安一块，以它为依托，再安其他方块

B. 先粗安一块，以它为依托，再安其他方块

C. 先粗安一块，以它为依托，再安第二块，然后以第二块为依托，按此类推，逐块安装

D. 先粗安一块，以它为依托，再安第二块，然后以第二块为依托，调整第一块后再逐块安装

7. 沉箱可整体预制或分层预制。分层预制时，施工缝不宜设在（　　）。

A. 浪溅区　　　　B. 水位变动区

C. 大气区　　　　D. 水下区

8. 重力式码头预制沉箱的接高，采取（　　）接高，所需费用高，一般适用于所需接高沉箱数量多、风浪大、地基条件好和水深适当的情况。

A. 漂浮　　　　B. 座底

C. 半潜　　　　D. 固定

9. 重力式码头预制沉箱浮在水上接高时，必须及时（　　）以保证沉箱的浮运稳定。

A. 向箱舱加水　　B. 从箱舱抽水

C. 调整压载　　　D. 装模浇筑

10. 重力式码头预制沉箱采取远程拖带时，宜采取（　　）措施。

A. 简易封舱　　　B. 密封舱

C. 不用封舱　　　D. 不用密封舱

11. 重力式码头预制沉箱采取近程拖带时，船舶一般（　　）。

A. 可用简易封舱　　B. 可用密封舱

C. 不用封舱　　　D. 不用密封舱

12. 如重力式码头所在地波浪、水流条件复杂，在沉箱安放后，应立即将箱内灌水，待经历（　　）后，复测位置，确认符合质量标准后，及时填充箱内填料。

A. 1~2 个高潮　　B. 2~3 个高潮

C. 1~2 个低潮　　D. 2~3 个低潮

13. 重力式码头在向沉箱内抽水或回填时，同一沉箱的各舱宜（　　）进行，其舱面高差限值，通过验算确定。

A. 同步　　　　B. 对角

C. 左右　　　　D. 对称

14. 重力式码头扶壁混凝土构件的运输一般采用方驳。为防止在装卸时方驳发生横倾，扶壁的肋应（　　）于方驳的纵轴线，且扶壁的重心应位于方驳的纵轴线上。

A. 垂直　　　　B. 呈 30° 角

C. 呈 45° 角　　D. 平行

15. 沉箱安放时的灌水、抽水、回填料，同一沉箱的各舱格应（　　）。

A. 同步进行　　　B. 跳舱进行

C. 逐舱进行　　　D. 按对称舱格进行

16. 拖运沉箱时，在正常航速下其曳引作用点在定倾中心以下（　　）左右时最稳定。

A. 在定倾中心点上　B. 10cm

C. 30cm　　　　D. 20cm

二　多项选择题

1. 设计方块模板与支撑系统的荷载组合中，计算强度采用（　　）。

A. 倾倒混凝土时产生的荷载

B. 插入式振动器产生的荷载

C. 新浇混凝土对模板侧面的压力

D. 模板上人员设备荷载

E. 超速浇筑荷载

2. 沉箱分层预制时，不宜设置施工缝的位置有（　　）。

A. 水下区

B. 水位变动区

C. 吊孔以下 1m 内

D. 底板与立墙的连接处

E. 浪溅区

3. 体积较大的方块通常掺入块石以（　　）。

A. 节约水泥

B. 降低混凝土的温度

C. 提高混凝土强度

D. 提高混凝土耐久性

E. 提高混凝土耐磨性

4. 大体积混凝土中所埋放的块石距混凝土结构物表面的距离应符合下列规定：（　　）。

A. 有钢筋锈蚀要求的，不得小于300mm

B. 有抗冻性要求的，不得小于 300mm

C. 无抗冻性要求的，不得小于 100mm或混凝土粗骨料最大粒径的 2 倍

D. 无抗冻性要求的，不得小于 200mm或混凝土粗骨料最大粒径的 3 倍

E. 无钢筋锈蚀要求的，不得小于 200mm

5. 埋放在混凝土中的块石，埋放前应冲洗干净并保持湿润。块石与块石间的净距不得小于（　　）。

A. 100mm

B. 200mm

C. 块石最小边长的 1/2

D. 振动棒直径的 2 倍

E. 混凝土粗骨料最大粒径的 2 倍

6. 对于高大混凝土构件，为防止混凝土松顶，浇筑至顶部时，宜采用（　　），如有泌水现象，应予排除。

A. 二次振捣　　　B. 二次抹面

C. 重复振捣　　　D. 喷洒缓凝剂

E. 分层减水

7. 海上大气区、浪溅区、水位变动区的钢筋混凝土预制构件和预应力混凝土采用淡水养护确有困难时（　　），并在浇筑 2d 后拆模，再喷涂蜡乳型养护剂养护。

A. 可用海水养护

B. 南方地区可掺入适量阻锈剂

C. 北方地区可掺入适量阻锈剂

D. 南方地区应适当降低水灰比

E. 北方地区应适当降低水灰比

8. 对于有抗冻要求的素混凝土方块养护要求，包含（　　）等。

A. 混凝土浇筑完后及时覆盖，结硬后保湿养护

B. 当日平均气温低于＋5℃时，不宜洒水养护

C. 无论采用何种水泥，混凝土潮湿养护时间都不少于 14d

D. 缺乏淡水的地区，可采用海水保持潮湿养护

E. 潮湿养护后，宜在空气中干燥碳化14～21d

9. 重力式方块码头建筑物，方块安装时，在立面上，有（　　）三种方法。

A. 阶梯状安装

B. 分段分层安装

C. 长段分层安装

D. 垂直分层安装

E. 水平、垂直混合安装

10. 重力式码头方块装驳前,(　　),以免方块安不平稳。

A. 应清除方块顶面的杂物

B. 应将方块底面不平处凿除

C. 方块底面应凿毛处理

D. 应将方块顶面凿毛处理

E. 应清除方块底面的粘底物

11. 重力式码头沉箱接高方式一般有(　　)。

A. 座底接高　　B. 漂浮接高

C. 现场接高　　D. 台式接高

E. 移动接高

12. 重力式码头沉箱座底接高一般适用于(　　)的情况。

A. 所需接高沉箱数量多

B. 风浪大

C. 地基条件好

D. 水深适当

E. 所需接高沉箱数量少

13. 重力式码头沉箱漂浮接高一般适用于(　　)的情况。

A. 地基条件好

B. 所需接高沉箱数量少

C. 风浪小

D. 所需接高沉箱数量多

E. 水深较大

14. 重力式码头预制大型沉箱海上运输,可用(　　)。

A. 浮运拖带法　　B. 半潜驳干运法

C. 货轮运输法　　D. 方驳运输法

E. 潜驳运输法

15. 重力式码头沉箱采用浮运拖带法时,拖带前应进行以下项目的验算:(　　)。

A. 总体强度　　　B. 吃水

C. 局部承载力　　D. 压载

E. 浮游稳定

16. 重力式码头沉箱采用半潜驳干运法,当无资料和类似条件下运输的实例时,对半潜驳以下各个作业段应进行验算:(　　)。

A. 沉箱自身强度　B. 下潜装载

C. 航运　　　　　D. 下潜卸载

E. 局部承载力

17. 重力式码头扶壁混凝土构件宜整体预制,混凝土浇筑一次完成,以免出现冷缝。预制可以采用(　　)的方法。

A. 斜制　　　　　B. 立制

C. 卧制　　　　　D. 侧制

E. 反制

18. 大型预制件吊运采用的吊具应经设计,并满足(　　)要求。

A. 耐久性　　　　B. 强度

C. 刚度　　　　　D. 通用性

E. 稳定性

19. 采用半潜驳载运沉箱时,应对沉箱的(　　)进行验算。

A. 整体强度　　　B. 隔舱强度

C. 稳定性　　　　D. 封舱密封度

E. 变形

1E412013　棱体和倒滤结构施工

1. 重力式方块码头抛填棱体的制作可在方块安装完（　　）后开始。
   A. 1 层　　　　　B. 1～2 层
   C. 2～3 层　　　D. 1～3 层

2. 沉箱和扶壁式重力式码头，其抛填棱体需（　　）后进行。
   A. 基础完成后　　B. 墙身安装好
   C. 上部结构完成　D. 端头护岸完成

3. 重力式码头棱体抛填断面的平均轮廓线不得小于设计断面，顶面和坡面的表层应铺（　　）厚度的二片石，其上再铺倒滤层。
   A. 0.1～0.3m　　B. 0.2～0.6m
   C. 0.3～0.5m　　D. 0.5～0.8m

4. 重力式码头棱体抛填断面的平均轮廓线不得小于设计断面，顶面和坡面的表层应铺 0.3～0.5m 厚度的（　　），其上再铺倒滤层。
   A. 瓜米石　　　　B. 1～3cm 碎石
   C. 3～5cm 碎石　D. 二片石

5. 在有风浪影响地区的重力式码头施工，（　　）不应抛筑棱体顶面的倒滤层，倒滤层完工后应尽快填土覆盖。
   A. 胸墙未完成前
   B. 胸墙已完成
   C. 墙身结构未完成前
   D. 墙身结构已完成

6. 重力式码头的棱体面铺设土工织物倒滤层时，土工织物的搭接长度应满足设计要求并不小于（　　）。
   A. 0.5m　　　　　B. 1.0m
   C. 1.5m　　　　　D. 2.0m

7. 级配倒滤层的厚度允许偏差为（　　）。
   A. 水上 ±50mm，水下 ±100mm
   B. 水上 ±100mm，水下 ±100mm
   C. 水上＋100mm，水下＋100mm
   D. 水上＋50mm，水下＋100mm

8. 重力式码头的倒滤层完成后，应及时回填，采用吹填时，排水口宜（　　）。
   A. 远离码头前沿　B. 靠近码头前沿
   C. 远离墙背　　　D. 靠近墙背

9. 重力式码头的倒滤层完成后，应及时回填，采用吹填时，吹泥管口宜（　　）。
   A. 远离码头前沿　B. 靠近码头前沿
   C. 远离墙背　　　D. 靠近墙背

10. 重力式码头陆上填土如采用强夯法进行夯实，为防止码头因振动而发生位移，根据（　　）的大小，夯击区要离码头前沿一定距离（一般 40m）。
    A. 夯锤　　　　　B. 落距
    C. 夯击能　　　　D. 填土厚度

11. 重力式码头干地填土的填料应分层压实，每层填土虚铺厚度，对人工夯实不宜大于（　　）。
    A. 0.2m　　　　　B. 0.3m
    C. 0.4m　　　　　D. 0.5m

12. 重力式码头干地填土的填料应分层压实，每层填土虚铺厚度，对机械夯实或辗压不宜大于（   ）。

A．0.2m
B．0.3m
C．0.4m
D．0.5m

13. 重力式码头墙后回填时，为防止淤泥对码头的影响，其回填方向应（   ）方向填筑。

A．由岸往墙后
B．由墙后往岸
C．由一端向另一端
D．由一角向另一角

14. 重力式码头后方抛填棱体的作用是（   ）。

A．防止回填土的流失
B．对地基压载加固
C．降低墙后主动土压力
D．防止地基沉降

15. 港航工程中不得采用（   ）做倒滤层材料。

A．无纺土工织物
B．编织土工织物
C．非织造土工布
D．机织土工布

16. 重力式码头墙后吹填时，应对吹填的高度、码头前后水位、码头的位移和沉降进行观测，其主要目的是（   ）。

A．为及时发现和防止码头产生过大变形
B．为统计吹填工作量
C．决定吹泥管口的位置
D．为确定合适的围堰高程

17. 采用无纺布做倒滤层材料时，其单位面积质量宜为（   ）g/m^2。

A．100～300
B．200～400
C．300～500
D．400～600

18. 采用无纺土工织物做重力式码头后方倒滤层材料时，其抗拉强度不宜低于（   ）kN/m。

A．3
B．5
C．6
D．8

二 多项选择题

1. 重力式码头棱体抛填前应检查基床和岸坡有无（   ），必要时应进行清理。

A．冲刷
B．沉积
C．回淤
D．塌坡
E．塌陷

2. （   ）安装缝宽度大于倒滤层材料粒径时，接缝或倒滤井应采取防漏措施，宜在临水面采用加大倒滤材料粒径或加混凝土插板，在临砂面采用透水材料临时间隔。

A．空心块体
B．沉箱
C．板桩
D．圆筒
E．扶壁

3. 回填土吹填施工时，排水口宜远离码头前沿，其（   ）应根据排水要求和沉淀效果确定。

A．口径尺寸
B．高程
C．排水管类型
D．排水管直径
E．排水管长度

4. 回填土吹填施工时，排水口宜远离码头

68

前沿，其口径尺寸和高程应根据（   ）确定。

A. 回淤情况　　　B. 排水要求

C. 沉淀效果　　　D. 施工水位

E. 排水效果

5. 重力式码头的倒滤层完成后，应及时回填，墙后采用吹填时，吹填过程中，应对码头的（   ）进行观测。如码头发生较大变形等危险迹象，应立即停止吹填，并采取有效措施。

A. 填土高度　　　B. 内外水位

C. 位移　　　　　D. 沉降

E. 回填速率

6. 重力式码头墙后吹填时，为及时发现和防止码头产生过大变形，应对（   ）进行观测。

A. 吹填的高度　　B. 排水口的流量

C. 码头的位移　　D. 码头的沉降

E. 码头内外水位

7. 土工织物倒滤层，应选择（   ）。

A. 无纺土工布　　B. 机织土工布

C. 编织土工布　　D. 土工网

E. 复合土工布

1E412014　胸墙施工

一 单 项 选 择 题

1. 重力式扶壁码头的混凝土胸墙宜在底板上（   ）浇筑施工。

A. 回填前　　　　B. 回填后

C. 压载前　　　　D. 回填压载后

2. 重力式码头胸墙混凝土直接在填料上浇筑时，应在（   ）浇筑。

A. 填筑后

B. 填筑密实后

C. 填筑密实三个月以后

D. 填筑密实六个月以后

3. 重力式码头胸墙混凝土浇筑应在下部安装构件（   ）进行。

A. 达预定沉降值后

B. 稳定后

C. 沉降稳定后

D. 沉降速率符合设计值后

4. 重力式码头胸墙混凝土，在埋有块石的混凝土中留置水平施工缝时，应使埋入的块石（   ），增强新老混凝土接合。

A. 外露 1/4　　　B. 外露 1/3

C. 外露 1/2　　　D. 外露 3/4

5. 重力式码头在施工缝处浇筑混凝土时，已浇筑的混凝土，其抗压强度不应小于（   ）。

A. 1.0MPa　　　B. 1.2MPa

C. 1.5MPa　　　D. 2.0MPa

6. 在混凝土施工缝处浇筑新混凝土前，应先用水充分湿润老混凝土表层，刷一层

水泥浆或铺一层厚度为 10～30mm 的水
泥砂浆。水泥净浆和水泥砂浆的(　　)。

A. 水灰比应小于混凝土的水灰比

B. 水灰比应等于混凝土的水灰比

C. 强度等级与混凝土相等

D. 强度等级大于混凝土强度

二　多项选择题

1. 重力式码头胸墙模板应经设计。设计时
除计算一般荷载外，尚应考虑(　　)。

A. 温度应力　　　B. 波浪力

C. 水压力　　　　D. 混凝土干缩应力

E. 浮托力

2. 重力式码头胸墙混凝土体积较大时，浇
筑混凝土时宜采用(　　)浇筑。

A. 分层　　　　　B. 分块

C. 分段　　　　　D. 按量

E. 按时

3. 重力式码头胸墙混凝土施工缝的形式应

做成(　　)。

A. 垂直缝　　　　B. 水平缝

C. 向岸侧倾斜缝　D. 向海侧倾斜缝

E. 向一端倾斜缝

4. 重力式码头胸墙混凝土在施工缝处浇
筑时，应清除已硬化混凝土表面上的
(　　)。

A. 水泥薄膜　　　B. 面层气泡

C. 面层水泥砂浆　D. 松动石子

E. 软弱混凝土层

1E412020　高桩码头施工技术

1E412021　沉桩施工

一　单项选择题

1. 高桩码头沉桩时桩的坡度由(　　)来
保证。

A. 经纬仪　　　　B. 水准仪

C. 打桩架　　　　D. 坡度尺

2. 为保证基桩承载力满足设计要求，桩尖

应落在设计规定的标高上，桩尖标高是
通过(　　)的标高测量实现的。

A. 桩顶　　　　　B. 替打顶

C. 打桩架　　　　D. 龙口

3. 高桩码头在斜坡上打桩和打斜桩时，

拟定合理的打桩顺序，采取恰当的（   ），以保证沉桩完毕后的最终位置符合设计规定。

A. 在原桩位下沉

B. 偏离桩位下沉

C. 按设计桩位下沉

D. 打桩施工顺序

4. 高桩码头在（   ）中沉桩，以标高控制为主，贯入度可作校核。

A. 砂性土层　　　B. 黏性土

C. 风化岩层　　　D. 淤泥土

5. 高桩码头桩裂损的控制，除了控制制造和起吊桩的质量外，就是要采取措施控制（   ）。

A. 桩的自身强度　　B. 沉桩周边环境

C. 沉桩施工条件　　D. 打桩应力

6. 不适合采用低应变检测的桩型是（   ）。

A. PHC 桩　　　　B. 灌注桩

C. 大管桩　　　　D. 钢管桩

7. 桩端进入持力层深度要求不小于 2 倍桩径或边长的对应土层是（   ）。

A. 强风化岩　　　B. 密实砂土

C. 中等密实砂土　D. 黏性土或粉土

8. 为给后续基桩的检验提供依据，进行单桩轴向抗压静载试验的桩，宜同时进行（   ）对比试验。

A. 声波衍射法　　B. 水平静载

C. 高应变法　　　D. 低应变法

二　多项选择题

1. 高桩码头主要由下列几部分组成：（   ）。

A. 墙身结构　　　B. 基桩

C. 预制构件　　　D. 上部结构

E. 混凝土面层

2. 沉桩时要保证桩偏位不超过规定，偏位过大，会带来以下问题：（   ）。

A. 给上部结构预制件的安装带来困难

B. 使结构受到有害的偏心力

C. 增加工作量

D. 使工期滞后

E. 增加施工成本

3. 高桩码头桩沉完以后，应保证满足设计承载力的要求。一般是采用双控，即：（   ）（最后一阵平均每击下沉量）。

A. 桩尖标高

B. 桩入土深度

C. 打桩最后贯入度

D. 贯入度的变化

E. 桩下沉标高情况

4. 沉桩控制应包括（   ）控制。

A. 偏位　　　　　B. 强度

C. 承载力　　　　D. 锤击次数

E. 裂损

5. 高桩码头沉桩施工中，桩尖在（   ）时，以贯入度控制为主，标高作校核。

A. 砂性土层　　　B. 黏性土

C. 风化岩层　　　D. 淤泥土

E. 浮泥土

6. 试桩的目的包含有（   ）。

A．确定最终贯入度

B．检验工艺可行性

C．检验承载力

D．验证定位精度

E．检验锤的性能

7．在斜坡上打桩和打斜桩时，应拟定合理的打桩顺序，采取恰当的偏离桩位下位，以保证沉桩完毕后的最终位置符合设计规定，并采取（　　）的方法，防止岸坡滑动。

A．挖泥　　　　　B．削坡

C．分区跳打　　　D．清淤

E．铺软体排

8．锤击沉桩的控制应根据（　　）综合考虑。

A．地质条件　　　B．水流条件

C．波浪情况　　　D．锤型

E．桩长

9．沉桩过程中要控制桩身裂损，应做到（　　）。

A．合理选锤

B．控制打桩应力

C．合理选择桩垫

D．锤与替打、桩三者要处于同一轴线上

E．降低锤芯冲程

1E412022　构件预制和安装

一　单项选择题

1．高桩码头预制构件吊运时的混凝土强度应（　　）。如需提前吊运，应经验算。

A．达设计强度的 50%

B．达设计强度的 70%

C．符合设计要求

D．达设计强度

2．港口与航道工程中高桩码头的预制构件采用绳扣吊运时，其吊点位置偏差不应超过设计规定位置（　　）。

A．±100mm　　　B．±150mm

C．±200mm　　　D．±300mm

3．高桩码头预制构件吊运时应使各吊点同时受力，并应注意防止构件产生扭曲。吊绳与构件水平面的夹角（　　）。

A．不应大于 45°

B．不应大于 60°

C．不应小于 45°

D．不应小于 60°

4．高桩码头预制构件存放按三点以上受力状态设计的预制构件，宜采用（　　）支垫存放。垫木应均匀铺设，并应注意场地不均匀沉降对构件的影响。

A．两点　　　　　B．五点

C．三点　　　　　D．多点

5．高桩码头构件存放场多层堆放预制构件时，各层垫木应位于（　　）。

A. 同一垂直面上，其位置偏差不应超过 ±100mm

B. 同一垂直面上，其位置偏差不应超过 ±200mm

C. 同一水平面上，其位置偏差不应超过 ±100mm

D. 同一水平面上，其位置偏差不应超过 ±200mm

6. 关于预制混凝土方桩要求的说法，错误的是（　　）。

A. 桩身混凝土必须连续浇筑

B. 采用常压蒸养时的龄期不宜少于 10d

C. 主筋切割前应先放张

D. 放张时的混凝土强度不应低于设计强度的 80%

7. 混凝土预制构件叠合板的堆放层数应不超过（　　）。

A. 二层　　　　　B. 三层

C. 四层　　　　　D. 五层

8. 混凝土预制构件桁架的堆放层数应不超过（　　）。

A. 二层　　　　　B. 三层

C. 四层　　　　　D. 五层

9. 港口与航道工程中高桩码头工程预制构件安装时，搁置面要平整，预制构件与搁置面间应（　　）。

A. 接触紧密　　　B. 留有空隙

C. 有 5mm 空隙　　D. 有 10mm 空隙

10. 港口与航道工程中高桩码头工程预制构件安装时，当露出的钢筋影响安装时，对此钢筋（　　）。

A. 不影响构件受力的，可随意割除

B. 影响构件受力的，不可随意割除

C. 不得随意割除，并应及时与设计单位研究解决

D. 不得随意割除，可与监理、业主代表研究解决

11. 港口与航道工程中高桩码头工程预制构件安装时，应（　　）标高。

A. 逐层控制　　　B. 整体控制

C. 逐件控制　　　D. 总体控制

12. 高桩码头叠合板预制件在安装就位以后，要（　　），以使构件稳固。

A. 用张紧器临时拉条稳住

B. 将两根相接的底部伸出的钢筋焊接起来

C. 立即浇筑混凝土

D. 将接缝处伸出的钢筋焊接起来

13. 高桩码头构件安装时，主要应控制（　　）。

A. 逐层的标高　　B. 桩帽的标高

C. 最终的标高　　D. 梁板的标高

二　多项选择题

1. 高桩码头构件存放场多层堆放预制构件时，其堆放层数应根据（　　）确定。

A. 构件强度　　　　B. 地基承载力

C. 垫木强度　　　D. 构件数量

E. 存放稳定性

2. 驳船装运预制构件时，应注意甲板的

强度和船体的稳定性，宜采用（   ）装驳。

A．连续式　　　　B．按序排列式

C．间隔式　　　　D．宝塔式

E．对称的间隔方法

3．港口与航道工程中，高桩码头混凝土预制构件在预制场存放时应符合下列规定：（   ）。

A．存放场地宜平整

B．按两点或多点支垫

C．场地需浇筑混凝土地坪

D．不同规格的预制构件，宜分别存放

E．按出运次序存放

4．预制构件装驳后应采取（   ）等措施，防止因风浪影响，造成构件倾倒或坠落。

A．加撑　　　　　B．加篷盖

C．加焊　　　　　D．防海水侵蚀

E．系绑

5．预制构件安装前，应对预制构件的（   ）等进行复查。

A．类型编号　　　B．外形尺寸

C．混凝土强度　　D．吊点

E．混凝土抗渗

6．用水泥砂浆找平预制构件搁置面时，应符合下列规定：（   ）。

A．不得在砂浆硬化后安装构件

B．水泥砂浆找平厚度宜取 10～20mm

C．坐浆饱满，安装后略有余浆挤出缝口

D．接缝处应用砂浆嵌塞密实及勾缝

E．水泥砂浆强度应提高一个等级

7．高桩码头现浇桩帽的作用包括（   ）。

A．加强桩顶强度　　B．调整桩顶标高

C．调整桩位　　　　D．提高桩的承载力

E．便于上部结构安装

1E412023　上部结构现浇混凝土施工

一　单项选择题

1．对高桩码头上部装配式整体结构的混凝土施工，正确的做法是（   ）。

A．应将纵横梁节点、预制板缝及码头面层的混凝土一次浇筑

B．应先浇筑横梁节点的混凝土，然后将纵梁、预制板缝及码头面层一次浇筑

C．应先浇筑纵横梁节点的混凝土，然后将预制板缝及码头面层一次浇筑

D．应先浇筑纵横梁节点及预制板缝中的混凝土，再浇筑码头面层

2．浇筑的混凝土强度达到 5MPa 前，锤击沉桩处与该部分混凝土之间的距离不得小于（   ）。

A．20m　　　　　B．25m

C．30m　　　　　D．50m

现浇上部结构混凝土应满足的要求有（   ）。

A．对模板、钢筋、预留孔和预埋件等进行检查验收

B．外露的铁件采取符合设计要求的防腐蚀措施

C．混凝土保护层垫块的厚度无负偏差，正偏差不大于 10mm

D．垫块强度、密实性和耐久性不低于构件本体混凝土

E．掌握施工水位变化规律

1E412024　接岸结构和岸坡施工

1．高桩码头沉桩后对岸坡进行回填或抛石施工前，如遇异常情况，如大风暴、特大潮等过后，必须（   ）。

A．加速抛填施工

B．及时施测回淤，必要时再次清淤

C．进行夹桩

D．做好施工记录

2．高桩码头沉桩后进行回填或抛石时，在基桩处，沿桩周对称抛填，桩两侧高差不得大于（   ）。如设计另有规定，应满足设计要求。

A．0.5m　　　　B．1m

C．1.5m　　　　D．2m

3．高桩码头沉桩后进行岸坡抛填时，应（   ）进行。如设计另有规定，应满足设计要求。

A．由岸向水域分层

B．由水域向岸分层

C．由岸向水域

D．由水域向岸

4．高桩码头在接岸结构岸坡回填土和抛石时，不宜采用（   ）推进的施工方法。

A．由岸向水域方向

B．由水域向岸方向

C．顺水流方向

D．逆水流方向

5．岸坡结构采用板桩时，锚碇结构回填顺序应符合设计要求。回填时首先应回填（   ）的区域。

A．板桩结构前　　B．板桩结构后

C．锚碇结构前　　D．锚碇结构后

6．高桩码头在接岸结构岸坡回填土和抛石施工时，采用板桩的锚碇结构前回填

时，应按设计要求（　　）。

A. 分层自密　　　B. 不分层自密

C. 分层夯实　　　D. 不分层夯实

7. 高桩码头在浇筑码头面层时，应埋置（　　）的沉降、位移观测点，定期进行观测，并做好记录。

A. 临时　　　　　B. 固定

C. 活动　　　　　D. 长期

8. 固定的沉降、位移观测点，应（　　），交工验收时一并交付使用单位。

A. 用文字说明

B. 存入档案中

C. 逐个工序交接

D. 在竣工平面图上注明

9. 高桩码头岸坡回填时，高桩基处的回填应（　　）。

A. 先回填水侧

B. 先回填陆侧

C. 水陆两侧对称回填

D. 沿桩周对称回填

二 多项选择题

1. 码头施工区挖泥应按下列要求进行：（　　）。

A. 挖泥前，测量挖泥区水深断面

B. 按设计或施工要求进行阶梯形分层开挖

C. 按设计或施工要求进行逐层开挖

D. 挖泥完毕后，复测开挖范围的水深断面

E. 挖泥施工中，勤测挖泥区水深断面

2. 高桩码头岸坡施工在沉桩后进行回填或抛石前，应先（　　）。抛填过程中，宜定时施测回淤量。清淤后应及时进行抛填，应做到随清随抛。

A. 测量施工区域断面

B. 清除回淤浮泥

C. 清除塌坡泥土

D. 选择施工船舶

E. 备好抛填用料

3. 高桩码头接岸工程采用挡土墙时，其基础回填土或抛石均应（　　）。

A. 分层夯实　　　B. 分段夯实

C. 振冲密实　　　D. 整层爆夯

E. 碾压密实

4. 接岸工程采用深层水泥搅拌加固地基时，对现场水质进行调查。应查明（　　）。

A. pH 值

B. 氢氧化钙

C. 易溶盐

D. 海水污染及侵蚀性

E. 碳酸钙

5. 采用深层水泥搅拌加固地基时，应逐层做标准贯入等试验，查明加固区（　　）、拟加固深度范围内有无硬夹层。

A. 工程进展　　　B. 土层分布

C. 软土层厚度　　　D. 地质情况

E. 周边环境

1E412030 板桩码头施工技术

1E412031 板桩的沉桩

1. 板桩建筑物对于码头后方场地狭窄,设置锚碇结构有困难或施工期会遭受波浪作用的情况时,可采用(   )。

   A. 有锚板桩结构

   B. 无锚板桩结构

   C. 斜拉桩式板桩结构

   D. 地连墙式板桩结构

2. 关于板桩沉桩方法,错误的是(   )。

   A. 锤击沉桩   B. 振动沉桩

   C. 水冲沉桩   D. 压入沉桩

3. 板桩建筑物沉桩时导向梁距板墙顶的距离应(   )替打套入桩的长度。

   A. 小于   B. 等于

   C. 略大于   D. 大于

4. 板桩建筑物沉桩中,沿板桩墙纵轴线方向的垂直度偏差超过规定时,对于钢板桩,可采用(   )的方法进行调整。

   A. 调整桩尖斜度

   B. 加楔形板桩

   C. 调整打桩架的侧向斜度

   D. 调整导向架

5. 板桩建筑物沉桩施工中,板桩偏移轴线产生平面扭转时,可(   ),使墙面平滑过渡。

   A. 加异形钢板桩的方法进行调整

   B. 在后沉的板桩中逐根纠正

   C. 采用修整桩边的方法逐渐调整

   D. 调整打桩架的位置逐渐调整

6. 板桩建筑物沉桩施工中,下沉的板桩将邻近已沉的板桩"带下"时,可根据"带下"的情况(   )。

   A. 重新确定后沉板桩的桩顶标高

   B. 在后续施工工序中予以调整

   C. 其他桩顶标高均按此进行调整

   D. 重新确定板桩桩顶的控制标高

7. 板桩建筑物沉桩施工中,下沉的板桩将邻近已沉的板桩"上浮"时,对"上浮"的板桩,应(   )。

   A. 复打至设计标高

   B. 在后续施工工序中予以调整

   C. 按此桩顶标高进行控制

   D. 重新确定后沉板桩的桩顶标高

8. 板桩建筑物沉桩应以(   )做为控制标准。

   A. 桩尖设计标高   B. 桩顶设计标高

   C. 贯入度   D. 锤击次数

9. 板桩沉桩时,打桩方法一般采用锤击法,为提高打桩效率和避免打坏桩头,宜采用(   )。

   A. 小锤"轻锤轻打"

   B. 小锤"轻锤重打"

C. 大锤"重锤轻打"

D. 大锤"重锤重打"

10. 在密实的土层中沉桩有困难时，可采取

的沉桩措施有（　　）。

A. 重锤重打　　　　B. 钻孔松土

C. 重锤轻打　　　　D. 轻锤重打

二 多项选择题

1. 板桩码头建筑物的优点是（　　）等。

A. 结构简单　　　B. 板桩抗弯能力小

C. 工程造价低　　D. 施工方便

E. 适合地质广泛

2. 板桩码头建筑物的施工程序包括:（　　）;

现场浇筑帽梁；墙后回填土和墙前港池

挖泥等。

A. 预制和施工板桩

B. 加工和安装拉杆

C. 基槽开挖

D. 预制和安设锚碇结构

E. 制作和安装导梁

3. 板桩码头建筑物施工沉桩前,（　　）

均应按勘测基线（点）及水准点测设,

使其精度符合有关规定,并应定期检查

和校核。

A. 施工基线　　　B. 桩位控制点

C. 平面控制网　　D. 现场水准点

E. 高程控制网

4. 板桩建筑物沉桩施工,为使导向梁和导

向架具有足够的刚度,要适当选择材料

和断面,以及导桩的（　　）。

A. 材料　　　　　B. 断面

C. 垂直度　　　　D. 间距

E. 入土深度

5. 板桩码头钢板桩沉桩施工,可采用

（　　）方法。

A. 单根依次插入　B. 拼组插入

C. U形桩宜偶数　D. Z形桩宜奇数

E. 阶梯式沉桩

6. 板桩建筑物沉桩时,沿板桩墙纵轴线方

向的垂直度偏差超过规定时,对于钢筋

混凝土板桩,可采用（　　）的方法进

行调整。

A. 修凿桩尖斜度

B. 加楔形板桩

C. 调整打桩架的侧向斜度

D. 现场浇筑

E. 调整导向架

7. 板桩建筑物的钢板桩应采取防腐措施,

目前工程上根据板桩所处的位置可分别

采用以下方法:（　　）。

A. 阴极保护

B. 涂防锈漆

C. 涂刷化学材料

D. 耐腐蚀强的钢材制作板桩

E. 与钢板桩接触的金属构件与钢板桩

同材质

8. 板桩码头建筑物的优点包括（　　）。

A. 结构简单　　　B. 用料省

C. 工程造价低　　D. 施工方便

E. 耐久性好

9. 板桩码头建筑物沉桩施工时，当土层变化较大，且需要分区确定桩长时，对于钢筋混凝土板桩长度的确定应秉承（　　）的原则。

A. 宜短勿长

B. 宜长勿短

C. 按设计要求确定合适桩长

D. 宁可截桩，不要接桩

E. 宁可接桩，不要截桩

1E412032　锚碇系统施工

一　单项选择题

1. 板桩建筑物中锚碇板一般是预制的钢筋混凝土板块，当板块为连续设置时，称为（　　）。

A. 锚碇梁　　　　B. 锚碇板桩

C. 锚碇墙板　　　D. 锚碇墙

2. 板桩建筑物锚碇板（墙）是靠（　　）来平衡拉杆拉力。

A. 墙前面的土抗力

B. 墙后面的土抗力

C. 锚碇板（墙）自重

D. 锚碇板（墙）和土的重量组成的抗力

3. 板桩建筑物锚碇板（墙）的设置高程，在施工条件允许的情况下，应（　　），以提高其承载能力。

A. 尽量放高

B. 尽量在施工水位

C. 尽量放低

D. 尽量在设计低水位

4. 板桩建筑物的锚碇桩（板桩）是依靠其在土中的（　　）作用来承受拉杆的拉力。

A. 摩擦阻力　　　B. 弹性嵌固

C. 地基支承　　　D. 嵌固和摩阻

5. 锚碇叉桩是由一对叉桩和其上端现浇桩帽组成。叉桩中前面一根是压桩，后面一根为拉桩。它是靠两根斜桩轴向力的（　　）之和来承受拉杆的拉力。

A. 垂直分力　　　B. 水平分力

C. 垂直和水平分力　D. 合力

6. 板桩建筑物锚碇系统拉杆的安装，拉杆连接铰的转动轴线应位于（　　）。

A. 垂直面上

B. 向海侧倾斜面上

C. 向陆侧倾斜面上

D. 水平面上

7. 板桩建筑物锚碇系统拉杆安装时，如设计对拉杆的安装支垫无具体规定时，可将拉杆搁置在垫平的垫块上，垫块的间距取（　　）m左右。

A. 1～2　　　　　B. 3～5

C. 6～7　　　　　D. 8～10

1. 板桩建筑物中常用的锚碇结构有以下几种形式：（　　）。
   A. 锚碇墙　　　　B. 锚碇柱
   C. 锚碇板　　　　D. 锚碇桩
   E. 锚碇叉桩

2. 板桩建筑物中锚碇板一般是预制的钢筋混凝土板块，它的断面形状主要有（　　）。
   A. 平板形　　　　B. 双向梯形
   C. T 形　　　　　D. H 形
   E. 三角形

3. 板桩建筑物锚碇系统的拉杆要承受拉力，采用钢拉杆时，材料应具有出厂合格证书，并按有关规定抽样对其（　　）进行检验。
   A. 物理性能　　　B. 力学性能
   C. 机械性能　　　D. 化学成分
   E. 化学性能

4. 板桩建筑物锚碇系统的拉杆防护层包敷涂料的（　　）应符合设计要求。
   A. 规格　　　　　B. 品种
   C. 质量　　　　　D. 性能
   E. 数量

5. 拉杆在（　　）过程中应避免产生永久变形和保护层及丝扣等遭受损伤。
   A. 加工　　　　　B. 堆存
   C. 安装　　　　　D. 吊运
   E. 使用

6. 板桩建筑物锚碇系统拉杆安装时，在满足条件（　　）后，方可张紧拉杆。
   A. 锚碇结构前回填完成
   B. 锚碇结构后回填完成
   C. 锚碇结构的现浇混凝土达到设计强度
   D. 板桩墙导梁或胸墙的现浇混凝土达到设计强度
   E. 拉杆防护层检查完好

1E412040　斜坡堤施工技术

1E412041　砂垫层与土工织物垫层施工

一 单项选择题

1. 关于斜坡堤砂垫层抛填顶面高程质量要求的说法，正确的是（　　）。
   A. 不高于设计高程 0.3m，不低于设计

   高程 0.3m
   B. 不高于设计高程 0.5m，不低于设计

   高程 0.3m

C. 不高于设计高程 0.3m, 不低于设计高程 0.5m

D. 不高于设计高程 0.5m, 不低于设计高程 0.5m

2. 斜坡堤砂垫层施工时, 砂的粒径应符合设计要求, 含泥量不宜大于 ( )。

A. 0.5%   B. 1%

C. 3%   D. 5%

3. 土工织物加筋垫层水上铺块的宽度和对设计长度的富余量要求, 分别是 ( )。

A. 8m 和 1.5m   B. 8m 和 1.0m

C. 6m 和 1.5m   D. 6m 和 1.0m

4. 要求软体排超前于堤身结构施工的最小护底长度是 ( )。

A. 20m   B. 30m

C. 50m   D. 80m

5. 软体排护底在单向流和往复流河段正确的铺设方向是 ( )。

A. 单向流自上游向下游、往复流顺主流

B. 单向流自下游向上游、往复流逆主流

C. 单向流自上游向下游、往复流逆主流

D. 单向流自下游向上游、往复流顺主流

6. 斜坡堤用于加筋垫层的砂垫层, 整平后顶面高差不宜大于 ( ) mm。

A. 300   B. 3500

C. 400   D. 500

二 多项选择题

1. 下列关于砂垫层抛填质量要求的说法, 正确的有 ( )。

A. 顶面宽度不小于设计宽度

B. 顶面高程不高于设计高程 1.0m

C. 顶面高程不高于设计高程 0.5m

D. 顶面高程不低于设计高程 0.5m

E. 顶面高程不低于设计高程 0.3m

2. 关于斜坡堤土工织物加筋垫层铺设块的宽度和铺设块长度的富余量要求的说法, 正确的有 ( )。

A. 铺设块的宽度最小不宜小于 8.0m

B. 陆上施工的富余量最小不小于 1.0m

C. 水下施工的富余量最小不小于 2.0m

D. 陆上施工的富余量最小不小于 0.5m

E. 水下施工的富余量最小不小于 1.0m

3. 在斜坡堤施工中, 对砂垫层的 ( ) 等规定了质量要求。

A. 顶面高度   B. 顶面标高

C. 顶面坡度   D. 顶面宽度

E. 顶面曲度

4. 水上铺设土工织物加筋垫层时, 下列对于铺块加工和铺设的要求, 正确的有 ( )。

A. 铺块长度富余量不小于 1000mm

B. 轴线偏差不大于 500mm

C. 铺块宽度不小于 8m

D. 轴线偏差不大于 1000mm

E. 铺块搭接长度为 ±100mm

5. 关于水上铺设软体排的要求, 正确的有 ( )。

A. 沿堤坝轴线用连续方式

B. 排间有效搭接长度不小于 1.0m

C. 垂直堤坝轴线用连续方式

D. 排间有效搭接长度不小于 2.0m

E. 软体排超前于堤身结构施工的护底长度不小于 30m

1E412042　堤身抛填

一　单 项 选 择 题

1. 对工程量大且石料来源困难的地区，斜坡堤堤心石经论证可采用石渣，但石渣的含泥量应小于（　　）。

A. 5%　　　　　B. 10%

C. 3%　　　　　D. 8%

2. 斜坡堤软土地基上的抛石，当有挤淤要求时，应从（　　）。

A. 断面两侧逐渐向中间抛填

B. 堤的端头由两侧逐渐向中间抛填

C. 断面中间逐渐向两侧抛填

D. 堤的端头由中间逐渐向两侧抛填

3. 用于斜坡堤堤心石抛填的开底驳和自动翻石船，适用于（　　）。

A. 补抛　　　　B. 细抛

C. 粗抛　　　　D. 散抛

4. 当采用预制方块做为堤身时，实际边线与设计边线间的偏差不应大于（　　）。

A. 300mm　　　B. 400mm

C. 500mm　　　D. 600mm

5. 关于水上抛填斜坡堤堤心石施工方法的说法，错误的是（　　）。

A. 应根据地形等自然条件对块石产生的漂流的影响，确定抛石船的驻位

B. 应根据水深等自然条件对块石产生的漂流的影响，确定抛石船的驻位

C. 应根据水流等自然条件对块石产生的漂流的影响，确定抛石船的驻位

D. 应根据波浪等自然条件对块石产生的漂流的影响，确定抛石船的驻位

6. 检查爆破挤淤置换淤泥质软基平面位置及深度的探地雷达法适用于（　　）。

A. 工作量小的工程

B. 流失量小的工程

C. 工作量大的工程

D. 流失量大的工程

7. 检查斜坡堤置换淤泥质软基的平面位置及深度的体积平衡法适用于具备抛填计量条件的（　　）工程。

A. 一般

B. 工作量大的一般

C. 抛填石料流失量较小的

D. 特殊

8. 用钻孔探摸法揭示抛填体厚度，钻孔深度应（　　）。

A. 到达抛填层底

B. 深入下卧层不少于 2m

C．深入下卧层不少于1m

D．深入下卧层不少于3m

9．关于斜坡堤软土地基上抛填施工要求的说法，错误的是（　　）。

A．当在土工织物加筋垫层或软体排上抛石时，应先抛填保护层

B．当有挤淤要求时，应从断面中间逐渐向两侧抛填

C．当堤侧有块石压载层时，应先抛堤身，后抛压载层

D．当设计有控制抛石加荷速率要求时，应控制加荷速率和间歇时间

二 多项选择题

1．关于探地雷达法检查置换淤泥质软基的平面位置及深度的说法，正确的有（　　）。

A．适用于检查工作量大的工程

B．应按纵横断面布置测线

C．点测时，测点距离不应大于3m

D．横断面应布满全断面范围，间距宜取50～100m

E．纵断面应分别布置在堤顶、内坡、外坡的适当位置上

2．关于斜坡堤抛填堤心石水上施工方法的说法，正确的有（　　）。

A．开底驳和自动翻石船适用于粗抛

B．民船和方驳适用于补抛和细抛

C．抛填时应勤对标、勤测水深，控制坡脚位置和边坡坡长

D．应根据潮位、水下地形、抛石工程量确定抛石船的驻位

E．应定期测量抛填顶高程，以控制需多抛或少抛的位置和再抛量

3．当斜坡堤堤身采用爆破挤淤填石施工方法时，置换淤泥质软基的（　　）均应进行施工期和竣工期检查。

A．平面位置　　　B．厚度

C．深度　　　　　D．工程量

E．位移

4．斜坡堤堤心石抛石船可根据（　　）等因素选择。

A．风浪流速　　　B．抛填工程量大小

C．施工条件　　　D．质量要求

E．石料来源

5．关于斜坡堤堤身石料质量要求的说法，正确的有（　　）。

A．1kg以下的颗粒含量应小于15%

B．1～10kg的块石含量应小于15%

C．可采用10～100kg的块石

D．采用的开山石和石渣的含泥量应小于10%

E．深水斜坡堤可采用的开山石的最大块重为800kg

6．斜坡堤堤心石抛填，当采用陆上推进法时，堤根的浅水区可一次抛填到顶，堤身和堤头视（　　）影响程度可一次或多次抛填到顶。

A．流速　　　　　B．风速

C．水深　　　　　D．地基土的强度

E．波浪

7. 钻孔探摸法适用于一般工程,下列关于其横断面布置钻孔的说法,正确的有( )。

A. 断面间距宜取 100～500m

B. 不少于 3 个断面

C. 钻孔应深入下卧层 1m

D. 不少于 2 个断面

E. 每断面布置钻孔 1～3 个

1E412043　护面块体的预制和安装

1. 斜坡堤预制人工块体重量的允许偏差为( )。

A. ±1%　　　　B. ±2%

C. ±3%　　　　D. ±5%

2. 下列关于栅栏板护面块体安放的说法,正确的是( )。

A. 当采用二片石支垫时,支垫的数量不得超过 3 处

B. 当采用二片石支垫时,可用 2 块二片石叠垫

C. 当采用二片石支垫时,可用二片石叠垫

D. 当采用二片石支垫时,支垫的数量不得超过 2 处

3. 当采用随机安放 2 层扭工字块体时,其外侧在波浪作用范围内的上层块体保持垂直杆件在堤坡下方、水平杆件在堤坡上方形式的块体数( )。

A. 应有 40% 以上　B. 应有 30% 以上

C. 应有 60% 以上　D. 应有 50% 以上

4. 预制混凝土护面块体的底模可根据( )分别采用混凝土地坪和混凝土胎模或钢模。

A. 制作方式　　B. 块体尺度

C. 成型方式　　D. 块体重量

5. 斜坡堤扭王字块护面块体安放数量的偏差应控制在设计数量的( )。

A. 6% 以内　　　B. 8% 以内

C. 5% 以内　　　D. 7% 以内

6. 关于扭王字块安放要求的说法,错误的是( )。

A. 水上部分可以规则安放

B. 规则安放应按参数定点定量

C. 安放应分段分层

D. 规则安放应三点着地

7. 斜坡堤四脚空心方块和栅栏板护面块体的安放,其相邻块体的高差不应大于( )。

A. 80mm　　　　B. 100mm

C. 150mm　　　　D. 180mm

8. 斜坡堤四脚空心方块和栅栏板护面块体的安放,其相邻块体的砌缝的最大宽度不应大于( )。

A. 80mm　　　　B. 100mm

C. 120mm　　　　D. 150mm

1. 安放人工块体前，应检查块石垫层的（   ）。
   A. 高程
   B. 块石重量
   C. 坡度
   D. 表面平整度
   E. 厚度

2. 下列关于扭工字块安放的说法，正确的有（   ）。
   A. 定点随机安放时，可先按设计块数的 95% 计算网点的位置进行分段安放
   B. 规则安放时，应使垂直杆件安放在坡面下面，并压在前排的横杆上
   C. 定点随机安放时，应使垂直杆件安放在坡面下面，并压在前排的横杆上
   D. 规则安放时，应使横杆置于垫层块石上，腰杆跨在相邻块的横杆上
   E. 随机安放 2 层时，波浪作用范围内的外侧上层块体应有 60% 以上保持垂直杆件在堤坡下方

3. 关于安放一层大块石护面的斜坡堤说法，正确的有（   ）。
   A. 坡面上不允许有连续 2 块以上块石垂直于护面层的通缝
   B. 块石长边尺寸不宜小于护面层的厚度
   C. 块石短边尺寸不宜小于护面层的厚度
   D. 最大缝宽不大于垫层块石最小粒径的 2/3
   E. 最大缝宽不大于垫层块石最小粒径的 1/3

1E412050 船闸施工技术

1E412051 围堰施工

围堰施工应在（   ）后实施。
A. 陆域地形测量完成
B. 典型施工完成
C. 借土区落实
D. 基坑施工方案批准

1. 对于土石围堰材料的要求，正确的有（   ）。

   A. 均质土宜选用粉质黏土

   B. 粉质黏土的土粒渗透系数不宜大于 1×10^{-4} cm/s

   C. 钢板桩围堰内填料宜采用中砂、粗砂

   D. 滤层应选用水稳定性好的砂砾料

   E. 填筑土粒含水率与最优含水率的偏差不宜超过 5%

2. 构筑土石围堰的原则有（   ）。

   A. 陆上围堰应分层填筑、分层压实

   B. 水中围堰宜一次填筑出水并压实

   C. 水中围堰宜分层填筑，对出水部分要分层压实

   D. 结合基坑开挖进行填筑

   E. 围堰宜在枯水期合龙

1E412052　基坑施工

1. 计算基坑无支护径流排水量时，可取当地近期的降水强度是（   ）（m/h）。

   A. 2 年一遇日最大降水量

   B. 2 年一遇日最大降水量的 1/2

   C. 5 年一遇日最大降水量

   D. 5 年一遇日最大降水量的 1/2

2. 基坑集水明排排水沟适宜的沟底纵向坡度是（   ）。

   A. 1‰～2‰　　　　B. 5‰～8‰

   C. 1%～2%　　　　D. 2%～3%

1. 停止基坑降水至少应具备的条件有（   ）。

   A. 闸室结构物沉降、位移满足要求

   B. 闸室主体施工完成

   C. 闸室放水前可保持干地施工及监测条件

   D. 上下游闸门已安装完毕

   E. 结构物施工至地下水位浸润线以上

2. 基坑用轻型井点降水时，对轻型井点的技术要求正确的有（   ）。

   A. 降水深度小于 6.0m

B．合理布置外排水路线

C．降水宜采用专用设备

D．采用真空井点的真空设备空运真空

度应大于 90kPa

E．现场抽水试验或施工经验确定单台设备连接井点数量

1E412053　地基与基础施工

1．对于有槽、隙的建基面，应清理槽、隙内填充物，其清理深度宜为沟槽宽度的（　）倍。

A．0.5～1.0　　　B．1.0～1.5

C．1.5～2.0　　　D．2.0～2.5

2．对溶隙、溶槽、溶洞、断层等不良地层进行固结灌浆加固与封闭处理时，设计规定压力下灌段吸浆量和持续时间指标是结束灌浆的标准，这一标准是（　）。

A．小于 0.4L/min 持续 20min

B．小于 0.4L/min 持续 30min

C．大于 0.4L/min 持续 20min

D．大于 0.4L/min 持续 30min

1．换填地基应通过试验和试验性施工确定的有（　）。

A．施工方法　　　B．施工定额

C．最优含水率　　D．分层厚度

E．每层的压实遍数

2．对于在浅水区或可能被水淹没的岸滩区软弱地基上的沉井，适宜的施工方案是（　）。

A．就地筑岛制作

B．预制厂制作

C．制作沉井，应采取换填地基、打设砂桩等地基加固措施

D．基础大开挖，浮运安装沉井

E．当沉井高度大于 6m 时，宜分节制作、分次接高下沉

1E412054 船闸主体施工

一 单 项 选 择 题

1. 闸室、闸首和输水廊道等混凝土结构分层浇筑时，上下层与相邻段混凝土浇筑的时间间隔不宜超过（　　）。

   A. 7d   B. 14d

   C. 21d   D. 28d

2. 对于后浇带混凝土施工的要求，当设计未做规定时，应滞后于后浇带两侧混凝土的浇筑时间不少于（　　）。

   A. 7d   B. 14d

   C. 21d   D. 30d

3. 大幅土工膜拼接，以采用胶接法粘合或热元件法焊接，胶接法搭接宽度和热元件法焊接叠合宽度分别宜为（　　）。

   A. 40～60mm 和 10～15mm

   B. 40～60mm 和 30～40mm

   C. 50～70mm 和 10～15mm

   D. 50～70mm 和 30～40mm

二 多 项 选 择 题

黏土防渗体施工的规定有（　　）。

A. 土的原材料应进行粉碎加工

B. 防渗体基底应清理杂物并排干积水

C. 防渗体与集水槽不宜同步施工

D. 分层铺筑时，上下层接缝应错开

E. 分段、分片施工时，相邻工作面搭接碾压宽度：平行轴线方向不应小于300mm，垂直轴线方向不应小于2m

1E412055 引航道施工

一 单 项 选 择 题

当引航道采用模袋混凝土护面，其表面平整度允许偏差为（　　）。

A. 陆上不应大于100mm，水下不应大于150mm

B. 陆上不应大于 150mm，水下不应大
于 150mm

C. 陆上不应大于 100mm，水下不应大

于 200mm

D. 陆上不应大于 150mm，水下不应大

于 200mm

砌体护岸与护底的技术要求包含
（　　）。

A. 砌体所用石料应质地坚硬、不易风
化、无裂纹

B. 砌石形状大致方正，厚度不小于

200mm

C. 浆砌块石在使用前必须浇水湿润，
表面清除干净，不得有油污

D. 砌筑完成后养护时间不宜少于 7d

E. 养护期不宜回填

1E412060　航道整治工程施工技术

1E412061　航道整治的方法

1. 对于沙质海滩，规顺岸线、调整过小的
弯曲半径的整治方法适用于（　　）。
A. 过渡段浅滩　　B. 弯道浅滩
C. 汊道浅滩　　　D. 散乱浅滩

2. 对于卵石浅滩，采取适当的措施减小汇
流角，改善汇流条件，增大浅区冲刷能
力的整治方法适用于（　　）。
A. 弯道浅滩　　　B. 过渡段浅滩
C. 支流河口浅滩　D. 汊道浅滩

3. 对于基岩急滩，采用切除一岸或同时切
除两岸突嘴，扩大过水断面，减缓流速

与比降的整治方法适用于（　　）。
A. 错口型突嘴急滩
B. 对口型突嘴急滩
C. 窄槽型急滩
D. 潜埂型急滩

4. 采用整治与疏浚相结合的方法，扩大滩
口过水断面，调整滩口河床形态的整治
方法适用于（　　）。
A. 卵石急滩　　　B. 溪口急滩
C. 崩岩急滩　　　D. 滑坡急滩

5. 采取疏浚开挖与筑坝壅水相结合的工程

措施，分散水面的集中落差，减缓流速比降的整治方法适用于（　　）。

A. 卵石急滩　　B. 连续急滩

C. 崩岩急滩　　D. 滑坡急滩

6. 根据突嘴的分布位置和形态，切除部分突嘴，延长错口长度，利于船舶交替利用两岸缓流上滩的整治方法适用于（　　）。

A. 对口型突嘴急滩

B. 窄槽型急滩

C. 错口型突嘴急滩

D. 潜埂型急滩

7. 采用清礁措施，扩大过水断面，枯水急滩在下游有条件筑坝时可筑坝壅水，减缓滩口流速和比降的整治方法适用于（　　）。

A. 窄槽型急滩

B. 对口型突嘴急滩

C. 错口型突嘴急滩

D. 多个突嘴相临近的急滩

8. 关于潮汐河口航道口门内分汊河段浅滩整治要求的说法，正确的是（　　）。

A. 宜选择涨潮流动力较强、分沙较少的汊道为主航道

B. 宜选择涨潮流动力较强、分沙较多的汊道为主航道

C. 宜选择落潮流动力较强、分沙较少的汊道为主航道

D. 宜选择落潮流动力较强、分沙较多的汊道为主航道

9. 关于单一河道中的急弯险滩整治要求的说法，正确的是（　　）。

A. 挖除部分凹岸边滩，加大航道弯曲半径

B. 必要时在凸岸深槽填槽或建潜坝，调整河床断面形态

C. 当凹岸有突嘴挑流时，在突嘴下游建丁坝或丁顺坝

D. 两岸有突出石梁交错的急弯险滩，以整治凸岸石梁为主

10. 汊道进口处洲头主流顶冲河岸形成的泡漩险滩可采用的整治方法是（　　）。

A. 建洲头丁坝　　B. 建洲头顺坝

C. 建洲头潜坝　　D. 建洲头丁顺坝

11. 潮汐易变河口拦门沙航道整治宜采取（　　）的工程措施。

A. 建单侧或双侧导堤

B. 疏浚开挖

C. 建单侧或双侧丁坝

D. 疏浚和建丁坝

二 多项选择题

1. 下列关于整治沙质散乱浅滩和支流河口浅滩的说法，正确的有（　　）。

A. 应采取适当的措施减小汇流角，改善汇流条件，增大浅区冲刷能力

B. 应采取固滩措施改善滩槽形态，集中水流，稳定中枯水流路

C. 应采取筑坝措施改善滩槽形态，集中水流，稳定中枯水流路

D．应采取护岸措施改善滩槽形态，集中水流，稳定中枯水流路

E．应采取规顺岸线措施改善滩槽形态，集中水流，稳定中枯水流路

2．关于潮汐河口航道口门内浅滩整治要求的说法，正确的有（　　）。

A．宜选择落潮流主槽为航槽

B．适当布置整治建筑物引导水流

C．采取疏浚和建丁坝、顺坝等措施集中水流

D．采取加高潜洲等措施集中水流

E．宜选择分沙较少的汊道为主航道

3．整治卵石弯道浅滩可采取的方法有（　　）等。

A．在凹岸建顺坝

B．在凹岸建下挑丁坝

C．疏浚凸岸浅区

D．建洲头顺坝

E．建潜坝

4．关于基岩急滩整治要求的说法，正确的有（　　）。

A．潜埂型急滩宜筑丁坝壅水

B．窄槽型急滩宜采用清礁措施

C．错口型突嘴急滩可切除部分突嘴，延长错口长度

D．对口型突嘴急滩可采用切除一岸或同时切除两岸突嘴

E．枯水急滩在下游可采取疏浚措施

5．关于汊道出口段卵石浅滩整治方法的说法，正确的有（　　）。

A．宜布置洲尾顺坝

B．宜建洲头顺坝

C．必要时应在通航汊道加建丁坝

D．应固定和加高边滩

E．当存在碍航流态时，也可建潜坝

6．单一河道中的急弯险滩的整治可采取（　　）等方法。

A．挖除部分凸岸边滩

B．布置错口丁坝

C．在凹岸深槽填槽

D．在突嘴下游建丁坝

E．在凸岸深槽填槽

7．分汊河道内的急弯险滩的整治可采取（　　）等方法。

A．挖除部分凸岸边滩

B．在汊道进口处建洲头顺坝

C．废弃老槽、另辟新槽

D．在汊道出口处建洲尾顺坝

E．在汊道进口处开挖洲头突出的浅嘴

8．整治两岸石梁均有滑梁水的险滩可采取（　　）等方法。

A．石梁上建丁坝

B．消除一岸滑梁水

C．炸低石梁

D．石梁上建顺坝

E．消除两岸滑梁水

9．关于潮汐多汊道河口拦门沙航道整治的说法，正确的有（　　）。

A．宜选择走向平顺的汊道为主航道

B．宜选择河势稳定的汊道为主航道

C．宜选择分沙比大的汊道为主航道

D．宜选择涨潮流动力强的汊道为主航道

E．宜选择落潮流动力强的汊道为主航道

1E412062 护滩与护底施工

1. 土工织物软体排护滩施工排垫铺设后应及时压载覆盖，当不能及时压载覆盖时，应对排垫采取（　　）。
   A. 防漂浮措施　　B. 防老化措施
   C. 防冲刷措施　　D. 防移位措施

2. 土工织物软体排护滩施工排垫铺设方向应满足设计要求，当设计无要求时，其铺设方向和次序宜（　　）。
   A. 平行岸线方向、自下游向上游铺设
   B. 垂直岸线方向、自下游向上游铺设
   C. 平行岸线方向、自上游向下游铺设
   D. 垂直岸线方向、自上游向下游铺设

3. 土工织物软体排护底施工沉排过程中出现排体撕裂的，应从撕排处起算根据（　　）确定的最小纵向搭接长度进行补排。
   A. 地形　　　　B. 底质
   C. 水深　　　　D. 潮位

4. 关于铰链排护滩与护底施工要求的说法，错误的是（　　）。
   A. 排体铺设时应对入水轨迹进行实时监测
   B. 铰链排下设有排垫时，应先铺设垫层
   C. 连接金属扣环防锈处理时底漆应与面漆分层涂刷
   D. 排体铺设时宜从河心向河岸的先后顺序逐段铺设

5. 当钢丝石笼垫单层高度超过（　　）时，充填石料时应在石笼网垫周边采取支护措施，确保四周隔板竖直整齐。
   A. 20cm　　　　B. 30cm
   C. 40cm　　　　D. 50cm

6. 砂枕充填宜采用泥浆泵充填，砂枕充填饱满度不应大于（　　）。
   A. 70%　　　　B. 80%
   C. 85%　　　　D. 90%

7. 抛枕施工宜（　　）的顺序进行。
   A. 自上游向下游、先深水后浅水
   B. 自上游向下游、先浅水后深水
   C. 自下游向上游、先深水后浅水
   D. 自下游向上游、先浅水后深水

8. 压排石水下抛石施工时应考虑（　　）等自然条件产生的块石漂移影响。
   A. 潮差　　　　B. 船速
   C. 风速　　　　D. 水深

9. 透水框架可叠加摆放，叠加层级不宜超过（　　）。
   A. 2层　　　　B. 3层
   C. 4层　　　　D. 5层

10. 护滩带边缘预埋压石应（　　）等，面层宜用粒径相对较大的块石。
    A. 粒径均匀　　B. 尺度规则
    C. 表面平整　　D. 级配良好

1. 关于土工织物软体排护滩施工单元联锁块压载施工的说法，正确的有（　　）。

   A. 相邻联锁单元排之间的绑系方式应满足设计要求

   B. 连接扣环应牢固连接，不得松脱

   C. 相邻联锁单元排之间的连接方式应满足设计要求

   D. 相邻联锁单元排之间的连接点的布置应满足设计要求

   E. 单元联锁块吊运宜选用相应能力的设备，按单元逐一吊运铺放

2. 关于土工织物软体排护滩施工系结混凝土压载块施工的说法，正确的有（　　）。

   A. 系结混凝土压载块之间填塞碎石前应调整混凝土块的位置

   B. 同一检验区域内块体摆放应缝隙均匀、横平竖直

   C. 废弃的混凝土压载块不得在护滩工程区及周边 50m 范围内弃料

   D. 系结混凝土压载块之间不得填塞碎石

   E. 废弃的混凝土压载块不得在护滩工程区及周边 30m 范围内弃料

3. 土工织物软体排护滩排垫铺设方向应满足设计要求，设计无要求时，其铺设方向宜（　　）。

   A. 平行护滩带轴线　B. 自下游向上游

   C. 垂直护滩带轴线　D. 自上游向下游

   E. 自河岸向河心

4. 护岸工程土工织物软体排护底沉排宜采用（　　）方向进行铺设。

   A. 垂直岸线　　　　B. 自下游向上游

   C. 平行岸线　　　　D. 从河岸往河心

   E. 自上游向下游

5. 土工织物软体排护底沉排时应及时调整船位、控制沉排方向和沉排速度，排体应（　　）。

   A. 平顺入水

   B. 松紧适度

   C. 与水深相适应

   D. 与河床地形相适应

   E. 与流向一致

6. 关于铰链排护滩与护底施工要求的说法，正确的有（　　）。

   A. 铰链排连接金属扣环防锈处理时底漆应与面漆同时涂刷

   B. 护底排体铺设宜按自下游往上游、从河岸往河心的先后顺序逐段铺设

   C. 护底排体铺设时应对入水速度进行实时监测，发现异常应及时调整船位

   D. 护滩铰链排下设有排垫时应先铺设垫层，经检验合格后再铺设铰链排

   E. 护底排体铺设应根据施工区域的潮位等选择合适的专用沉排船机设备

7. 钢丝网石笼垫的填充石料宜选用卵石；其（　　）应满足设计要求。

   A. 形状　　　　　　B. 粒径

   C. 磨圆度　　　　　D. 级配

   E. 风化程度

8. 砂枕缝制前应进行检测，其材料的（　　）等指标应满足设计要求。

   A. 质量　　　　　　B. 顶破强度

C．透水性　　　D．抗拉强度

E．保土性能

9．关于压排石施工要求的说法，正确的有（　　）。

A．施工宜采用网格法控制施工质量

B．施工作业应由定位船和抛石船舶组合进行

C．当设计抛石厚度超过 2000mm 时，宜分层抛投

D．已护底区域内的定位船和抛石船宜采用铁锚锚固

E．抛石施工时，施工船舶不得损坏水下排体

10．关于透水框架水上抛投施工要求的说法，正确的有（　　）。

A．抛投多层时应分层抛投，宜采用专用设备吊装投放

B．施工宜采用断面法控制抛投质量，并按设计值控制抛投数量

C．水深超过 5m 的区域施工时，宜先通过试抛确定水下漂移距

D．流速大于 2.5m/s 的区域施工时，宜先通过试抛确定水下漂移距

E．抛投时应自河岸到河心，按先浅水、再深水的顺序进行

11．关于护滩带边缘预埋压石施工，下列说法正确的有（　　）。

A．缝隙禁用小块石填塞

B．压石应级配良好

C．砌石应相互嵌紧

D．砌石应表面平整

E．面层宜用粒径相对较大的块石

1E412063　坝与导堤施工

一 单项选择题

1．块石坝体施工时，易冲刷的河段应观测（　　）的冲刷情况。

A．离岸流　　　B．河床紊流

C．沿堤流　　　D．顺岸流

2．关于砂枕坝体充填、抛投施工要求的说法，错误的是（　　）。

A．充填过程中应根据充填物的充填速度，适时调整充填工艺

B．外露部分应及时覆盖保护，避免长时间暴露

C．抛筑时应检测坝体高度和边坡

D．砂枕应垂直轴线摆放，上下砂枕错缝铺设

3．关于钢丝石笼坝体施工要求的说法，错误的是（　　）。

A．石笼漂移距离宜由现场试验测定

B．石笼坝体抛筑宜采用分层平抛法施工

C．石笼应排列整齐、上下对缝压接

D．石笼抛筑过程中，坡度不得陡于设计坡比

4．透水空心方块坝体的安放数量不低于设计值的（　　）。

A．93%　　　　　　B．95%

C．96%　　　　　　D．98%

5．关于干砌石、铺石坝面施工要求的说法，错误的是（　　）。

A．块石干砌、铺砌不得出现通缝

B．块石干砌、铺砌不得叠砌和浮塞

C．块石的规格、数量应满足设计要求

D．干砌条石坝面应自下而上分层砌筑

6．浆砌石坝面砌筑时块石宜（　　），应平整、稳定、错缝、内外搭接。

A．灌浆卧砌　　　　B．坐浆竖砌

C．坐浆卧砌　　　　D．灌浆竖砌

7．现浇混凝土坝面浇筑施工缝的留设位置不宜设在（　　）等部位。

A．水下区　　　　　B．泥下区

C．大气区　　　　　D．浪溅区

8．模袋混凝土坝面其表面平整度允许偏差陆上不大于（　　）。

A．100mm　　　　　B．120mm

C．150mm　　　　　D．200mm

9．下列关于石笼坝面施工的说法，正确的有（　　）。

A．填石宜采用机械完成

B．封盖框线与边框线分别绑扎

C．填充料宜一次填满

D．填充石料顶面宜与护垫齐平

二　多项选择题

1．关于块石坝体施工的说法，正确的有（　　）。

A．对季节性封冻河流筑坝，不可采用冰上码方

B．采用陆上端进法抛筑坝芯石时，坝根的浅水区可一次抛到设计高程

C．易冲刷的河段应观测沿堤流的冲刷情况

D．软基有挤淤要求时，从两侧逐渐向断面中间抛填

E．坝根处岸坡抗冲能力较弱时，应按设计要求先进行坝根处理护坡施工

2．下列关于砂枕坝体施工的说法，正确的有（　　）。

A．砂枕垂直轴线摆放，上下砂枕错缝铺设

B．坝头的浅水区可一次抛到设计高程

C．砂枕厚度控制在 400～700mm

D．砂枕抛筑至适合人工铺设施工时，宜采用人工铺设充填

E．砂枕充填饱满度不应小于 80%

3．采用陆上端进法抛筑块石坝坝芯石时，坝身和坝头可根据（　　）等情况一次或多次分层抛填至设计高程。

A．水深　　　　　　B．波浪

C．水流　　　　　　D．地基承载力

E．冲刷情况

4．砂枕坝体施工前，应根据（　　）等绘制坝体断面砂枕布置图。

A．施工水深　　　　B．河床坡比

C. 河床地形　　　D. 坝体设计高程

E. 坝体设计长度

5. 关于浆砌石坝面施工要求的说法，正确的有（　　）。

A. 砌筑时应保持砌体表面干燥

B. 石块间应直接接触，不得有空缝

C. 浆砌坝面块石的长边应垂直于坡面

D. 石料的规格、数量应满足设计要求

E. 块石长边尺寸不宜小于护面层的厚度

6. 钢丝石笼坝体抛筑过程中，应随时检查（　　）等，坡度不得陡于设计坡比。

A. 坝位　　　　　B. 绞合间距

C. 充填度　　　　D. 坝身

E. 边坡

7. 关于透水空心方块坝体施工要求的说法，正确的有（　　）。

A. 空心方块采用单点吊，逐层斜插安装

B. 安放时确保空心方块竖向着底

C. 空心方块安装采用定位船辅助定位，构件自下而上安放

D. 空心方块安放数量不低于设计值的95%

E. 空心方块应逐层码放安装

8. 干砌石坝面施工时不得出现（　　），

块石间应契合紧密无松动。

A. 叠砌　　　　　B. 浮塞

C. 错缝　　　　　D. 立砌

E. 平砌

9. 关于现浇混凝土镶嵌卵石坝面施工的说法，错误的是（　　）。

A. 嵌入深度宜为卵石长度的 3/4

B. 卵石间距宜为 10mm

C. 两边卵石距坝体轮廓边线应不小于20mm

D. 卵石顶面高程应满足设计要求

E. 顶高宜比混凝土面高 20～30mm

10. 关于栅栏板护面块体安装施工的说法，错误的是（　　）。

A. 应自下而上规则摆放

B. 应检查垫层石理坡质量

C. 应自上而下规则摆放

D. 不应使用二片石支垫

E. 可使用二片石支垫

11. 模袋混凝土坝面模袋布的（　　）等指标应满足设计要求。

A. 规格　　　　　B. 垂直渗透系数

C. 顶破强度　　　D. 等效孔径

E. 抗拉强度

1E412064　护岸施工

一　单项选择题

1. 关于抛石护脚施工要求的说法，正确的是（　　）。

A. 按设计要求控制护脚范围和高程

B. 水上抛石选用匹配的定位船与抛石

船配合进行

C. 抛石护脚应与岸线保持基本垂直

D. 施工过程中应及时检测抛填的范围和高度

2. 抛枕护脚施工时应监测施工区域的（　　　）以及砂枕的漂移距离，及时调整定位船的位置。

A. 流速、流向　　　B. 水下地形

C. 施工水深　　　　D. 潮位变化

3. 干砌块石坡面施工时，坡面砌石应（　　　）铺砌。

A. 由坡顶向坡底　　B. 由高向低

C. 由坡端向坡尾　　D. 由低向高

4. 关于三维钢丝网垫坡面施工要求的说法，错误的是（　　　）。

A. 应按平整坡面、放样、铺网和回填土等工序依次完成

B. 回填的覆土宜选用肥沃表土，应分层多次回填

C. 下游三维钢丝网垫应铺设在上游三维钢丝网垫之上

D. 三维钢丝网垫及其搭接部位应使用"U"形钉进行锚钉

5. 直立式护岸现浇混凝土基础浇筑时，应在条形基础表面设置不少于底板面积（　　　）的石块，形成凸出基础面的"石榫"。

A. 10%　　　　　　B. 15%

C. 20%　　　　　　D. 25%

6. 浆砌块石挡墙宜为平缝，勾缝砂浆的强度应比砌体砂浆强度高一级，勾缝深度宜为（　　　）。

A. 10～20mm　　　B. 10～30mm

C. 20～30mm　　　D. 20～40mm

7. 钢板桩护岸施工时，钢板桩宜采用拼组插入，钢板桩拼组根数（　　　）。

A. 槽形桩宜取奇数，Z 形桩宜取偶数

B. 槽形桩和 Z 形桩均取偶数

C. 槽形桩宜取偶数，Z 形桩宜取奇数

D. 槽形桩和 Z 形桩均取奇数

8. 下列关于排水盲沟施工的说法，错误的是（　　　）。

A. 盲沟开挖应分片分段、自下而上进行

B. 盲沟内土工织物宜采用整幅布料，不得拼接

C. 盲沟填充骨料的粒径应满足设计要求

D. 盲沟填充骨料宜采用机械分段自下而上回填

9. 生态袋垒放时，应当按（　　　）设置样架分层挂线施工，上下层袋体应错缝排列、压实。

A. 地形　　　　　　B. 坡度

C. 宽度　　　　　　D. 高程

二 多项选择题

1. 关于钢丝石笼护脚施工的说法，正确的有（　　　）。

A. 施工过程中应及时检验石笼实际落底位置

B. 施工过程中应及时检验石笼实际落底厚度

C. 填充的石料不宜高出网垫顶面

D. 应根据工程规模合理划分施工区段，采用网格法施工

E. 石笼垫单层高度超过20cm时，充填石料时应在其周边采取支护措施

2. 关于直立式护岸现浇混凝土基础施工的说法，正确的有（　　）。

A. 基础伸缩缝应上下贯通，填缝饱满

B. 应在条形基础表面设置不少于15%底板面积的凸出基础面的石块"石榫"

C. 基础伸缩缝应上下错缝，填缝饱满

D. 应在条形基础表面设置不少于10%底板面积的凸出基础面的石块"石榫"

E. "石榫"布置形式和占总接触面积的比例应满足设计要求

3. 下列关于浆砌块石护面施工的说法，正确的有（　　）。

A. 勾缝砂浆强度等级应不低于砌体砂浆

B. 砂浆应分层填实

C. 应自下而上进行，分段砌筑

D. 砌筑时不得先堆砌块石再用砂浆灌缝

E. 护面施工前应检查护脚的质量

4. 下列关于预制块铺砌施工的说法，正确的有（　　）。

A. 铺砌预制块应分段施工

B. 铺砌预制块应自下而上铺砌

C. 底部块体应与枯水平台紧密接触

D. 铺砌预制块应分条施工

E. 铺砌预制块应自上而下铺砌

5. 关于木排桩生态护岸施工要求的说法，正确的有（　　）。

A. 木桩防腐的范围应为自桩顶至河底

B. 沉桩时，应保证木桩入土时沿岸线方向的垂直度

C. 沉桩后，排桩绑扎、桩后回填土方量应满足设计要求

D. 木桩的桩径、长度、质量应满足设计要求

E. 沉桩后，应对桩位和桩顶高程进行复核

6. 下列关于钢板桩护岸施工的说法，错误的是（　　）。

A. 钢板桩吊运应采用三点吊，不得斜拖起吊

B. 钢板桩堆放层数应不大于4层

C. 钢板桩沉桩应设置导桩、导梁等导向装置

D. 钢板桩沉桩应以桩尖设计高程做为控制标准

E. 钢板桩宜采用拼组插入、间隔跳打

7. 关于倒滤层施工要求的说法，正确的有（　　）。

A. 土工织物的铺设应按垂直岸线方向进行

B. 土工织物在岸坡上下端之间搭接长度不小于2m

C. 土工织物搭接处下游侧盖住上游侧

D. 顺沿岸线方向应自下游向上游逐段铺设

E. 倒滤垫层的砂料粒径应满足设计要求，含泥量不得超过6%

8. 关于生态袋加筋挡土墙施工要求的说法，正确的有（　　）。

A. 其宽度、厚度应不大于设计值

B. 土工格栅应平行于岸壁前沿线平铺

C. 生态袋填充料的配比应满足设计要求

D. 垒放时应当按高程设置样架分层挂线施工

E. 充填时应保证充填的饱满度和平整度

1E412065 清礁施工

一 单 项 选 择 题

1. 关于陆上开槽爆破顺序的说法，正确是（　　）。

A. 由外向内

B. 由上向下

C. 由中心向两边

D. 从上下两端向中段

2. 陆上爆破炮孔堵塞物宜采用钻屑、黏土和带泥的河沙，堵塞长度不应小于最小抵抗线的（　　）。

A. 1.2 倍　　　　B. 1.1 倍

C. 1.0 倍　　　　D. 0.8 倍

3. 关于水下炮孔堵塞要求的说法，错误的是（　　）。

A. 炮孔应选用砂堵塞

B. 炮孔应选用砂袋堵塞

C. 炮孔应选用粒径小于 2cm 卵石、碎石堵塞

D. 流速较大水域炮孔堵塞长度不小于 0.5m

4. 关于水下裸露爆破施工要求的说法，错

误的是（　　）。

A. 爆破药包排列宜采用双串药包

B. 水下裸露爆破每炮次的横向搭接宜为 1～2m

C. 水下裸露爆破每炮次的纵向搭接宜为 0.5～1m

D. 大面积裸露爆炸药包投放可采用双串药包用交叉绳连接投放

5. 关于抓斗挖泥船水下清渣施工要求的说法，错误的是（　　）。

A. 分段开挖长度应根据挖泥船布设锚缆位置确定

B. 分层厚度宜为抓斗高度的 1/4～1/3

C. 条与条之间开挖搭接宽度宜为 2～3m

D. 开挖分条宽度不应大于挖泥船宽度的 2 倍

6. 凿岩锤落锤高度应根据（　　）确定，宜为 2～3m。

A. 岩石等级　　　B. 岩石厚度

C. 施工水深　　　D. 施工水流

1. 关于陆上爆破施工要求的说法，正确的有（　　）。

   A. 爆破层小于 5m 时，一次性钻爆到设计底高

   B. 宜按由两边向中心、从中段向上下两端进行

   C. 炮孔堵塞长度不应小于最小抵抗线的 1.0 倍

   D. 陆上爆破宜采取由外向内、由上向下的顺序施工

   E. 装填炮孔数量应以设计的二次起爆药量为限

2. 下列关于水下裸露爆破施工的说法，正确的有（　　）。

   A. 每炮次的横向搭接宜为 0.5～1.0m

   B. 宜采用药壶爆破法

   C. 水下裸露爆破宜采用船投法

   D. 施工顺序应从深水到浅水

   E. 施工顺序应由下游向上游

3. 水下钻孔爆破施工船舶定位宜采用卫星定位系统，施工钻孔位置的偏差要求，正确的有（　　）。

   A. 内河不大于 200mm

   B. 内河不大于 300mm

   C. 沿海不大于 200mm

   D. 沿海不大于 300mm

   E. 沿海不大于 400mm

4. 关于重锤凿岩施工要求的说法，正确的有（　　）。

   A. 凿岩锤重和锤型应根据吊机或抓斗机提升能力、岩石等级确定

   B. 凿击点布置宜为 1.5～2.0m 间距的等边三角形

   C. 凿岩锤落锤高度应根据岩石等级确定，宜为 2～3m

   D. 普氏 V 级以内岩石宜采用 5～20t 的笔状凿岩锤

   E. 凿岩、清渣施工循环作业深度宜为 0.5～1.5m

5. 关于液压破碎锤凿岩施工要求的说法，正确的有（　　）。

   A. 液压破碎锤应根据挖掘机功率、水深确定

   B. 液压破碎锤的钎杆长度应根据挖掘机功率、水深确定

   C. 凿岩、清渣施工循环作业深度宜为 0.2～0.5m

   D. 凿岩施工时应控制凿岩的频率

   E. 破碎锤应与岩面成 45° 角，避免破碎锤空打

1E412070　疏浚与吹填工程施工技术

一　单项选择题

1.（　　）是指采用水力或机械的方法为拓宽、加深水域而进行的水下土石方开挖工程。
   - A. 整治工程
   - B. 疏浚工程
   - C. 回填工程
   - D. 港口工程

2. 吹填工程是指将挖泥船挖取的泥沙，通过（　　）输送到指定地点进行填筑的作业。
   - A. 排泥管线
   - B. 外抛
   - C. 回填
   - D. 干砌

二　多项选择题

1. 疏浚工程按其性质和任务不同分为（　　）。
   - A. 表层疏浚
   - B. 基建性疏浚
   - C. 深层疏浚
   - D. 维护性疏浚
   - E. 综合疏浚

2. 基建性疏浚是为新辟航道、港口等或为增加它们的尺度、改善航运条件，具有（　　）性质的疏浚。
   - A. 维护
   - B. 恢复
   - C. 新建
   - D. 改建
   - E. 扩建

3. 维护疏浚是为（　　）某一指定水域原定的尺度而清除水底淤积物的疏浚。
   - A. 维护
   - B. 恢复
   - C. 新建
   - D. 改建
   - E. 扩建

1E412071　耙吸挖泥船施工

一　单项选择题

1. 耙吸挖泥船单点定位吹泥时水域宽度不低于（　　）倍船长。
   - A. 1.0
   - B. 2.0
   - C. 2.5
   - D. 3.0

2．下列疏浚土之中，适用于 2.0～2.5kn 挖泥对地航速的是（　　）。

A．黏性土类　　　B．中密砂

C．密实砂　　　　D．松散砂

3．在紧急情况下，需要突击疏浚航道浅段，迅速增加水深时可采用（　　）。

A．装舱溢流施工法

B．装舱不溢流施工法

C．旁通施工法

D．吹填施工法

4．当耙吸挖泥船设有几档舱容或舱容可连续调节时，应根据（　　）选择合理的舱容。

A．水深　　　　B．土质

C．水流　　　　D．风浪

5．耙吸船开挖淤泥类土，对地航速宜采用（　　）。

A．0.5～1kn　　　B．2～2.5kn

C．3～4kn　　　　D．5～6kn

6．耙吸挖泥船开挖流动性淤泥宜选用的耙头是（　　）。

A．冲刷型耙头　　B．挖掘型耙头

C．吸入型耙头　　D．主动挖掘型耙头

7．耙吸挖泥船挖掘较硬土质时，波浪补偿器压力应调（　　）。

A．高　　　　B．低

C．无关　　　　D．均可

8．耙吸挖泥船开挖松散和中等密实砂宜选用的耙头是（　　）。

A．冲刷型耙头　　B．挖掘型耙头

C．吸入型耙头　　D．主动挖掘型耙头

9．耙吸挖泥船开挖软黏土宜选用的耙头是（　　）。

A．冲刷型耙头　　B．挖掘型耙头

C．吸入型耙头　　D．主动挖掘型耙头

10．耙吸挖泥船开挖硬黏土宜选用的耙头是（　　）。

A．主动挖掘型耙头　B．挖掘型耙头

C．吸入型耙头　　D．冲刷型耙头

11．耙吸挖泥船根据船舶的泥舱容量分为四级，舱容为 8000m^3 的耙吸挖泥船属于（　　）。

A．小型耙吸挖泥船

B．中型耙吸挖泥船

C．大型耙吸挖泥船

D．超大型耙吸挖泥船

12．下列耙吸挖泥船疏浚监控分系统中，属于基本型疏浚监控系统的是（　　）。

A．疏浚轨迹与剖面显示系统

B．疏浚自动控制系统

C．疏浚辅助决策系统

D．功率管理系统

二 多项选择题

1．影响挖泥船时间利用率的主要客观因素有（　　）。

A．强风及风向情况　B．浓雾

C．潮汐　　　　D．施工干扰

E．泥层厚度

2．耙吸挖泥船挖满一舱泥的挖泥时间主要

取决于（　　）。

A．挖泥船的性能

B．开挖土质的难易

C．开挖泥层厚度

D．泥浆在泥舱中的沉淀情况

E．施工区的水流流向

3．耙吸挖泥船施工应根据开挖的土质选择合理的挖泥对地航速，对于 2.0～2.5kn 的挖泥对地航速适应的土质有（　　）。

A．黏性土　　　　B．淤泥

C．淤泥类土　　　D．松散沙

E．中密沙

4．耙吸船装舱施工的施工运转小时生产率与（　　）时间有关。

A．空载航行　　　B．避让

C．重载航行　　　D．检修

E．抛泥

5．挖掘型耙头适用于挖掘（　　）等土质。

A．松散沙　　　　B．淤泥土类

C．密实沙　　　　D．波浪

E．硬黏土

6．耙吸挖泥船的主要施工方法有（　　）。

A．装舱施工法　　B．旁通施工法

C．吹填施工法　　D．边抛施工法

E．横挖施工法

7．当疏浚不易在泥舱内沉淀的细颗粒土质时，关于提高舱内泥浆浓度，增加装舱量措施的说法正确的有（　　）。

A．应将泥舱中的水抽干

B．将开始挖泥下耙时所挖吸的清水和稀泥浆排出舷外

C．将终止挖泥起耙时所挖吸的清水和稀泥浆排出舷外

D．增加泥泵进舱流量

E．加大挖泥对地航速

8．影响耙吸挖泥船挖掘能力的主要设备因素包括（　　）。

A．推进功率

B．耙头形式

C．舱容

D．高压冲水的流量和压力

E．船长

9．下列关于耙吸挖泥船施工顺序的说法，正确的有（　　）。

A．当浚前断面两侧较浅、中间较深时，应先开挖两侧

B．当水流为单向水流时，应从下游开始挖泥，逐渐向上游延伸

C．当水流为单向水流时，应从上游开始挖泥，逐渐向下游延伸

D．当浚前断面两侧较浅、中间较深时，应先开挖中间

E．当一侧泥层较厚时，应先挖泥层较薄的一侧

10．下列耙吸挖泥船疏浚监控分系统中，属于扩展型疏浚监控系统中对基本型疏浚监控系统增设的有（　　）。

A．疏浚辅助决策系统

B．疏浚自动控制系统

C．吃水装载监测系统

D．动力定位／动态跟踪系统

E．疏浚轨迹与剖面显示系统

11．耙吸挖泥船艏喷施工时，应根据（　　）等选择就位点。

A．潮流　　　　　B．风向

C．水深　　　　　D．底质

E．水流

1E412072　绞吸挖泥船施工

一　单项选择题

1. 绞吸挖泥船根据船舶的装机总功率分为
   四级，船舶装机总功率 N 为 8000kW 的
   绞吸挖泥船属于（　　）。
   A．小型绞吸挖泥船
   B．中型绞吸挖泥船
   C．大型绞吸挖泥船
   D．特大型绞吸挖泥船

2. 下列挖泥船施工方法中，属于绞吸挖泥
   船的是（　　）。
   A．锚缆横挖法　　B．扇形横挖法
   C．斜向横挖法　　D．十字形横挖法

3. 绞吸式挖泥船加装潜水泵可提高（　　）。
   A．时间利用率　　B．生产率
   C．工程质量　　　D．挖泥平整度

4. 下列绞吸挖泥船疏浚监控分系统中，属
   于扩展型疏浚监控系统中对基本型疏浚
   监控系统增设的是（　　）。
   A．疏浚自动控制系统
   B．设备控制与监视系统
   C．监测报警系统
   D．疏浚仪器仪表

5. 绞吸式挖泥船挖掘生产率与下列因素中

有关的是（　　）。
   A．泥浆浓度　　　B．流量
   C．排距　　　　　D．绞刀前移距

6. 绞吸式挖泥船在风浪较大地区施工应采
   用（　　）。
   A．钢桩定位　　　B．台车定位
   C．三缆定位　　　D．单缆定位

7. 绞吸挖泥船采用锚艇抛锚的钢桩横挖法
   和三缆横挖法施工的分条宽度以钢桩或
   三缆柱中心到绞刀前端水平投影长度的
   （　　）为宜。
   A．0.9 倍　　　　B．1.0 倍
   C．1.1 倍　　　　D．1.2 倍

8. 绞吸挖泥船开挖淤泥类土的分层挖泥厚
   度宜为绞刀直径的（　　）。
   A．1.0～1.5 倍　　B．1.5～2.0 倍
   C．1.5～2.5 倍　　D．2.0～2.5 倍

9. 绞吸式挖泥船的绞刀应根据疏浚土类
   及其密实度选择，对于岩石宜选用
   （　　）。
   A．锥形方齿绞刀　B．锥形平刃绞刀
   C．锥形尖齿绞刀　D．锥形凿齿绞刀

二　多项选择题

1. 属于绞吸挖泥船施工方法的有（　　）。
   A．对称钢桩横挖法

B．三缆定位横挖法
   C．锚缆横挖法

D. 扇形横挖法

E. 平行横挖法

2. 绞吸式挖泥船的主要挖泥设备包括（　　）。

A. 绞刀　　　　B. 泥泵

C. 泥舱　　　　D. 泥门

E. 耙头

3. 影响绞吸式挖泥船挖掘生产率的主要设备因素包括（　　）。

A. 绞刀功率

B. 泥泵功率

C. 横移绞车功率

D. 起桥绞车功率

E. 钢桩

4. 影响绞吸式挖泥船吸输生产率的主要设备因素包括（　　）。

A. 绞刀功率　　B. 泥泵功率

C. 横移绞车功率　D. 起桥绞车功率

E. 钢桩

5. 下列绞吸挖泥船疏浚监控分系统中，不属于基本型疏浚监控系统的有（　　）。

A. 疏浚辅助决策系统

B. 功率管理系统

C. 监测报警系统

D. 设备控制与监视系统

E. 疏浚轨迹与剖面显示系统

6. 绞吸式挖泥船分层施工时上层挖泥宜较厚、最后一层应较薄，其目的是（　　）。

A. 保证挖宽

B. 提高时间利用率

C. 保证质量

D. 保证安全

E. 提高绞吸式挖泥船效能

7. 绞吸式挖泥船的绞刀应根据疏浚土类及其密实度选择，冠形固定方齿绞刀适用于开挖（　　）等土质。

A. 淤泥土类　　B. 松散砂

C. 软塑黏土　　D. 可塑黏土

E. 泥炭

8. 绞吸式挖泥船开工展布包括（　　）。

A. 避让　　　　B. 定船位

C. 架设排泥管线　D. 航修

E. 抛锚

9. 绞吸挖泥船施工应（　　）。

A. 按台车一次前移距进行分段

B. 按边线拐点进行分段

C. 按挖槽规格变化进行分段

D. 根据商定的避让办法进行分段

E. 按工期要求进行分段

10. 关于绞吸挖泥船分层挖泥厚度要求的说法，正确的有（　　）。

A. 淤泥类土分层挖泥的厚度宜取绞刀直径的 1.5～2.5 倍

B. 软黏土分层挖泥的厚度宜取绞刀直径的 1.0～2.0 倍

C. 硬黏土分层挖泥的厚度宜取绞刀直径的 0.75～1.0 倍

D. 密实沙分层挖泥的厚度宜取绞刀直径的 0.5～1.5 倍

E. 软岩石分层挖泥的厚度宜取绞刀直径的 0.5～1.0 倍

1E412073 链斗挖泥船施工

1. 下列链斗挖泥船疏浚监控分系统中，属于扩展型疏浚监控系统中对基本型疏浚监控系统增设的是（　　）。

   A. 疏浚数据记录系统

   B. 监测报警系统

   C. 视频监视系统

   D. 疏浚监测与控制系统

2. 链斗挖泥船分条的宽度视主锚缆的抛设长度而定，一般情况下取（　　）。

   A. 60m　　　　　B. 100m

   C. 80m　　　　　D. 120m

3. 链斗挖泥船和吹泥船联合施工时，应配（　　）。

   A. 开底泥驳　　　B. 满底泥驳

   C. 开体泥驳　　　D. 自航泥驳

4. 采用链斗式挖泥船和吹泥船施工时，对于（　　）宜选用舱壁较陡的开底或开体泥驳。

   A. 砂　　　　　　B. 粉土

   C. 黏性土　　　　D. 淤泥

5. 施工区水流流速较大时链斗船宜采用（　　）。

   A. 斜向横挖法　　B. 扇形横挖法

   C. 十字形横挖法　D. 平行横挖法

6. 链斗挖泥船的斗链运转速度与所挖土质有关，极硬土的斗链运转速度为（　　）斗/min。

   A. 8～11　　　　B. 12～15

   C. 16～19　　　　D. 20～23

7. 链斗挖泥船的运转时间小时生产率与下列参数中的（　　）有关。

   A. 重载航速

   B. 斗桥的倾斜系数

   C. 轻载航速

   D. 泥驳载重量

8. 链斗式挖泥船夹绑换驳适用于（　　）。

   A. 顺流挖泥　　　B. 逆流挖泥

   C. 横流挖泥　　　D. 均适用

9. 链斗挖泥船的斗链运转速度与所挖土质有关，极软土的斗链运转速度为（　　）斗/min。

   A. 21～24　　　　B. 25～28

   C. 29～32　　　　D. 33～36

10. 挖槽狭窄、挖槽边缘水深小于挖泥船吃水时，链斗船宜采用（　　）施工。

    A. 斜向横挖法　　B. 扇形横挖法

    C. 十字形横挖法　D. 平行横挖法

11. 当链斗式挖泥船不受挖槽宽度、挖槽边缘水深限制时，链斗船宜采用（　　）施工。

    A. 斜向横挖法　　B. 扇形横挖法

    C. 十字形横挖法　D. 平行横挖法

12. 挖槽边缘水深小于挖泥船吃水、挖槽宽度小于挖泥船长度时，链斗挖泥船宜采用（　　）。

    A. 扇形横挖法　　B. 平行横挖法

C. 十字形横挖法　　D. 斜向横挖法

13. 链斗挖泥船施工一般布设（　　）锚缆。

A. 5 组　　　　　　B. 3 组

C. 6 组　　　　　　D. 4 组

二 多项选择题

1. 影响链斗挖泥船运转小时生产率的主要参数有（　　）。

　A. 斗速　　　　　　B. 斗容

　C. 挖深　　　　　　D. 航速

　E. 挖宽

2. 下列关于链斗挖泥船施工方法选用的说法，正确的有（　　）。

　A. 挖槽狭窄、挖槽边缘水深小于挖泥船吃水时宜选用扇形横挖法施工

　B. 挖泥船不受挖槽宽度和边缘水深限制时宜选用斜向横挖法施工

　C. 施工区水流流速较大时可采用平行横挖法施工

　D. 施工区水流流速较大时可采用扇形横挖法施工

　E. 挖泥船不受挖槽宽度和边缘水深限制时宜选用十字形横挖法施工

3. 关于链斗挖泥船艉锚布设要求的说法，正确的有（　　）。

　A. 艉锚缆通过区为水域时应设托缆方驳

　B. 艉锚缆通过区为滩地时应设托缆滚筒

　C. 艉锚缆长度应根据缆绳容量等确定，不宜低于 500m

　D. 艉锚宜下在挖泥中心线上

　E. 艉锚缆长视流向确定，逆流施工取

100～200m

4. 计算确定链斗挖泥船所配泥驳数量应考虑的参数有（　　）。

　A. 泥斗容积　　　　B. 斗链运转速度

　C. 泥斗充泥系数　　D. 重载航速

　E. 轻载航速

5. 链斗式挖泥船的主要施工方法有（　　）。

　A. 斜向横挖法　　　B. 正向横挖法

　C. 扇形横挖法　　　D. 十字形横挖法

　E. 平行横挖法

6. 链斗挖泥船应在（　　）分段施工。

　A. 挖槽边线为折线时

　B. 挖槽内泥层厚度相差较大时

　C. 挖槽规格不一时

　D. 挖槽内流速较大时

　E. 能避免或降低航行施工干扰时

7. 链斗挖泥船的运转时间小时生产率与下列参数中的（　　）有关。

　A. 斗桥的倾斜系数

　B. 挖泥区至卸泥区的距离

　C. 岩土的搅松系数

　D. 装泥时间

　E. 卸泥时间

8. 链斗挖泥船艉锚布设应符合的规定有（　　）。

　A. 施工流速较大且稳定时可不设

　B. 宜下在挖泥中心线上

C. 锚缆长度不宜低于400m

D. 锚缆长度不宜低于500m

E. 通过区为滩地时应设托缆滚筒

9. 关于链斗挖泥船选配泥驳的说法，正确的有（　　）。

A. 水上抛泥时，应配开底泥驳

B. 对黏性土，宜选用开底或开体泥驳

C. 吹泥船吹泥时，宜配满底泥驳

D. 在外海抛泥，宜选用自航开底或开体泥驳

E. 泥驳所需数量与挖泥船运转时间小时生产率成正比

10. 下列链斗挖泥船疏浚监控分系统中，属于基本型疏浚监控系统的有（　　）。

A. 监测报警系统

B. 疏浚监测与控制系统

C. 视频监视系统

D. 疏浚轨迹与剖面显示系统

E. 无线数据传输系统

1E412074　抓斗挖泥船施工

一　单项选择题

1. 抓斗挖泥船按其配置的设计斗容分为三级，属于中型抓斗挖泥船的是（　　）。

A. 8m³抓斗挖泥船

B. 5m³抓斗挖泥船

C. 25m³抓斗挖泥船

D. 30m³抓斗挖泥船

2. 抓斗挖泥船施工时分条最大宽度不得超过抓斗吊机的有效工作半径的（　　）。

A. 1.0倍　　　　　B. 1.5倍

C. 2.0倍　　　　　D. 2.5倍

3. 当土质稀软、泥层薄时，抓斗式挖泥船挖泥作业时（　　）。

A. 下斗间距宜大

B. 增加抓斗重叠量

C. 减少抓斗重叠量

D. 下斗间距宜小

4. 抓斗式挖泥船挖掘黏土和密实沙，当抓斗充泥量不足时，应（　　）。

A. 下斗间距宜大

B. 增加抓斗重叠量

C. 减少抓斗重叠量

D. 下斗间距宜小

5. 锚缆定位的抓斗挖泥船施工宜布设（　　）锚缆。

A. 3组　　　　　B. 5组

C. 4组　　　　　D. 6组

6. 抓斗式挖泥船开挖淤泥土类时宜选用（　　）。

A. 中型抓斗　　　B. 轻型平口抓斗

C. 带齿抓斗　　　D. 重型全齿抓斗

7. 抓斗式挖泥船开挖中等密实砂时宜选用（　　）。

A．带齿抓斗　　　B．轻型平口抓斗

C．中型抓斗　　　D．重型全齿抓斗

8．抓斗式挖泥船开挖硬塑黏土时宜选用（　　）。

A．带齿抓斗　　　B．轻型平口抓斗

C．重型全齿抓斗　D．中型抓斗

9．抓斗式挖泥船作业时前移量宜取抓斗张开度的（　　）。

A．0.2～0.3倍　　B．0.3～0.4倍

C．0.6～0.8倍　　D．0.8～0.9倍

10．抓斗挖泥船分段的长度取决于定位边缆长度和水流流向，顺流施工取艏边缆起始长度的（　　）。

A．65%　　　　　B．70%

C．75%　　　　　D．80%

11．下列抓斗挖泥船疏浚监控分系统中，属于扩展型疏浚监控系统中对基本型疏浚监控系统增设的是（　　）。

A．监测报警系统

B．设备控制与监视系统

C．疏浚仪器仪表

D．挖泥自动控制系统

二　多项选择题

1．关于锚缆定位的抓斗挖泥船布设锚缆的说法，正确的有（　　）。

A．宜布设4组锚缆

B．艏边锚2只，对称挖槽呈八字形布设于船艏前方两侧

C．艉边锚2只，对称挖槽呈八字形布设于船艉前方两侧

D．艉边锚2只，对称挖槽交叉呈八字形布设于船艉后方两侧

E．艏边锚2只，对称挖槽交叉呈八字形布设于船艏后方两侧

2．下列关于抓斗挖泥船分段长度的说法，正确的有（　　）。

A．顺流施工取艏边缆起始长度的75%

B．顺流施工取艏边缆起始长度的60%

C．逆流施工取艏边缆起始长度的75%

D．逆流施工取艏边缆起始长度的60%

E．逆流施工取艏边缆起始长度的65%

3．抓斗式挖泥船分条的宽度应符合（　　）要求。

A．分条最大宽度不得超过挖泥船抓斗吊机的有效工作半径的2倍

B．最大挖宽一般不宜超过船长的1.1～1.2倍

C．当浚前水深大于挖泥船的吃水时，最小挖宽采用等于挖泥船前移换桩时所需的摆动宽度

D．在流速大的深水挖槽施工时，分条的挖宽不得大于挖泥船的船宽

E．在浅水区施工时，分条最小宽度应满足挖泥船作业和泥驳绑靠所需的水域要求

4．下列抓斗挖泥船疏浚监控分系统中，属于基本型疏浚监控系统的有（　　）。

A．疏浚仪器仪表

B．设备控制与监视系统

C．监测报警系统

D. 挖泥自动控制系统

E. 疏浚数据记录系统

5. 关于确定抓斗挖泥船下斗的间距和前移量的说法，正确的有（　　）。

A. 应根据土质和泥层厚度确定

B. 土质稀软、泥层薄时，下斗间距宜大

C. 土质坚硬，泥层厚时，斗距宜小

D. 土质稀软、泥层厚时，斗距宜小

E. 前移量宜取抓斗张开宽度的0.6～0.8倍

6. 抓斗挖泥船应根据不同土质选用不同类型的抓斗，抓斗类型分为（　　）。

A. 轻型平口抓斗　　B. 小型抓斗

C. 中型抓斗　　　　D. 重型全齿抓斗

E. 超重型抓斗

7. 下列疏浚土之中，适用于斗容较大的轻型平口抓斗的有（　　）。

A. 软塑黏土　　　　B. 松散沙

C. 可塑黏土　　　　D. 中等密实沙

E. 硬塑黏土

1E412075　铲斗挖泥船施工

一 单项选择题

1. 下列挖泥船施工方法中，属于铲斗挖泥船的是（　　）。

A. 斜向横挖法　　B. 平行横挖法

C. 十字形横挖法　D. 纵挖法

2. 铲斗挖泥船采用挖掘与提升铲斗同步挖掘法施工适用的土质是（　　）。

A. 松散砂　　　　B. 软塑黏土

C. 密实砂　　　　D. 淤泥土类

3. 下列疏浚土质中，适用于中型容量铲斗的是（　　）。

A. 可塑黏土　　　B. 淤泥土类

C. 硬塑黏土　　　D. 中等密实碎石

4. 泥层厚度过大时应分层开挖，铲斗挖泥船分层厚度一般不宜超过斗高（　　）。

A. 1.2～1.5倍　　B. 1.2～1.8倍

C. 1.5～2.0倍　　D. 1.8～2.0倍

5. 下列铲斗挖泥船疏浚监控分系统中，属于扩展型疏浚监控系统中对基本型疏浚监控系统增设的是（　　）。

A. 挖泥自动控制系统

B. 设备控制与监视系统

C. 疏浚仪器仪表

D. 监测报警系统

6. 铲斗挖泥船应根据不同土质选用不同铲斗，可塑黏土宜配备（　　）。

A. 大容量铲斗

B. 中型容量铲斗

C. 小容量铲斗

D. 小容量带齿铲斗

1. 下列关于铲斗挖泥船挖掘不同土质的施工参数控制的说法，正确的有（   ）。

   A. 挖硬土时回转角宜适当减小

   B. 挖硬土时回转角宜适当增大

   C. 挖软土时回转角宜适当增大

   D. 挖软土时回转角宜适当减小

   E. 挖软土时铲斗前移距适当减小

2. 关于铲斗挖泥船施工要求的说法，正确的有（   ）。

   A. 正铲挖泥船宜位于已开挖区域顺挖槽前进挖泥

   B. 正铲挖泥船宜位于未开挖区域顺挖槽后退挖泥

   C. 分层厚度应根据斗高和挖掘的土质确定

   D. 挖软土分层宜厚，挖硬土分层可薄

   E. 挖硬土时回转角宜适当减小，挖软土时宜适当增大

3. 铲斗挖泥船采用挖掘制动、提升铲斗挖掘法施工适用于（   ）。

   A. 密实沙   B. 淤泥土类

   C. 硬塑黏土   D. 松散沙

   E. 中等密实碎石

4. 铲斗挖泥船的中型容量铲斗适用于（   ）。

   A. 密实沙   B. 可塑黏土

   C. 硬塑黏土   D. 中等密实沙

   E. 中等密实碎石

5. 下列铲斗挖泥船疏浚监控分系统中，属于基本型疏浚监控系统的有（   ）。

   A. 疏浚仪器仪表

   B. 疏浚数据记录系统

   C. 监测报警系统

   D. 挖泥自动控制系统

   E. 疏浚轨迹与剖面显示系统

1E412076　接力泵施工

1. 挖泥船或吹泥船（   ）不能满足管道输送距离要求且工程量较大时应设置接力泵。

   A. 泥泵转速   B. 泥泵扬程

   C. 泥泵流量   D. 泥泵功率

2. 接力泵施工中，接力泵吸入口压力较低且不得小于（   ）。

   A. 0.10MPa   B. 0.15MPa

   C. 0.20MPa   D. 0.25MPa

3. 接力泵施工中，接力泵排出端应设（   ）。

   A. 空气释放阀   B. 压力表

   C. 真空压力表   D. 放气阀

1. 设置于水上的接力泵船，应选择在（   ）等条件满足接力泵船安全要求，且对航行和施工干扰较小的区域。

A. 水深　　　　B. 风

C. 土质　　　　D. 浪

E. 流

2. 下列关于接力泵系统施工的要求，正确的有（   ）。

A. 接力泵吸入口压力不得小于 0.1MPa

B. 接力泵前端应设空气释放阀

C. 系统停泵应从最后一级接力泵开始

D. 系统停泵应从最前一级接力泵开始

E. 应同时具备两种及以上的通信手段

1E412077　联合施工

联合施工的主要特征是疏浚船型至少有（   ）。

A. 两种　　　　B. 三种

C. 四种　　　　D. 五种

联合施工所实施工程的疏浚土运距或吹距远，其施工方式应根据（   ）选取。

A. 工程要求　　　B. 现场条件

C. 设备供应能力　　D. 疏浚工程量

E. 疏浚土土质

1E412078　吹填工程施工

一　单项选择题

1. 挖泥船吹填施工中细砂在水面以上形成的坡度为（　　　）。
   - A. 1：25～1：50
   - B. 1：50～1：100
   - C. 1：15～1：50
   - D. 1：30～1：100

2. 排水口的位置应根据吹填区地形等因素确定，禁止布置在（　　　）。
   - A. 排泥管线出口的地方
   - B. 吹填区死角
   - C. 具有排水条件的地方
   - D. 有利于泥沙沉淀的地方

3. 吹填施工土方量计算应考虑吹填土的（　　　）。
   - A. 超深量
   - B. 超宽量
   - C. 超挖量
   - D. 流失量

4. 关于吹填土的坡度的说法，错误的是（　　　）。
   - A. 淤泥水面以上的吹填坡度缓于细砂的吹填坡度
   - B. 细砂水面以上的吹填坡度陡于水面以下的吹填坡度
   - C. 同一种吹填土水面以上的吹填坡度缓于平静海域的吹填坡度
   - D. 同一种吹填土平静海域的吹填坡度陡于有风浪海域的吹填坡度

5. 吹填工程完工后吹填平均高程不允许低于设计吹填高程时，高程平均允许偏差值可取（　　　）。
   - A. ＋0.10m
   - B. ＋0.20m
   - C. ＋0.25m
   - D. ＋0.30m

6. 吹填工程完工后吹填平均高程允许有正负偏差时，高程平均允许偏差值可取（　　　）。
   - A. ±0.10m
   - B. ±0.20m
   - C. ±0.25m
   - D. ±0.15m

7. 关于吹填工程排泥管线间距的说法，错误的是（　　　）。
   - A. 排泥管线的间距与挖泥船泥泵功率有关
   - B. 排泥管线的间距与吹填土的特性有关
   - C. 排泥管线的间距与吹填工程量有关
   - D. 排泥管线的间距与吹填土的流程和坡度有关

8. 关于就地取土筑埝施工要求的说法，错误的是（　　　）。
   - A. 取土区内取土坑不得贯通
   - B. 排泥管架两侧不得取土
   - C. 平坦区域取土边线与埝脚的距离不应小于 5.0m
   - D. 软泥滩上取土边线与埝脚的距离不应小于 10.0m

1. 绞吸挖泥船在取土区挖泥装驳→泥驳重载航行到吹填区附近的储泥坑抛泥→绞吸挖泥船将泥土吹填至吹填区施工方式的特点有（　　）。

   A. 可开挖较硬的土质
   B. 需要开挖储泥坑
   C. 船组配套设备简单
   D. 施工组织复杂
   E. 抗风浪能力相对较差

2. 吹填土进入吹填区后的流失率应根据（　　）等具体施工条件和经验确定。

   A. 土的颗粒　　　　B. 吹填水深
   C. 吹填面积　　　　D. 吹填高程
   E. 吹填高度

3. 吹填区排泥管线的布置应满足（　　）的要求，并应考虑吹填区的地形、地貌，几何形状对管线布置的影响。

   A. 设计标高　　　　B. 吹填范围
   C. 挖泥标高　　　　D. 挖泥范围
   E. 吹填厚度

4. 吹填施工排泥管线的布设间距应根据（　　）等因素确定。

   A. 泥泵功率　　　　B. 吹填土流程
   C. 挖深　　　　　　D. 挖宽
   E. 吹填土坡度

5. 属于吹填区排放余水控制应遵循原则的有（　　）。

   A. 吹填区内设置沉淀池
   B. 在排水口外适当位置设置防污屏
   C. 泥浆流径合理，吹填土质均匀
   D. 泥浆流径长，吹填平整度好
   E. 吹填区内交错设置若干导流围埝

6. 当吹填土质为（　　）时，管线进入吹填区后应设置支管同时保留多个吹填出口。

   A. 淤泥　　　　　　B. 粉细砂
   C. 中粗砂　　　　　D. 岩石
   E. 泥炭土

7. 常用的吹填区排水口结构形式有（　　）等。

   A. 溢流堰式排水口
   B. 钢板桩式排水口
   C. 闸箱埋管式排水口
   D. 薄壁堰式排水闸
   E. 围埝埋管式排水口

8. 计算吹填土方量时的主要参数有（　　）。

   A. 吹填容积量　　　B. 原地基沉降量
   C. 超挖工程量　　　D. 超填工程量
   E. 吹填土流失率

1E412080　环保疏浚与疏浚环保

1E412081　环保疏浚

1E412082　疏浚环保

1. 环保疏浚的疏挖泥层厚度较薄，一般小于（　　）。
   A. 2.0m
   B. 2.5m
   C. 1.0m
   D. 1.5m

2. 下列环保挖泥船中，可采用水下溢流施工方式以减少水域污染的是（　　）。
   A. 环保抓斗挖泥船　B. 环保耙吸挖泥船
   C. 环保链斗挖泥船　D. 环保绞吸挖泥船

3. 环保疏浚污染土依据污染物类型和影响途径共分为（　　）。
   A. 三类
   B. 四类
   C. 五类
   D. 六类

1. 有毒有害有机污染物底泥是指（　　）等持久性有机污染物含量超过当地可比值，以致对水生生物、人身健康构成潜在威胁的底泥。
   A. 有机氯农药　　B. 多氯联苯
   C. 砷　　　　　　D. 有机质
   E. 多环芳烃

2. 下列工程技术特点中，属于环保疏浚工程的有（　　）。
   A. 底面平坦，断面规则
   B. 堆场余水需处理
   C. 疏浚泥层厚度薄
   D. 施工中控制二次污染

   E. 疏浚精度要求高

3. 下列污染底泥中，属于复合污染底泥的有（　　）。
   A. 氮、重金属含量超过当地参比值的污染底泥
   B. 磷、有机氯农药含量超过当地参比值的污染底泥
   C. 氮、磷营养盐含量超过当地参比值的污染底泥
   D. 多氯联苯、多环芳烃含量超过当地参比值的污染底泥
   E. 重金属、有机氯农药含量超过当地参比值的污染底泥

1E420000 港口与航道工程项目施工管理

1E420010 水运工程施工招标投标

1E420011 水运工程施工招标投标管理要求

1E420012 水运工程施工招标

1E420013 水运工程施工投标

1E420014 开标、评标和定标

微信扫一扫
在线做题＋答疑

一 单 项 选 择 题

1．水运工程招标人自招标文件开始发售之
日起至潜在投标人提交投标文件截止之
日止最短不得少于（   ）日。

A．20　　　　　　　　B．30

C．35　　　　　　　　D．40

2．水运工程施工招标中，在资格预审文件
停止发售之日止获取资格预审文件的潜
在投标人少于（   ）个的，招标人应
当依照规定进行重新招标。

A．2　　　　　　　　B．3

C．4　　　　　　　　D．5

3．自资格预审文件停止发售之日起至提交
资格预审申请文件截止之日止，不得少

于（   ）日。

A．3　　　　　　　　B．5

C．7　　　　　　　　D．10

4．投标人在投标截止时间之前撤回已提交
投标文件的，招标人应当自收到投标人
书面撤回通知之日起（   ）日内退还
已收取的投标保证金。

A．5　　　　　　　　B．7

C．10　　　　　　　D．15

5．招标人和中标人应当自中标通告发出之
日起（   ）日内签订书面合同。

A．20　　　　　　　　B．30

C．45　　　　　　　　D．60

6. 中标人经（　　）同意，可将中标项目的部分工作分包给他人完成。

　　A. 项目监督部分

　　B. 招标人

　　C. 招标管理机构

　　D. 质量监督机构

7. 水运工程施工开标由（　　）组织并主持，投标人的法定代表人或其授权的代理人应到会。

　　A. 招标人

　　B. 招标投标管理部门

　　C. 招标机构上级管理部门

　　D. 评标委员会

8. 水运工程实行邀请招标的，应报（　　）审批。

　　A. 上级管理部门

　　B. 港区海事部门

　　C. 交通运输主管部门

　　D. 招标投标管理部门

9. 水运工程依法必须招标的项目，全部使用国有资金投资，或者国有资金投资占控股或主导地位的，应当（　　）。

　　A. 邀请招标

　　B. 公开招标

　　C. 议标

　　D. 由招标人选择，主管部门批准

10. 水运工程建设项目依法必须进行招标的施工单项合同估算价标准是（　　）。

　　A. 在 400 万元人民币以上的工程

　　B. 在 300 万元人民币以上的工程

　　C. 在 200 万元人民币以上的工程

　　D. 在 100 万元人民币以上的工程

11. 中标人应当就分包项目向（　　）负责。

　　A. 建设单位　　　　B. 监理人

　　C. 施工单位　　　　D. 招标人

二　多项选择题

1. 水运工程建设项目招标投标活动，应遵循（　　）的原则。

　　A. 公开　　　　　　B. 诚信

　　C. 平等　　　　　　D. 透明

　　E. 竞争

2. 水运工程施工招标方式有（　　）。

　　A. 公开招标

　　B. 邀请招标

　　C. 公开议标

　　D. 有限竞争招标

　　E. 邀请议标

3. 水运工程建设项目的招标包括（　　）等的招标。

　　A. 施工

　　B. 规划

　　C. 监理

　　D. 招标代理机构

　　E. 监测

4. 水运工程招标投标，资格预审审查方法包括（　　）。

　　A. 合格制

　　B. 有限数量制

C．推荐制

D．淘汰制

E．邀请制

5．水运工程投标人可以（　　）投标。

A．单独

B．联合体中资格等级最高的单位的身份

C．两个以上法人以一个投标人的身份共同

D．组成一个联合体以一个投标人的身份共同

E．联合体的两个法人并列

6．公开招标，招标人通过国务院有关部门指定的（　　）发布招标公告进行招标。

A．报刊

B．中介机构

C．广告公司

D．电话

E．信息网络

7．施工投标人与本标段的（　　）或招标代理机构不得为同一个法定代表人、存在相互控股或参股或法定代表人相互任职、工作。

A．设计人

B．第三人

C．代建人

D．法律人

E．监理人

8．水运工程施工招标对潜在投标人资格审查属于下列情况之一者，资格审查申请文件视为无效（　　）。

A．资格审查申请文件未盖公章

B．填报的内容失实

C．未按期送达资格审查申请文件

D．文件内容有漏项

E．法定代表人（或其授权的代理人）无签字（或印鉴）

9．水运工程开标后，在确定中标人之前，招标人不得与投标人就（　　）等实质性内容进行谈判。

A．工程施工期限

B．投标方案

C．工程地点

D．项目人员

E．投标价格

10．水运工程施工招标工作程序主要包括（　　）。

A．招标

B．所有潜在投标人投标

C．开标

D．评标

E．签订合同

11．关于评标委员会成员组成要求的说法，正确的有（　　）。

A．评标委员会人数为五人以上单数

B．与投标人有利害关系的人员不得进入评标委员会

C．技术、经济等方面的专家不得少于成员总数的二分之一

D．招标人的代表应具有相关招标知识和经验

E．评标委员会成员由招标人的代表及有关技术、经济等方面的专家组成

1E420020　港口与航道工程合同管理

1E420021　合同的签署与授权

1E420022　合同涉及的担保的种类与特点

1E420023　水运工程标准施工承包合同的主要条款

1E420024　发包人、监理人、承包人的职责与相互关系

1E420025　项目开工工作程序

1E420026　隐蔽工程覆盖检查工作程序

1E420027　合同的争议和解决

1E420028　港口与航道工程合同价款与支付

1E420029　港口与航道工程设计变更

一　单项选择题

1. 港口与航道工程施工合同,(　　)单位应该按合同条款约定的数量向施工单位提供工程地质报告以及水准点等技术资料。
   A. 设计单位　　　B. 监理单位
   C. 建设单位　　　D. 招标单位

2. 水运工程建设用地、水域的征用应由(　　)负责办理。
   A. 施工单位
   B. 建设单位
   C. 施工单位与建设单位共同
   D. 施工单位与政府有关部门

3. 出现(　　)的情况时,延期申请不能成立。
   A. 由于分包人的失职造成的工期延长
   B. 设计变更或工程量增加造成工期延误
   C. 不可抗力或地质条件变化造成工程延误
   D. 建设单位原因造成工程延误

4. 招标人和中标人应当自中标通知书发出之日起（　　）内签署合同。
   A. 15d
   B. 28d
   C. 30d
   D. 45d

5. 合同成立的地点是（　　）。
   A. 项目所在地
   B. 业主注册地
   C. 递交标书地
   D. 签字或盖章地

6. 工程量清单中开列的工程量是（　　）。
   A. 根据设计提供的工程量
   B. 竣工结算的依据
   C. 准确的工程量
   D. 总价承包时的工程量

7. 担保有效期内，担保方在收到发包方以书面形式提出的在担保金额内的赔偿要求后，在（　　）内无条件支付。
   A. 7d
   B. 14d
   C. 28d
   D. 30d

8. 招标人与中标人签订合同后（　　）个工作日内，向未中标的投标人和中标人退还投标保证金。
   A. 3
   B. 5
   C. 7
   D. 10

9. 质量保证金总预留比例不得高于工程价款结算总额的（　　）。
   A. 1%
   B. 3%
   C. 5%
   D. 10%

10. 发包人向承包人无偿提供符合合同约定的施工水域或场地的时间，是在计划开工日期（　　）前。
    A. 7d
    B. 14d
    C. 21d
    D. 28d

11. 设计交底会的主持方是（　　）。
    A. 发包人
    B. 设计单位
    C. 承包人
    D. 监理人

12. 发包人需更换其代表时，应至少提前（　　）书面通知承包人。
    A. 3d
    B. 7d
    C. 10d
    D. 14d

13. 发包人向承包人提供施工现场地质、地下管线、测量控制点交验等资料的时间，是在计划开工日期（　　）前。
    A. 7d
    B. 10d
    C. 14d
    D. 21d

14. 承包人对所施工工程的照管和维护责任到（　　）为止。
    A. 隐蔽工程验收合格
    B. 主体工程验收合格
    C. 工程接收证书颁发
    D. 工程交工并结算

15. 承包人应在计划开工日期（　　）前，向发包人和监理人报送施工组织设计。
    A. 5d
    B. 7d
    C. 14d
    D. 28d

16. 监理人应在开工日期（　　）前，向承包人发出开工通知。
    A. 5d
    B. 7d
    C. 14d
    D. 28d

17. 分项工程的开工应事先得到监理人的书面同意，承包人应提前（　　）将申请开工的书面通知报送监理人。
    A. 8h
    B. 12h
    C. 24h
    D. 48h

18. 承包人在自检合格后，填写隐蔽工程验收申请单，在覆盖前（　　）通知监理人进行验收。
    A. 8h
    B. 12h
    C. 24h
    D. 48h

19. 发包人应在监理人收到进度付款申请单

后的（　　）内，将进度应付款支付给承包人。

 A. 14d   B. 21d

 C. 28d   D. 30d

20. 竣工付款证书的签发人是（　　）。

 A. 发包人   B. 监理人

 C. 审计人   D. 业主

21. 调整工程量清单项目的综合单价的前提，是依据该单项工程量的变化幅度和对合同总价影响幅度确定。当变化幅度达（　　）时可调整。

 A. 单项超 10% 且总价超 2%

 B. 单项超 10% 且总价超 3%

 C. 单项超 20% 且总价超 2%

 D. 单项超 20% 且总价超 3%

22. 变更指示应由（　　）发出。

 A. 发包人   B. 监理人

 C. 设计人   D. 质量监督人

二　多项选择题

1. 出现（　　）的情况时，施工单位延期申请能够成立并获得监理工程师批准。

 A. 延期是由施工单位自身原因引起

 B. 建设单位原因造成工程延误

 C. 设计变更或工程量增加造成工程延误

 D. 不可抗力或地质条件变化造成工程延误

 E. 合同专用条款中约定的其他

2. 工程施工期间承包商需向业主提供的担保有（　　）。

 A. 投标担保   B. 履约担保

 C. 预付款担保   D. 质量担保

 E. 付款担保

3. 施工合同中，（　　）应由承包人完成。

 A. 土地征用和拆迁

 B. 提供施工船舶的临时停泊设施

 C. 提供工程地质报告

 D. 保护施工现场地下管道和邻近建筑物及构筑物

 E. 提供相应的工程进度计划及统计报表

4. 港口工程施工合同规定，属于（　　）的情况，承包商可以获得工程延期。

 A. 建设单位延误施工现场移交

 B. 施工单位施工设备出现故障

 C. 工程师延误图纸移交

 D. 不利于施工的自然条件和障碍影响

 E. 暂时停工

1E420030　港口与航道工程计量

1E420031　港口与航道工程工程量清单计价的应用

1E420032　港口与航道工程计量的标准和方法

1E420033　港口与航道工程工程价款变更的依据与方法

一　单项选择题

1. 招标人要求计列的、不以图纸计算工程量的费用项目是（　　）。
   A. 分部工程项目　B. 分项工程项目
   C. 计日工项目　　D. 一般项目

2. 开始扣回预付款及扣清是按照工程进度款累计支付比例来确定，其起扣和扣清是按照分别达到合同总价的（　　），中间每期扣回比例相同。
   A. 10%和80%　　B. 10%和90%
   C. 20%和80%　　D. 20%和90%

3. 施工合同签订生效28d内或计划开工日期前，发包人应向承包人支付不少于合同总价（　　）的工程预付款，具体额度按照合同约定。
   A. 15%　　　　　B. 20%
   C. 5%　　　　　D. 10%

4. 疏浚与吹填工程合同双方对于采用同一测图分别计算的工程土方量，两者的差值小于或等于两者中较大值的2%时，其土方量取两者的（　　）。
   A. 大值　　　　　B. 小值
   C. 平均值　　　　D. 大值、小值均可

5. 在同一疏浚与吹填工程进行土方计量时，交工宜和（　　）采用同一方法计算。
   A. 检测时　　　　B. 浚中
   C. 设计时　　　　D. 浚前

6. 对于变更的估价，工程量清单中无适用或类似子目的单价，可按照（　　）的原则，由监理人按合同约定商定或确定变更工作的单价。
   A. 成本
   B. 成本加利润减管理费
   C. 成本加利润
   D. 成本加利润加管理费

7. 装机总功率为10000kW绞吸挖泥船的计算超宽值是（　　）。
   A. 2.0m　　　　　B. 3.0m
   C. 4.0m　　　　　D. 5.0m

8. 一次性维护疏浚工程宜采用（　　）计量。
   A. 舱载量　　　　B. 泵送量
   C. 下方　　　　　D. 干土质量

9. 疏浚与吹填工程合同双方对于采用同一测图分别计算的工程土方量，两者的差值小于或等于两者中较大值的（　　）

时，其土方量取两者的平均值。

A. 5%　　　　B. 4%

C. 3%　　　　D. 2%

10. 土石方工程按设计图纸计算填筑工程量时，不应扣除预埋件和面积小于（　　）的孔洞所占的体积。

A. 0.2m²　　　B. 0.3m²

C. 0.4m²　　　D. 0.5m²

11. 为完成招标人提出的合同范围以外的、不能以实物计量的零星工作所需的人工、材料、船舶机械项目是（　　）。

A. 分部工程项目　B. 分项工程项目

C. 计日工项目　　D. 一般项目

12. 关于基础打入桩工程量计算规定的说法，错误的是（　　）。

A. 钢桩以根或体积计算工程量

B. 混凝土桩以根或体积计算工程量

C. 斜度大于 8∶1 的打入桩桩基按斜桩计算

D. 斜度小于或等于 8∶1 的打入桩桩基按直桩计算

13. 工程量清单计价采用（　　）。

A. 市场价格单价　B. 定额价格单价

C. 协商价格单价　D. 综合单价

二　多项选择题

1. 水运工程工程量清单计价包括（　　）清单费用等全部费用。

A. 单位工程量　　B. 单项工程量

C. 一般项目　　　D. 计日工项目

E. 分部分项工程量

2. 下列关于疏浚工程土方计量的说法，正确的有（　　）。

A. 应分别计算设计工程量和计费工程量

B. 计费工程量应以浚前图、浚后图计算

C. 应分别计算实际施工工程量和计费工程量

D. 实际施工工程量应以浚前图、浚后图计算

E. 设计工程量应以浚前图、浚后图计算

3. 综合单价是指完成工程量清单中一个质量合格的规定计量单位项目所需的（　　）等全部费用的单价，并考虑风险因素。

A. 人工费　　　　B. 材料费

C. 专项费用　　　D. 船舶机械使用费

E. 施工取费及税金

4. 关于土石方工程工程量计算规则的说法，正确的有（　　）。

A. 土石方开挖工程量应按设计图纸计算净量

B. 大于 0.7m³ 的孤石应按石方开挖计算

C. 水下抛填工程应计入原土沉降增加的工程量

D. 基床粗平按建筑物底面尺寸各边加宽 1.5m 计算

E. 基床细平按建筑物底面尺寸各边加宽 1.0m 计算

5. 关于解释合同文件优先顺序的说法，正确的有（　　）。

A. 通用合同条款优先于中标通知书

B. 专用合同条款优先于通用合同条款

C. 合同协议书优先于专用合同条款

D. 投标函及投标函附录优先于专用合同条款

E. 中标通知书优先于合同协议书

6. 清单报价中不得做为竞争性费用的有（   ）。

A. 规费　　　　B. 安全文明施工费

C. 税金　　　　D. 调遣费

E. 施工措施费

7. 疏浚工程采用实测下方进行土方计量时，应分别计算（   ）。

A. 设计断面工程量　B. 超深工程量

C. 超宽工程量　　　D. 干土质量

E. 泵送量

8. 最高投标限价或标底的编制应根据

（   ）等编制。

A. 施工组织设计　B. 现场施工条件

C. 招标文件　　　D. 投标人技术能力

E. 合理的施工方法

9. 关于混凝土工程工程量计算规则的说法，正确的有（   ）。

A. 水上现浇混凝土桩帽应扣除桩头嵌入部分的体积

B. 预制混凝土空心方桩的工程量不应扣除中空体积

C. 预制梁的接头和接缝现浇混凝土工程量应单独计算

D. 不应扣除单孔面积小于或等于 $0.2m^2$ 的孔洞所占的体积

E. 混凝土的工程量应根据设计图纸以体积计算

1E420040　水运工程质量监督管理

1E420041　水运工程质量监督机构职责

1E420042　水运工程质量监督程序

1E420043　水运工程质量监督内容

1E420044　违反水运工程质量监督规定的处罚

━ 单项选择题

1. 检查大型设备或船舶相关证书是否齐全、有效，检验是否合格，管理台账是否规范，属于质量安全管理行为督查中（   ）方面的抽查内容。

A．管理体系　　B．施工组织

C．质量管理　　D．安全管理

2．质量安全督查工作由（　　）组织实施。

A．交通运输部安全监督管理部门

B．交通运输部安全与质量监督管理部门

C．交通运输部质量监督管理部门

D．交通运输部水运市场监督管理部门

3．下列水运工程项目质量安全管理行为督查的抽查指标项中，属于施工组织抽查内容的抽查指标项是（　　）。

A．大型设备或船舶

B．施工自检

C．机构与职责

D．风险防控

4．水运工程交工验收前，（　　）应当组织对工程质量是否合格进行检测，出具交工验收质量检测报告。

A．监理单位　　B．检测单位

C．建设单位　　D．质量监督机构

5．水运工程项目实体质量督察对梁、板等构件的检测数量宜不少于（　　）。

A．1个　　　　B．2个

C．3个　　　　D．4个

6．检查现浇混凝土与构件接槎以及分层浇筑施工缝连接、错牙情况，属于（　　）的督查内容。

A．施工工序　　B．施工工艺

C．实体质量　　D．质量管理行为

7．施工单位不按照施工技术标准施工造成工程质量一般事故的，处所涉及单位工程合同价款（　　）的罚款。

A．1%

B．1%以上2%以下

C．2%以上3%以下

D．3%以上4%以下

二 多项选择题

1．下列质量安全督查时抽查的内容中，属于项目施工工艺及现场安全督查内容的有（　　）。

A．抛石基床夯实方法是否符合设计要求

B．原材料出厂合格证书是否齐全

C．施工船舶证书是否齐全、检验是否合格

D．混凝土抗压强度是否符合设计要求

E．混凝土配合比设计是否符合设计要求

2．水运工程质量监督检查的主要内容包括（　　）。

A．主要工程材料、构配件的质量情况

B．从业单位对工程质量法律、法规的执行情况

C．主要施工船舶、设备检验合格情况

D．从业单位质量责任落实及质量保证体系运行情况

E．从业单位对公路水运工程建设强制性标准的执行情况

3．下列水运工程项目质量安全管理行为督查的抽查指标项中，属于质量管理的有（　　）。

A. 目标和制度　　B. 原材料及产品

C. 施工自检　　　D. 质量问题整改

E. 机构与职责

4. 下列质量安全督查时抽查的内容中，属于实体质量督查内容的有（　　）。

A. 检查构件成品保护情况

B. 检查监测点布设是否符合要求

C. 检查坝体抛填是否均匀

D. 检查预埋件与混凝土面高差

E. 检查钢结构油漆涂刷遍数是否符合要求

5. 水运工程项目实体质量督查的检测数量，对于港口工程中的（　　）宜取一件。

A. 沉箱　　　　　B. 胸墙

C. 挡浪墙　　　　D. 梁

E. 板

1E420050　港口与航道工程施工安全生产监督管理

1E420051　港口与航道工程施工安全生产的监督管理

1E420052　港口与航道工程施工安全事故等级划分

1E420053　港口与航道工程施工安全事故处理程序

一　单项选择题

1. 事故发生后，事故现场有关人员应当立即向（　　）报告。

A. 当地安全生产监督管理部门

B. 119

C. 单位负责人

D. 110

2. 除油品外的其他有害污染物泄漏事故等级，（　　）统计和确定事故等级。

A. 按照泄漏体积

B. 按照泄漏质量

C. 按照泄漏波及范围

D. 按照直接经济损失

3. 对于重大事故及以下等级的事故，负责事故调查的人民政府应当自收到事故调查报告之日起，（　　）日内做出批复。

A. 10　　　　　B. 15

C. 20　　　　　D. 30

4. 水上交通特别重大事故，指造成（　　）人以上死亡（含失踪）的，或者100人以上重伤的，或者1亿元以上直接经济损失的事故。

A. 3　　　　　　B. 10

C. 20　　　　　D. 30

5. 水上交通事故引起的水环境污染重大事

故，指船舶溢油（　　）致水域环境污染的，或者在海上造成 1 亿元以上 2 亿元以下、在内河造成 5000 万元以上 1 亿元以下直接经济损失的事故。

A. 1t 以上 100t 以下

B. 100t 以上 500t 以下

C. 500t 以上 1000t 以下

D. 1000t 以上

6. 船舶因其他船舶兴波冲击造成损害，其

事故等级的计算方法参照（　　）等级的计算方法。

A. 自沉事故　　　B. 船舶碰撞事故

C. 船舶触碰事故　D. 风灾事故

7. 船舶发生事故后为减少损失主动抢滩的，事故种类按照（　　）种类、损失按最终造成的损失进行统计。

A. 搁浅事故　　　B. 搁浅前的事故

C. 自沉事故　　　D. 触礁事故

二 多项选择题

1. 港口与航道工程水上交通事故分级标准表中分为（　　）。

A. 特大事故　　　B. 一般事故

C. 较大事故　　　D. 重大事故

E. 小事故

2. 统计水上交通事故的基本计算方法包含（　　）等。

A. 死亡（含失踪）人数按事故发生后 7 日内的死亡（含失踪）人数进行统计

B. 重伤人数参照国家有关人体伤害鉴定标准确定

C. 船舶溢油数量按实际流入水体的数量进行统计

D. 直接经济损失按水上交通事故对船舶和其他财产造成的直接损失进行统计

E. 船舶沉没或者全损按发生沉没或者全损的船舶原值进行统计

3. 事故发生后，关于事故报告程序，说法正确的有（　　）。

A. 现场人员向本单位负责人报告

B. 现场人员向当地劳动保障行政部门报告

C. 单位负责人向当地安全生产监督管理部门报告

D. 单位负责人向当地劳动保障行政部门报告

E. 当地安全生产监督管理部门接报后通知工会

4. 以下各项中属于事故报告内容的有（　　）。

A. 事故发生单位概况

B. 事故发生的时间、地点以及事故现场情况

C. 事故发生的原因和事故性质

D. 事故造成的伤亡和直接经济损失

E. 已经采取的措施

5. 以下各部门中，属于事故调查组人员派出部门的有（　　）。

A. 安全生产监督管理部门

B. 监察机关

C. 公安机关

D. 民政部门

E. 工会

6. 船舶发生海损事故是指（　　）的海上交通等事故。

A. 碰撞或浪损　　B. 沉没和人身伤亡

C. 触礁或搁浅　　D. 重大设备损坏

E. 火灾或爆炸

7. 对海上交通事故的发生，拒不加强管理或在限期内达不到安全要求的，海事局有权责令其（　　）。

A. 停航　　　　　B. 接受警告通报

C. 改航　　　　　D. 接受经济处罚

E. 停止作业

8. 对海上交通事故发生负有责任的人员，海事局可以根据其责任的性质和程度依法给予（　　）处罚。

A. 警告　　　　　B. 罚款

C. 扣留职务证件　D. 行政处分

E. 追究刑事责任

9. 交通运输部水上交通事故分级标准与（　　）。

A. 船舶吨位有关

B. 船舶主机功率有关

C. 伤亡人数有关

D. 直接经济损失额有关

E. 海域有关

10. 事故发生单位应按照负责事故调查的人民政府的批复，开展的工作有（　　）。

A. 对本单位负有事故责任的人员进行处理

B. 认真吸取事故教训

C. 落实防范措施

D. 落实整改措施

E. 监督防范和整改措施的落实

11. 水运工程安全生产工作的机制包括（　　）。

A. 从业单位负责　B. 职工自律

C. 政府监管　　　D. 行业参与

E. 社会监督

1E420060　港口与航道工程施工安全事故的防范

1E420061　构成港口与航道工程施工安全隐患的根本因素

一 单项选择题

伤亡事故预防，就是要做好（　　），消除人和物的不安全因素，实现作业行为和作业条件安全化。

A. 安全教育

B. 安全技术交底

C. 安全生产风险评估

D. 持证上岗

1. 消除人的不安全行为，实现作业行为安全化的主要措施有（   ）。

A. 开展安全思想教育和安全规章制度教育，提高职工安全认识

B. 进行安全知识岗位培训和安全技术交底，提高职工的安全技术素质，落实岗位安全责任制，安全生产三类人员和特种作业人员必须持证上岗

C. 推行安全标准化操作和作业许可审批，严格按照安全操作规程和程序进行作业

D. 搞好均衡生产，注意劳逸结合，使职工保持充沛的精力和良好的状态

E. 签订安全合同，落实企业主责

2. 消除物的不安全状态，实现作业条件安全化的主要措施有（   ）。

A. 鼓励采用新工艺、新技术、新设备、新材料，保证安全措施费用足额使用，改善劳动条件

B. 加强安全技术的研究，采用安全防护装置，隔离危险部位

C. 采用符合标准的安全防护用具、机械设备和机具配件

D. 建立安全总监巡查制度，及时发现和整改安全隐患

E. 创建"平安工地"，定期对施工项目进行安全评价，持续改进安全绩效

1E420062　港口与航道工程施工安全事故防范的特点和措施

1. 港口与航道工程施工安全风险评估工作包括前期准备、现场调查、总体风险评估、专项风险评估等（   ）。

A. 四个步骤　　　B. 五个步骤

C. 六个步骤　　　D. 七个步骤

2. 港口与航道工程施工安全风险评估分为（   ）。

A. 两个阶段　　　B. 三个阶段

C. 四个阶段　　　D. 五个阶段

3. 港口与航道工程总体风险评估宜在（   ）完成。

A. 立项阶段

B. 项目施工招标前

C. 设计阶段

D. 项目施工前

4. 港口与航道工程专项风险评估贯穿整个（   ）。

A. 建设过程

B．建设与运营过程

C．设计过程

D．施工过程

5．港口与航道工程总体风险评估等级分为
（　　　）。

A．三级　　　　　B．四级

C．五级　　　　　D．六级

6．不属于港口与航道工程风险接受准则内
容的是（　　　）。

A．不期望　　　　B．可忽略

C．可接受　　　　D．可控制

7．港口与航道工程应急预案体系一般由项
目综合应急预案、合同段施工专项应急
预案与现场处置方案组成，项目综合应
急预案编制的单位是（　　　）。

A．设计单位　　　B．监理单位

C．建设单位　　　D．施工单位

8．港口与航道工程应急预案编制工作小组
的牵头人是项目或合同段的（　　　）。

A．主要负责人　　B．生产负责人

C．安全负责人　　D．技术负责人

9．港口与航道工程应急预案编制包括编制
工作小组成立、资料收集、风险评估等
（　　　）。

A．六个步骤　　　B．七个步骤

C．四个步骤　　　D．五个步骤

二　多项选择题

1．开展平安工地建设的项目施工期间对施
工单位的要求有（　　　）。

A．至少每两个月开展一次平安工地建
设情况自查自纠

B．及时改进安全管理中的薄弱环节

C．至少每季度开展一次自我评价

D．对扣分较多的指标及反复出现的突
出问题要采取措施完善

E．自我评价报告应报监理单位

2．消除物的不安全状态实现作业条件安全
化的主要措施有（　　　）。

A．采用新工艺、新技术、新设备，改
善劳动条件

B．采用安全防护装置，隔离危险部位

C．进行安全知识岗位培训

D．采用安全适用的个人防护用具

E．开展安全检查，及时发现和整改安
全隐患

3．下列航道工程中，需要开展施工安全风
险评估的有（　　　）。

A．新建堤坝总长度大于或等于 2km 的
工程

B．沿海疏浚工程量大于或等于 200 万 m^3
的工程

C．新建及调整助航设施数量大于或等
于 50 个的工程

D．内河疏浚工程量大于或等于 50 万 m^3
的工程

E．新建护岸总长度大于或等于 3km 的
工程

4．下列港口工程中，需要开展施工安全风
险评估的有（　　　）。

A．沿海集装箱码头大于或等于10万吨级的工程

B．离岸距离大于或等于500m的港口工程

C．沿海液体化工码头大于或等于2万吨级的工程

D．潮差大于或等于3m的河口地区港口工程

E．长江中下游码头大于或等于5000吨级的工程

5．现场处置方案的内容应包括（　　）。

A．注意事项　　　B．应急工作职责

C．处置措施　　　D．适用范围

E．风险事件描述

6．合同段施工专项应急预案中的"应急预案管理"部分应包括（　　）等内容。

A．应急预案评审

B．应急预案的培训

C．应急演练

D．应急预案修订

E．应急预案发布

7．宜根据合同段现场应急处置岗位分工编制作业岗位应急处置卡，应急处置卡应包括（　　）等内容。

A．作业岗位名称

B．工程部位或作业环节

C．应急电话

D．不同风险事件的应急处置措施

E．风险事件描述

8．施工现场带班生产制度中所称的公路水运工程施工企业项目负责人，是指公路水运工程施工合同段的（　　）。

A．项目经理　　　B．项目书记

C．项目副经理　　D．项目工会主席

E．项目总工

1E420070　大型施工船舶的调遣和防台风

1E420071　大型施工船舶拖航和调遣

1E420072　大型施工船舶的防台风

一　单项选择题

1．（　　）不属大型施工船舶。

A．起重船　　　B．打桩船

C．大型交通船　　D．挖泥船

2．对单船或两艘拖轮及两艘以上执行同一

任务，均应指定（　　）担任总船长。

A．被拖船船长　　B．主拖船船长

C．助拖船船长　　D．任意船长均可

3．对单船或两艘拖轮及两艘以上执行同一

任务，（　　）对整个船队的航行有绝对指挥权。

A. 主拖船船长　　B. 被拖船船长

C. 助拖船船长　　D. 任意船长均可

4. 编队（组）航行时，（　　）负责主持制定拖航计划和安全实施方案。

A. 被拖船船长　　B. 任一拖船船长

C. 助拖船船长　　D. 主拖船船长

5. 出海拖航时，被拖船在限定航区内，为短途拖航，超越限制航区或在限制航区超过（　　）时为长途拖航。

A. 50海里　　　　B. 300海里

C. 100海里　　　 D. 200海里

6. （　　）应向验船部门申请拖航检验，并取得验船师签发的拖航检验报告或适航批准书。

A. 短途拖航　　B. 长途拖航

C. 港内拖航　　D. 内河拖航

7. 出海拖航的拖轮（包括使用外单位的）应为（　　）。

A. 客轮

B. 散货轮

C. 内河拖轮

D. 专供拖带用的出海拖轮

8. 执行拖航任务时，任何船只（　　）。

A. 严禁搭乘无关人员随航

B. 只能搭乘1人

C. 只能搭乘2人

D. 只能搭乘3人

9. 按照有关安全技术操作规程和实施细则，由（　　）负责组织对所有拖航船舶的安全技术状态进行全面检查和封舱加固。

A. 主拖船船长　　B. 被拖船船长

C. 助拖船船长　　D. 任意船船长均可

10. 近海航区中，包括中国渤海、黄海及东海距岸不超过（　　）海里的海域。

A. 100　　　　　　B. 150

C. 200　　　　　　D. 250

11. 大型施工船舶防风、防台是指船舶防御风力在（　　）级以上的季风和热带气旋。

A. 8　　　　　　　B. 7

C. 6　　　　　　　D. 5

12. 台风是中心风力达（　　）级以上的风。

A. 12　　　　　　B. 10

C. 8　　　　　　 D. 13

13. 热带风暴：中心风力达（　　）级的风。

A. 6～7　　　　　B. 5～6

C. 10～11　　　　D. 8～9

14. 中心风力12级以上的风被称为（　　）。

A. 台风　　　　　B. 热带风暴

C. 强热带风暴　　D. 热带低压

15. 当台风中心在48h内可能进入防台界线以内水域，此时的防台工作属于（　　）阶段。

A. 防台戒备　　B. 防台准备

C. 防台实施　　D. 抗击台风

16. 水上水下施工作业船舶（含辅助船舶，以下同）应做好撤离施工现场的准备工作，检查锚泊设备。以上工作要求属于（　　）阶段。

A. 防台准备　　B. 防台实施

C. 防台戒备　　D. 抗击台风

17. 联系拖带拖轮就位待命，确保随时撤离，属于台风中心（　　）内可能进入防台界限水域应做的工作。

A. 12h　　　　　B. 24h

C. 36h D. 48h

18. 按照不低于船舶最低安全配员证书的要求立即召回船员,属于防台的( )阶段的要求。

A. 防台戒备 B. 防台准备

C. 防台实施 D. 抗击台风

19. 施工单位应立即通知水上水下施工作业船舶停止作业并合理安排有序撤离,属于( )阶段的工作要求。

A. 防台戒备 B. 防台准备

C. 防台实施 D. 抗击台风

20. 加强巡视检查,加固锚链,备妥主机,采取一切有效手段防止船舶发生走锚、丢锚等险情,属于( )阶段的工作要求。

A. 防台戒备 B. 防台准备

C. 抗击台风 D. 防台实施

21. 强台风的中心风力为14～15级,风速为( )。

A. 24.5～32.6m/s B. 32.7～41.4m/s

C. 41.5～50.9m/s D. 51.0～60.1m/s

二 多项选择题

1. 大型施工船舶或船队调遣起航后每天( )时应向主管单位调度部门报告航行情况。

A. 08:00 B. 12:00

C. 18:00 D. 20:00

E. 24:00

2. 大型施工船舶出海调遣航区划分为( )。

A. 远海航区 B. 近海航区

C. 沿海航区 D. 内海航区

E. 遮蔽航区

3. 在北半球,热带气旋按其风力大小可分为( )。

A. 台风 B. 强热带风暴

C. 龙卷风 D. 热带风暴

E. 热带低压

4. 下列防台相关的工作中,属于防台实施阶段的有( )。

A. 做好台风可能在本地区登陆的各项应急工作

B. 将已拆卸的主机、舵机、锚机等重要设备装配复原,恢复正常功能

C. 通知水上水下施工作业船舶停止作业

D. 以不低于船舶最低安全配员证书的要求立即召回船员

E. 合理安排施工船舶有序撤离

5. 防台警报解除后,水上防台单位应做好的工作有( )。

A. 继续关注台风动向

B. 检查船舶的航行操纵设备、锚泊、系泊设备的受损情况

C. 发现沉船、沉物、漂流物时应立即报告当地海事局

D. 及时总结防台经验教训

E. 对防台设备和属具进行一次一般性检查

1E420080　水上水下活动通航安全管理

1E420081　水上水下活动通航安全管理的范围

1E420082　从事水上水下通航安全活动的申请

1E420083　水上水下通航安全活动许可证的管理

1E420084　对从事水上水下施工生产活动主体的规定

1E420085　对水上水下活动通航安全的监督

1E420086　对违反水上水下活动通航安全管理规定的处罚

一 单 项 选 择 题

1. 全国水上水下作业和活动通航安全管理
工作的主管机关是（　　）。
   A. 住房和城乡建设部
   B. 中国海事局
   C. 交通运输部
   D. 中国海警局

2. 全国水上水下作业和活动通航安全监督
管理工作的负责单位是（　　）。
   A. 国务院交通运输主管部门
   B. 各地安全监督部门
   C. 中国海事局
   D. 交通运输部海事局

3. 水上水下作业或者活动水域涉及两个以
上海事管理机构的，许可证的申请应当
向（　　）提出。
   A. 其中任一海事管理机构

   B. 其共同的上一级海事管理机构
   C. 其下一级海事管理机构
   D. 其上一级海事管理机构

4. 水上水下通航安全活动许可证有效期最
长不得超过（　　）。
   A. 3 年　　　　　　B. 2 年
   C. 18 个月　　　　 D. 1 年

5. 在内河通航水域进行勘探活动，应当经
（　　）许可。
   A. 海事管理机构　　B. 航道局
   C. 交通管理机构　　D. 港务局

6. 在港口进行可能危及港口安全的采掘、
爆破等活动，建设单位、施工单位应当
报经（　　）许可。
   A. 海事管理机构
   B. 港口行政管理部门

C. 当地安全监督机构

D. 当地公安机关

7. 对通航安全可能构成重大影响的水上水下作业或者活动，在许可前（　　）应当组织专家进行技术评审。

A. 建设单位

B. 施工单位

C. 海事管理机构

D. 港口行政管理部门

8. 办理许可证后未开工达（　　）以上的，建设单位、主办单位或者施工单位应当及时向原发证的海事管理机构报告，并办理许可证注销手续。

A. 2个月　　　　B. 3个月

C. 6个月　　　　D. 12个月

9. 在工程涉及通航安全的部分完工后或者工程竣工后，应将工程有关通航安全的技术参数报海事管理机构备案的单位是（　　）。

A. 施工单位

B. 航道局

C. 建设单位

D. 竣工资料编制单位

二　多项选择题

1. 水上水下作业和活动通航安全管理的目的是（　　）。

A. 保障船舶的航行安全

B. 保障船舶的停泊安全

C. 保护水域环境

D. 维护水上交通秩序

E. 维护港口运营秩序

2. 许可在管辖水域内从事水上水下作业或者活动需符合的条件有（　　）。

A. 有关的人员、船舶、设施符合安全航行、停泊和作业的要求

B. 有作业活动的进度安排、施工作业图纸

C. 已制定水上水下作业或者活动方案

D. 有符合水上交通安全要求的保障措施、应急预案和责任制度

E. 有符合防治船舶污染水域环境要求

的保障措施、应急预案和责任制度

3. 申请在管辖水域内从事需经许可的水上水下作业或者活动，施工单位应向海事管理机构报送的材料有（　　）。

A. 港口行政管理部门的许可文件

B. 申请书

C. 申请人、经办人相关证明材料

D. 作业或者活动方案

E. 作业或者活动保障措施方案、应急预案和责任制度文本

4. 水上水下活动通航安全管理的原则是（　　）。

A. 安全第一　　　B. 预防为主

C. 方便群众　　　D. 科学合理

E. 依法管理

5. 对施工通航安全保障方案的编制质量要求有（　　）。

A．资料齐全

B．分析全面、技术可行

C．文字简洁

D．图文并茂

E．措施具有针对性和可操作性

6．对上报的施工通航安全保障方案，施工单位应当负责的方面有（　　）。

A．方案的内容

B．方案的结果

C．方案的结论

D．资料的合法性

E．资料的真实性

7．下列情形中，属于需要办理水上水下作业或者活动许可证注销手续的有（　　）。

A．水上水下作业或者活动中止的

B．提前完工的

C．因许可事项变更而重新办理了新的许可证的

D．2个月以上未开工的

E．因不可抗力导致许可的水上水下作业或者活动无法实施的

8．属于海事管理机构核定水上水下作业或者活动安全作业区范围的根据有（　　）。

A．作业或者活动水域的范围

B．自然环境

C．交通状况

D．通航安全保障

E．应急预案

9．下列情形中，属于海事管理机构应当

责令建设单位、施工单位改正的有（　　）。

A．建设单位未落实安全生产主体责任的

B．未经许可擅自更换或者增加作业或者活动船舶的

C．未按照规定采取通航安全保障措施进行水上水下作业或者活动的

D．雇佣不符合安全标准的船舶进行水上水下作业或者活动的

E．因恶劣自然条件严重影响作业或者活动及通航安全的

10．在内河通航水域或者岸线上进行水上水下作业或者活动中，将导致海事管理机构责令立即停止作业或者活动的违规情形有（　　）。

A．未取得许可证擅自进行水上水下作业或者活动的

B．使用涂改或者非法受让的许可证进行水上水下作业或者活动的

C．未按照规定采取设置标志、显示信号等措施的

D．未按照本规定报备水上水下作业的

E．擅自扩大作业或者活动水域范围的

11．向海事管理机构提出通航安全水上水下施工作业申请的施工作业项目包括（　　）。

A．航道疏浚

B．码头后方陆域回填

C．海上拖运沉箱

D．高桩码头沉桩

E．板桩码头拉杆安装

1E420090 海上航行警告和航行通告管理

1E420091 海上航行警告和航行通告的管理

1E420092 海上航行警告和航行通告申请的程序

1E420093 对违反海上航行警告和航行通告管理规定的处罚

一 单项选择题

1. 应当在海上打桩活动开始之日的（　　）天前向所涉及海区的主管机关递交发布海上航行警告、航行通告的书面申请。
   A. 3　　　　　　　　B. 7
   C. 15　　　　　　　 D. 30

2. 在海上拖运超大型沉箱施工应当在启拖开始之日（　　）天前向启拖地所在海区的区域主管机关递交发布海上航行警告、航行通告的书面申请。
   A. 3　　　　　　　　B. 5
   C. 7　　　　　　　　D. 10

3. 在海上拖运超大型沉箱，申请发布航行通告出面申请应包括（　　）。
   A. 拖轮名称
   B. 超大型沉箱的结构
   C. 船长姓名
   D. 超大型沉箱的制作单位和使用单位

4. 主管发布海上航行通告的机构是（　　）。
   A. 所在地方主管交通的安技部门
   B. 海事局
   C. 国家海上安全局
   D. 地方交通厅、局

5. 违反海上航行通告的当事人对处罚决定不服的，可以自接到处罚决定通知之日起（　　）d内向中华人民共和国海事部门申请复议。
   A. 7　　　　　　　　B. 10
   C. 15　　　　　　　 D. 30

6. 违反海上航行警告和航行通告规定，造成海上交通事故，构成犯罪的，依法追究（　　）责任。
   A. 民事　　　　　　 B. 行政
   C. 刑事　　　　　　 D. 玩忽职守法律

1. 海上航行警告和航行通告书面申请应当包括（　　）等内容。
   A. 活动起止日期和每日活动时间
   B. 活动内容和活动方式
   C. 参加活动的船舶、设施和单位的名称
   D. 活动区域、安全措施
   E. 人员基本情况、技术质量保证措施

2. 各级海事管理机构在以文件发布沿航行通告的同时，需将航行通告通过中国海事局网站向社会公布。还可以（　　）发布本区域航行通告。
   A. 在本单位网站发布
   B. 发送传真或邮寄
   C. 微信发布或宣传栏张贴
   D. 无线电话发布

E. 电子邮件

3. 在中华人民共和国沿海水域从事扫海、疏浚、爆破、打桩、拔桩、起重、钻探等作业，必须事先向所涉及的海区的区域主管机关申请办理和发布（　　）。
   A. 海上航行警告　　B. 航行通告
   C. 打桩令　　　　　D. 施工许可证
   E. 疏浚令

4. 进行使船舶航行能力受到限制的（　　）物品拖带作业，必须事先向所涉及的海区区域主管机关申请发布海上航行警告、航行通告。
   A. 易燃　　　　　　B. 超长
   C. 易爆　　　　　　D. 笨重
   E. 超高

1E420100　港口与航道工程项目的技术管理

1E420101　港口与航道工程项目技术管理的任务和作用

1. 通过系统的技术研讨和安排，确定项目主要技术方案以及开工后的技术工作计划，此内容属于项目技术管理的（　　）内容。
   A. 典型施工　　B. 图纸会审
   C. 技术策划　　D. 技术交底

2. 下列工程项目管理内容中，属于技术管理主要内容的是（　　）。
   A. 安全教育培训
   B. 项目成本核算
   C. 测量与试验检测
   D. 应急预案编制

1. 港口与航道工程项目技术管理的主要内容包括（　　）。

   A. 技术策划　　B. 典型施工

   C. 技术交流　　D. 内业技术资料

   E. 产值统计

2. 港口与航道工程项目技术管理的作用有（　　）。

   A. 保证施工全过程符合规范要求

   B. 保证施工组织设计及时直接报送监理

   C. 不断提高项目施工和管理的技术水平

   D. 开展项目的技术攻关

   E. 积极推广新技术

1E420102　港口与航道工程图纸的熟悉与审查

一 单 项 选 择 题

港口与航道工程图纸的审查，一般分为（　　）。

A. 一种形式　　B. 两种形式

C. 三种形式　　D. 四种形式

二 多 项 选 择 题

港口与航道工程的图纸会审，参加单位应包括（　　）。

A. 总包施工单位　B. 分包施工单位

C. 设计单位　　D. 质检单位

E. 监理单位

1E420103　港口与航道工程危险性较大的分部分项工程安全专项施工方案编制

一　单项选择题

危险性较大的分部分项工程施工前应编制安全专项施工方案，下列选项中不属于方案编制内容的是（　　）。

A. 工程概况　　　　B. 施工计划

C. 自然条件　　　　D. 施工工艺技术

二　多项选择题

港口与航道工程危险性较大的分部分项工程安全专项施工方案中的"施工安全保证措施"部分应包括的内容有（　　）等。

A. 技术措施　　　　B. 组织保障措施

C. 监测措施　　　　D. 监督措施

E. 监控措施

1E420104　港口与航道工程技术交底

一　单项选择题

关于港口与航道工程技术交底的说法，错误的是（　　）。

A. 在单项工程正式施工前应进行工程技术交底

B. 在单位工程正式施工前应进行工程技术交底

C. 在分部工程正式施工前应进行工程技术交底

D. 在分项工程正式施工前应进行工程技术交底

1. 港口与航道工程分项工程技术交底主要
   包括（　　）等。
   A. 作业标准　　　B. 环保要求
   C. 验收标准　　　D. 设计要求
   E. 材料消耗
2. 技术交底的主要内容有（　　）。

A. 图纸内容和设计要求
B. 施工总包与分包、与业主的协调工作内容
C. 分项工程交底
D. 与地方和质检部门的公关关系
E. 设计变更

1E420105　港口与航道工程技术总结

为搞好工程的技术总结，工程竣工后
（　　）是不适宜的。
A. 安排技术总结计划

B. 确定总结题材
C. 整理已经收集和积累的资料
D. 由亲自参加项目的施工者执笔

关于港口与航道工程技术总结的说法，
正确的有（　　）。
A. 做好工程的技术总结，要抓好总结
题材的确定
B. 工程完工前要做好技术总结的计划
C. 总结的执笔人应是亲自参加该项目

的施工人员
D. 技术总结的文章结构形式可以根据
执笔人的习惯去写
E. 认真搞好工程的技术总结是项目部
工程部门的责任

1E420110 港口与航道工程项目的质量管理

1E420111 港口与航道工程质量控制措施

1E420112 港口与航道工程质量事故等级划分

1E420113 港口与航道工程质量事故报告的有关要求

一 单项选择题

1. 关于港口与航道工程质量控制措施要求的说法，错误的是（　　）。

   A. 施工单位应对工程采用的主要材料、构配件和设备等进行现场验收

   B. 施工单位应按规定对涉及结构安全的现场检验项目进行抽样检验

   C. 施工单位应当依法规范分包行为，并对各自承担的工程质量负总责

   D. 施工单位应当严格按照工程设计图纸、施工技术标准和合同约定施工

2. 重大质量事故是指造成直接经济损失（　　）的事故。

   A. 5000 万元以上 1 亿元以下

   B. 1 亿元以上

   C. 100 万元以上 1000 万元以下

   D. 1000 万元以上 5000 万元以下

3. 造成直接经济损失 1000 万元以上 5000 万元以下的质量事故是（　　）。

   A. 特别重大质量事故

   B. 较大质量事故

   C. 重大质量事故

   D. 一般质量事故

4. 工程项目交工验收前，（　　）为工程质量事故报告的责任单位。

   A. 质监单位　　　　B. 监理单位

   C. 建设单位　　　　D. 施工单位

5. 事故报告责任单位应在接报（　　），核实、汇总并向负责项目监管的交通运输主管部门及其工程质量监督机构报告。

   A. 1h 内　　　　B. 2h 内

   C. 3h 内　　　　D. 4h 内

二 多项选择题

1. 关于港口与航道工程质量控制措施的说法，错误的有（　　）。

   A. 工程质量应满足业主的要求

   B. 专业工序之间的交接应经项目总工认可

C. 工序之间应进行交接检验

D. 施工现场应建立质量管理机构

E. 工序控制应按设计文件和技术交底的要求进行

2. 重大质量事故是指（　　）的事故。

A. 造成直接经济损失 1 亿元以上的

B. 造成直接经济损失 5000 万元以上 1 亿元以下

C. 大型水运工程主体结构垮塌、报废

D. 造成直接经济损失 1000 万元以上

5000 万元以下

E. 中型水运工程主体结构垮塌、报废

3. 在下列质量事故中，发生（　　）时，省级交通运输主管部门应在接报 2h 内进一步核实，并按规定上报。

A. 一般质量事故

B. 特别重大质量事故

C. 较大质量事故

D. 重大质量事故

E. 超大质量事故

1E420120　港口与航道施工企业资质

1E420121　港口与航道施工企业资质分类

1E420122　港口与航道施工企业资质承包范围

一　单项选择题

1. 港口与航道总承包二级资质可承担的港口与航道工程包括（　　）。

A. 人工岛及平台

B. 海上风电

C. 各种升船机

D. 内河 1000 吨级以下航道工程

2. 港口与海岸工程专业承包二级资质可承担的港口与海岸工程施工包括（　　）。

A. 海上风电

B. 1500m 以下围堤护岸工程

C. 5 万吨级以下船坞

D. 水深 8m 的防波堤

二　多项选择题

1. 港口与航道工程总承包企业资质分为（　　）。

A. 特级　　　　B. 一级

C. 二级　　　　D. 三级

E. 四级

2. 港口与海岸工程专业承包资质分为
（　　）。

A. 特级　　　　　B. 一级

C. 二级　　　　　D. 三级

E. 四级

3. 航道工程专业承包资质分为（　　）。

A. 特级　　　　　B. 一级

C. 二级　　　　　D. 三级

E. 四级

4. 通航建筑物工程专业承包资质分为
（　　）。

A. 特级　　　　　B. 一级

C. 二级　　　　　D. 三级

E. 四级

5. 港航设备安装及水上交管工程专业承包
资质分为（　　）。

A. 特级　　　　　B. 一级

C. 二级　　　　　D. 三级

E. 四级

6. 港口与航道工程总承包一级资质企业可
承担以下（　　）工程项目的施工。

A. 护岸

B. 堆场道路及陆域构筑物

C. 船台

D. 水下地基及基础

E. 各类港口航道工程

7. 港口与航道工程总承包二级资质企业可
承担以下（　　）工程项目的施工。

A. 水深小于7m的防波堤

B. 5万吨级以下船坞船台及滑道工程

C. 1200m以下围堤护岸工程

D. 海上灯塔

E. 海上风电

1E420130　港口与航道工程施工组织设计的编制

1E420131　高桩码头工程施工组织设计

一 单 项 选 择 题

1. 高桩码头工程施工组织设计编制依据
有：招标投标文件、（　　）、设计文
件、施工规范和验收标准及有关文件、
会议纪要等。

A. 监理合同　　　B. 勘察合同

C. 工程承包合同　D. 设计合同

2. 高桩码头工程施工组织设计编制中，

"工程项目主要情况"包括工程名
称、建设地点、建设规模、总工期、
（　　）、主要工程量、分包队伍选择、
施工流程和工艺特点、新技术、新材料
应用等。

A. 质量评定　　　B. 质量规划

C. 质量认证　　　D. 质量等级

3．高桩码头工程施工组织设计编制中，"工程规模"主要阐述表示工程特征的（　　）、停靠船型和等级、码头及引桥的数量、主要尺度、标高和主要结构形式、码头前沿水深、后方道路堆场的数量和面积、主要装卸设备的规格和数量等。

A．标准值　　　　B．数值

C．代表值　　　　D．统计值

4．高桩码头工程施工组织设计编制中，"自然条件"包括岸线和水深情况、水位资料、潮流资料、风、气温、降雨、（　　）等。

A．交通条件

B．水电供应条件

C．工程地质条件

D．建设项目地区预制构件加工能力

5．高桩码头工程施工组织设计编制中，"技术经济条件"包括：预制构件加工、机械设备租赁、劳动力市场情况等建设项目地区的施工能力；钢材、木材、水泥、黄沙和石子等大宗建筑材料供应情况；交通条件和（　　）。

A．潮流资料　　　B．水电供应条件

C．工程地质条件　D．水位资料

6．高桩码头工程施工组织设计编制中，高桩码头施工工序主要有施工挖泥、沉桩、构件安装、现浇混凝土和岸坡施工等。沉桩是（　　）。

A．一般工序　　　B．主要工序

C．关键工序　　　D．重要工序

7．高桩码头工程施工组织设计编制中，分析和确定施工特点、难点是施工的（　　）问题。

A．特殊　　　　　B．主要

C．关键　　　　　D．重要

8．高桩码头工程施工组织设计编制中，"施工的总体部署"包括叙述整个工程施工的总设想和安排，各（　　）和重要建筑物的施工顺序及相互之间的连接关系；施工船机的配备；预制构件的加工和运输等内容。

A．分部工程

B．单项（单位）工程

C．整体工程

D．隐蔽工程

9．高桩码头工程施工组织设计编制中，主要施工方案的内容有：挖泥、测量、沉桩、构件预制及安装、模板工程、钢筋工程、（　　）、土石方工程、设备安装工程、附属设施安装工程等。

A．混凝土工程　　B．砌筑工程

C．粉刷工程　　　D．照明工程

10．高桩码头工程施工组织设计编制中，"沉桩施工方案"包括障碍物的探摸清除，（　　），编制运桩图和落驳图，锤、桩船（桩架）、桩垫木和替打的选用，锚缆和地笼的布设，桩的运输和堆放，斜坡上沉桩技术措施及岸坡稳定，桩的高应变和低应变动测。

A．确定梁板安装顺序

B．确定测量顺序

C．确定制桩顺序

D．确定沉桩顺序

11．高桩码头工程施工组织设计编制中，"各项资源的需用计划"包括：劳动力需用计划、材料需用计划、（　　）、预制构件和半成品需用计划等。

A. 工资计划
B. 混凝土试验计划
C. 施工船舶和机械需用计划
D. 分期分批竣工项目计划

二 多项选择题

1. 高桩码头工程施工组织设计编制依据有:（   ）、设计文件、施工规范和验收标准及有关文件、会议纪要等。
   A. 监理合同　　B. 勘察合同
   C. 工程承包合同　D. 设计合同
   E. 招标投标文件

2. 高桩码头工程施工组织设计编制中,"工程项目主要情况"包括工程名称、建设地点、建设规模、总工期、（   ）、主要工程量、分包队伍选择、新技术、新材料应用等。
   A. 施工流程　　B. 质量规划
   C. 质量认证　　D. 质量等级
   E. 施工工艺特点

3. 以下各项中,属于编制高桩码头施工组织设计中的工程规模描述内容有（   ）。
   A. 工程位置　　B. 主要结构形式
   C. 岸线和水深　D. 最高和最低潮位
   E. 停靠船型和等级

4. 高桩码头工程施工组织设计编制中,"自然条件"包括岸线和水深情况、潮流资料、风、气温、降雨、（   ）等。
   A. 交通条件
   B. 水电供应条件
   C. 工程地质条件
   D. 建设项目地区预制构件加工能力

E. 水位资料

5. 高桩码头工程施工组织设计编制中,"技术经济条件"包括:预制构件加工、劳动力市场情况等建设项目地区的施工能力;钢材、木材、水泥、黄沙和石子等大宗建筑材料供应情况;交通条件和（   ）。
   A. 机械设备租赁条件
   B. 水电供应条件
   C. 工程地质条件
   D. 水位资料
   E. 潮流资料

6. 高桩码头工程施工组织设计编制中,高桩码头施工工序主要有（   ）、现浇混凝土和岸坡施工等。
   A. 沉桩　　　　B. 测量
   C. 施工挖泥　　D. 构件安装
   E. 系船柱安装

7. 高桩码头工程施工组织设计编制中,应按工程地质报告所提供的资料,将与施工有关的资料列入,包括土层厚度,层顶标高,重力密度,天然含水量,内摩擦角,黏聚力,压缩系数,（   ）等。分析施工中应注意的事项。
   A. 标准贯入击数　B. 静力触探值
   C. 土的层底标高　D. 土的平均厚度
   E. 土层名称

8. 高桩码头工程施工组织设计编制中，"施工的总体部署"包括叙述整个工程施工的总设想和安排，各（　　）的施工顺序及相互之间的连接关系；施工船机的配备；预制构件的加工和运输等内容。

A. 分部工程

B. 单项（单位）工程

C. 分项工程

D. 重要建筑物

E. 隐蔽工程

9. 高桩码头工程施工组织设计编制中，主要施工方案的内容有：挖泥、测量、构件预制及安装、模板工程、钢筋工程、（　　）、土石方工程、设备安装工程、附属设施安装工程等。

A. 混凝土工程　　　B. 沉桩

C. 粉刷工程　　　　D. 照明工程

E. 砌筑工程

10. 高桩码头工程施工组织设计编制中，

"沉桩施工方案"包括障碍物的探摸清除，（　　），编制运桩图和落驳图，桩船（桩架）、桩垫木和替打的选用，锚缆和地笼的布设，桩的运输和堆放，斜坡上沉桩技术措施及岸坡稳定，桩的高应变和低应变动测。

A. 确定梁板安装顺序

B. 锤的选用

C. 确定制桩顺序

D. 确定沉桩顺序

E. 确定测量顺序

11. 高桩码头工程施工组织设计编制中，"各项资源的需用计划"包括：劳动力需用计划、材料需用计划、（　　）等。

A. 工资计划

B. 预制构件和半成品需用计划

C. 施工船舶和机械需用计划

D. 分期分批竣工项目计划

E. 混凝土试验计划

1E420132　重力式码头工程施工组织设计

一　单项选择题

1. 施工组织设计应在（　　）的领导下编写，并经（　　）审查后报企业审定。

A. 项目总工程师　B. 项目经理

C. 项目技术主管　D. 项目工程主管

2. 在（　　），将经项目经理审查、企业审定、企业法人代表签发批准的施工组织设计报送业主和工程监理单位。

A. 宣布中标之后

B. 工程开工之前

C. 工程开工之后

D. 工程开工令下达之后

3. 所报送的施工组织设计，经（　　）审核确认后才能正式批准开工。

A. 业主

B. 监理工程师

C. 工程质量监督站

D. 企业法人代表

4. 实现在施工组织设计中所确定的（　　），是编制施工组织设计要实现的最终效果和目的。

A. 最优施工方案

B. 协调各方面的关系

C. 技术经济指标

D. 统筹安排各项工作

5. 在沉箱重力式码头施工中，沉箱安放就位填充完毕后，后方抛石棱体及倒滤层的抛填，应（　　）。

A. 从墙后开始抛填

B. 在岸边从陆上向海中推填

C. 根据施工方便随机抛填

D. 海、陆双向对头抛填

6. 在沉箱重力式码头施工中，沉箱安放就位填充完毕后，后方抛石棱体及倒滤层应从墙后开始抛填，是为了（　　）。

A. 增强沉箱抗浪的能力

B. 保持沉箱的稳定性

C. 避免把岸坡淤泥挤入棱体下

D. 保持岸坡稳定

二 多项选择题

1. 施工组织设计的主要内容包括（　　）。

A. 施工的组织管理机构

B. 施工的总体部署和主要施工方案

C. 业主、监理、质量监督应承担的责任

D. 施工进度计划

E. 施工索赔计划

2. 施工组织设计的主要技术经济指标包括（　　）。

A. 工期指标　　　　B. 质量指标

C. 安全指标　　　　D. 成本指标

E. 业绩（形象）工程指标

1E420133　斜坡堤施工组织设计

一 单项选择题

1. 下列自然和客观条件中，属于施工组织条件的是（　　）。

A. 地形、地貌情况

B. 地震情况

C. 气象、水文情况

D. 水、电供应情况

2. 下列斜坡堤施工组织设计的内容中，属于"总体部署和主要施工方案"部分的是（　　）。

   A. 资源需求计划

   B. 试验检测

   C. 施工进度保证措施

   D. 文明施工

1. 下列施工工序中，属于斜坡堤施工的工序有（　　）。

   A. 护底施工

   B. 垫层块石施工

   C. 护滩施工

   D. 护面块体安装

   E. 块石棱体施工

2. 斜坡堤施工组织设计中的资源需求计划主要有（　　）等。

   A. 施工船舶使用计划

   B. 工程设备使用计划

   C. 工程主要物资需用计划

   D. 工程预制构件使用计划

   E. 施工船舶避风锚地使用计划

1E420134　疏浚与吹填工程施工组织设计

1. 下列疏浚与吹填工程施工组织设计的内容中，属于"工程内容及工程量"部分的是（　　）。

   A. 工期与质量要求

   B. 工程名称

   C. 运泥航路情况

   D. 临时设施

2. 以下属于施工自然条件的是（　　）。

   A. 交通　　　　B. 补给

   C. 水文　　　　D. 修船

3. 以下属于施工组织条件的是（　　）。

   A. 地质　　　　B. 修船

   C. 水文　　　　D. 气象

4. 下列疏浚与吹填工程施工组织设计的内容中，不属于"施工现场准备工作计划"部分的是（　　）。

   A. 施工船舶调遣计划

   B. 施工队伍进场计划

   C. 施工设备进场计划

   D. 燃物料消耗和供应计划

5. 下列疏浚与吹填工程施工组织设计的内容中，不属于"工程概况"部分的是（　　）。

A. 建设目的

B. 围埝的结构形式

C. 工程地点

D. 工期与质量要求

二 多项选择题

1. 疏浚工程施工组织设计中的"工程内容及工程量"部分应包括（　　）等内容。

A. 疏浚深度

B. 计算超深工程量

C. 沉降量

D. 吹填平整度要求

E. 流失量

2. 疏浚与吹填工程施工组织设计中的"施工设备的选择与配备"部分测算各施工船舶的月作业天数及月度、年度产量应考虑的因素有（　　）等。

A. 施工工况　　　B. 施工土质

C. 船舶性能　　　D. 工程特点

E. 质量要求

3. 疏浚工程中属于施工自然条件的是（　　）。

A. 水文　　　　　B. 气象

C. 工程地质　　　D. 交通

E. 补给

4. 疏浚工程中属于施工组织条件的是（　　）。

A. 水文　　　　　B. 气象

C. 工程地质　　　D. 交通

E. 补给

5. 疏浚与吹填工程施工组织设计中的"施工设备的选择与配备"部分选择施工船舶的类型、规格应考虑的因素有（　　）等。

A. 施工工况　　　B. 工期要求

C. 船舶性能　　　D. 质量要求

E. 施工土质

6. 疏浚与吹填工程施工组织设计中的"工程概况"部分应包括（　　）等内容。

A. 工程名称　　　B. 围埝的结构形式

C. 工程规模　　　D. 工程地点

E. 建设目的

7. 疏浚与吹填工程施工组织设计中的"施工现场准备工作计划"部分应包括（　　）等内容。

A. 施工船舶调遣计划

B. 施工队伍进场计划

C. 临时用工计划

D. 燃物料消耗和供应计划

E. 管线使用计划

8. 疏浚与吹填工程施工组织设计中的"编制依据"部分应包括（　　）等内容。

A. 合同文件　　　B. 标后预算

C. 设计文件　　　D. 规范、标准

E. 有关的法律、法规

1E420135　航道整治工程施工组织设计

一 单项选择题

1. 筑坝工程的常规施工工序包括：①测量放样；②水上沉排；③坝体表面整理；④水上抛石；⑤水上抛枕；⑥坝根接岸处理等项，其一般施工流程为（　　）。
   A. ①②③④⑤⑥　　B. ②①⑥④⑤③
   C. ①⑥②⑤④③　　D. ②⑤④⑥③①

2. 航道整治工程中的护岸工程常规施工工序包括：①测量放样；②水上沉排；③抛石（枕）镇脚；④护坡等项，其一般施工流程为（　　）。
   A. ①②③④　　　　B. ②①③④
   C. ①③②④　　　　D. ①④②③

3. 下列施工进度计划中，不属于航道整治工程施工组织设计中的是（　　）。
   A. 施工总进度计划
   B. 单位工程施工进度计划
   C. 主要分部（项）工程施工计划
   D. 单项工程施工进度计划

4. 航道整治工程施工组织设计中的施工总平面布置内容应包括（　　）。
   A. 施工总平面布置图及说明
   B. 施工总程序布置图及说明
   C. 施工人员总布置
   D. 施工控制点布置总图

二 多项选择题

1. 下列水上沉软体排的施工工序流程正确的有（　　）。
   A. 沉排船抛锚定位→卷排垫、绑扎混凝土块→排头固定
   B. 沉排船抛锚定位→排头固定→卷排垫、绑扎混凝土块
   C. 排头固定→卷排垫、绑扎混凝土块→观测轨迹校正船位
   D. 卷排垫、绑扎混凝土块→观测轨迹校正船位→绞移沉排船、沉放
   E. 观测轨迹校正船位→绞移沉排船、沉放→沉排完一轮后检测

2. 航道整治工程施工组织设计中工程概况的编制主要包括（　　）。
   A. 项目部人员组成概况
   B. 建设、监理、设计、质监等相关单位
   C. 结构形式及主要工程量
   D. 整治河段的自然特征
   E. 整治目的

3. 航道整治工程施工部署的内容和侧重点在航道整治工程施工中一般应包括

（　　　）。

 A. 确定工程主要项目程序

 B. 编制主要工程项目的施工方案

 C. 企业生产经营能力

 D. 编制施工总进度计划

 E. 划分项目施工阶段界线，确定分期交工项目组成

4. 航道整治工程施工组织设计中的施工总平面布置图一般应包括（　　　）。

 A. 水上水下地形等高（或等深）线

 B. 生产生活临时设施

 C. 项目范围内已有相关建筑物的位置和尺寸

 D. 周边环境标识

 E. 控制坐标网

5. 航道整治工程施工组织设计中应拟定项目组织机构的内部质量管理、安全保证体系及主要质量、安全措施，各项措施中应有（　　　）。

 A. 技术保证措施

 B. 合同保证措施

 C. 项目文化活动措施

 D. 经济保证措施

 E. 防止环境污染措施

6. 航道整治工程施工组织设计中的主要技术经济指标一般应包括（　　　）。

 A. 施工工期 B. 施工成本

 C. 施工质量 D. 施工条件

 E. 施工效率

7. 航道整治工程施工组织设计的编制依据包括（　　　）。

 A. 招标文件

 B. 合同文件

 C. 项目经理责任目标

 D. 相关技术规范

 E. 设计文件及批准文件

8. 航道整治工程施工组织设计中的施工进度计划包括（　　　）。

 A. 施工进度控制措施

 B. 施工总进度计划和保证措施

 C. 单位工程施工进度计划图及其说明

 D. 主要分部（项）工程施工网络计划及其说明

 E. 各单项工程施工进度计划和保证措施

9. 航道整治工程施工组织设计中的各项资源需求、供应计划包括（　　　）。

 A. 施工劳动力需要量计划

 B. 施工主要材料需要量计划

 C. 施工主要预制件需要量计划

 D. 施工主要构件需要量计划

 E. 施工船机设备需要量计划

10. 筑坝工程的主要施工工序包括（　　　）。

 A. 滩面处理 B. 坝体表面整理

 C. 根部护岸 D. 护坡

 E. 坝根接岸处理

11. 航道整治工程常用护滩带工程稳固河滩，护滩带工程的主要施工工序包括（　　　）。

 A. 抛石面层 B. 水上沉排

 C. 水上抛枕 D. 坝根接岸处理

 E. 干滩铺软体排

1E420140 港口与航道工程概算和预算编制

1E420141 沿海港口建设工程概算和预算编制

1E420142 内河航运建设工程概算和预算编制

1E420143 疏浚工程概算和预算编制

一 单项选择题

1. 临时设施费属于建筑安装工程费费用中的（　　）。
   A. 定额直接费　　B. 其他直接费
   C. 企业管理费　　D. 专项税费

2. 港口与航道工程的监理费属于（　　）。
   A. 前期工作费
   B. 建设管理费
   C. 工程建设其他费用
   D. 其他相关费用

3. 建设用地征用费属于沿海港口建设工程项目总概算中的（　　）。
   A. 工程建设其他费用
   B. 工程费用
   C. 预留费用
   D. 专项概算

4. 下列沿海港口工程中，按二类工程施工取费的是（　　）。
   A. 直立式防波堤
   B. 码头吨级＜10000t
   C. 海上孤立建筑物
   D. 取水构筑物

5. 下列内河航运工程中，按二类工程施工取费的是（　　）。
   A. 通航建筑物
   B. 码头吨级＞1000t
   C. 系靠船建筑物
   D. 土石结构水坝

6. 疏浚与吹填工程中的安全文明施工费属于（　　）。
   A. 间接费　　　　B. 定额直接费
   C. 企业管理费　　D. 其他直接费

7. 施工图预算（以下简称预算）由（　　）负责编制或委托有资格的造价咨询公司编制。
   A. 建设单位　　B. 施工单位
   C. 设计单位　　D. 监理单位

8. 当单位工程预算突破相应概算时应分析原因，对合理部分可在（　　）调剂解决。
   A. 总概算范围内　　B. 预留费中
   C. 总估算范围内　　D. 建筑工程费中

1. 下列概算表中，属于主要表格的有
   （　　）。
   A. 建筑安装单位工程概算表
   B. 主要材料用量汇总表
   C. 人工材料单价表
   D. 单项工程概算汇总表
   E. 建筑安装单位工程施工取费明细表

2. 沿海港口建设项目总概算中的工程费用
   包括（　　）。
   A. 建筑工程费
   B. 办公和生活家具购置费
   C. 安装工程费
   D. 工器具及生产家具购置费
   E. 设备购置费

3. 属于疏浚与吹填单位建筑工程费用其他
   直接费的有（　　）。
   A. 安全文明施工费
   B. 施工队伍调遣费
   C. 疏浚测量费
   D. 管架安拆费
   E. 开工展布、收工集合费

4. 港口与航道工程的建设管理费包括
   （　　）。
   A. 项目单位开办费
   B. 项目单位经费
   C. 代建管理费
   D. 人员培训费
   E. 生产生活家具购置费

5. 下列施工图预算表中，属于主要表格的
   有（　　）。
   A. 建筑安装单位工程预算表

B. 主要材料用量汇总表
C. 工程船舶艘班用量汇总表
D. 工程船舶艘班单价表
E. 建筑安装单位工程施工取费明细表

6. 下列疏浚与吹填单位工程的费用中，属
   于其他直接费的有（　　）。
   A. 社会保险费
   B. 安全文明施工费
   C. 卧冬费
   D. 管架安拆费
   E. 施工队伍调遣费

7. 下列内河航运工程中，按一类工程施工
   取费的有（　　）。
   A. 码头吨级≥1000t
   B. 导助航建筑物
   C. 取水构筑物
   D. 防洪堤
   E. 桥涵

8. 下列沿海港口工程中，按一类工程施工
   取费的有（　　）。
   A. 码头吨级≥10000t
   B. 直立式挡砂堤
   C. 取水构筑物
   D. 护岸
   E. 廊道

9. 下列费用中，属于疏浚与吹填单位工程
   费用中的其他直接费的有（　　）。
   A. 管架安拆费　　B. 施工队伍调遣费
   C. 疏浚测量费　　D. 卧冬费
   E. 开工展布、收工集合费

10. 下列费用中，属于内河航运建筑安装工

程费用中的其他直接费的有（　　）。

A．施工浮标抛撤费

B．施工队伍进退场费

C．卧冬费

D．施工辅助费

E．开工展布、收工集合费

1E420150　港口与航道工程工期索赔与费用索赔

1E420151　港口与航道工程工期索赔

1E420152　港口与航道工程费用索赔

一　单项选择题

1．承包商按照监理工程师的指示对已覆盖的隐蔽工程部位进行剥露后的重新检验。该工程隐蔽前得到监理工程师的质量认可，但重新检验后发现质量未达到合同规定的要求，则全部剥露、修改、重新隐藏的费用的损失和工期处理为（　　）。

A．费用和工期损失可以向业主索赔

B．费用和工期损失全部由承包商承担

C．费用由承包商承担，工期可向业主索赔

D．工期不可索赔，但费用可以索赔

2．港口与航道工程施工中，（　　）不是工期索赔计算的分析方法。

A．网络分析方法

B．按实际记录确定补偿工期

C．概率分析法

D．比例分析法

3．水运工程施工过程中，索赔费用的计算原则是（　　）。

A．计算合理

B．真实可信

C．证据确凿

D．赔（补）偿实际损失

二　多项选择题

1．属于承包人对发包人提出索赔的索赔事件包括（　　）。

A．施工设备故障　B．地质变化

C．不可抗力因素　D．材料涨价

E. 第三人造成的违约

2. 承包商索赔成立的条件应包括（   ）。

A. 承包商受到了实际的损失或损害

B. 损失不是承包商过错造成的

C. 损害是由分包商的原因造成的

D. 承包商在合同规定的时限内提出

E. 损害不是由承包商承担的风险造成

3. 港口与航道工程的索赔程序中，（   ）是承包商应完成的工作。

A. 发出索赔意向通知书

B. 提出索赔报告

C. 审查索赔报告

D. 做好现场同期记录

E. 审查索赔处理

4. 索赔事件主要包括（   ）。

A. 发包人违约　　B. 工程量增加

C. 设计方案改变　D. 不可抗力因素

E. 第三人造成的违约

5. 承包商的索赔要求成立必须同时具备（   ）。

A. 与合同相比较已经造成了实际的额外费用增加

B. 造成费用增加或工期损失的原因不是承包商的过失

C. 承包商在事件发生后在规定的时间内提出了书面索赔意向通知

D. 承包商提供的证据支持自己的主张

E. 按合同规定不应由承包商承担的风险

6. 施工中因不可抗力事件的影响而使承包商受到损失时，可以进行索赔的款项可能包括（   ）。

A. 直接费

B. 间接费

C. 利润损失

D. 施工现场管理费

E. 公司总部管理费

7. 不可抗力导致的人员伤亡、财产损失、费用增加和（或）工期延误等后果的承担原则是（   ）。

A. 永久工程以及因工程损害造成的第三方人员伤亡和财产损失由发包人承担

B. 承包人设备的损坏由承包人承担

C. 发包人和承包人各自承担其人员伤亡和其他财产损失及其相关费用

D. 承包人的停工损失由发包人承担

E. 不能按期竣工的，应合理延长工期

8. 在施工过程中，导致暂停施工可以进行工期索赔的情况有（   ）。

A. 非施工单位原因，建设单位代表要求暂停施工

B. 非建设单位原因，施工单位要求暂停施工

C. 由于建设单位违约，承包方主动暂停施工

D. 由于施工单位违约，发包方要求暂停施工

E. 施工单位新技术应用

9. 因不可抗力解除合同后，合同双方的合规做法有（   ）。

A. 承包人应按约定撤离施工场地

B. 已订货材料的退货费用由发包方承担

C. 已定货材料的退货事宜由发包方负责办理

D. 已定货材料未及时退货造成的损失由发包方承担

E. 合同解除后的付款由发包人确定

1E420160 港口与航道工程进度控制方法

1E420161 港口与航道工程进度计划编制

一 单项选择题

1. 项目进度控制应以实现（　　）为最终目标。
   A. 最短工期
   B. 最大经济效益
   C. 施工合同约定的竣工日期
   D. 业主下达的工期

2. 项目进度控制机构应以（　　）为责任主体。
   A. 项目总工程师
   B. 分管进度计划的项目副经理
   C. 项目经理
   D. 子项目负责人

3. 项目部应向（　　）提出开工申请报告。
   A. 业主
   B. 监理工程师
   C. 企业法人代表
   D. 当地的工程质量监督站

4. 单位工程施工进度计划的编制依据包括（　　）。
   A. 进度控制报告的要求
   B. 工期尽可能短的原则
   C. 施工总进度计划
   D. 适应分包商能力的原则

5. 项目部应按（　　）下达的开工令指定的日期开工。
   A. 建设单位
   B. 监理工程师
   C. 企业领导
   D. 工程质量监督机构

二 多项选择题

1. 项目进度目标可以按（　　）进行分解。
   A. 单位工程
   B. 施工阶段
   C. 承包专业
   D. 年、季、月进度计划
   E. 经济效益高低

2. 施工总进度计划的编制依据包括（　　）。
   A. 项目的工程承包合同
   B. 项目的施工组织设计
   C. 设计的进度计划
   D. 企业的效益情况
   E. 政府的监督意见

3. 施工总进度计划的内容应包括（　　）。

　　A．编制说明

　　B．施工总进度计划表

　　C．分批工程施工工期一览表

　　D．效益量化指标

　　E．资源需求量及供应平衡表

4. 单位工程施工进度计划的编制依据包括（　　）。

　　A．项目管理目标责任书

　　B．施工总进度计划

　　C．施工方案

　　D．总监理工程师随时提出的意见

　　E．施工现场的平均可工作天数

5. 目前，常用的施工进度计划图的表达方法有（　　）。

　　A．直方图法　　　　B．横道图

　　C．进度曲线图　　　D．鱼刺图

　　E．网络图

1E420162　港口与航道工程进度计划实施与检查

一　单项选择题

1. 项目年度、季度的施工进度计划均属（　　）。

　　A．实施性的计划

　　B．控制性计划

　　C．操作性极强的计划

　　D．要落实到班组的计划

2. 工程月、旬（或周）施工进度计划是（　　）。

　　A．实施性的作业计划

　　B．控制性计划

　　C．确定总进度目标的计划

　　D．控制总工期的计划

二　多项选择题

1. 工程施工进度计划的实施包括（　　）。

　　A．总进度计划目标的分解

　　B．绘制施工进度计划图

　　C．组织资源供应

　　D．落实承包责任制

　　E．落实施工条件

2. 施工进度计划检查的内容包括（　　）。

　　A．进度执行情况的综合描述

　　B．向监理工程师提出报告

　　C．进度偏差及原因分析

　　D．解决问题的措施及计划调整意见

　　E．实际的施工进度图

1E420163 港口与航道工程进度计划分析与调整

一 单 项 选 择 题

1. 在对进度计划调整时，对落后的关键线路（　　）。
   A. 无需调整
   B. 必须立即采取措施加快
   C. 允许暂时落后
   D. 利用以后的时差可自然调整

2. 在对进度计划调整时，大量超前领先的非关键线路（　　）。
   A. 应继续保持其领先地位
   B. 对于保证进度计划是有利的
   C. 可能受其他线路发展的制约造成窝工浪费，应予调整
   D. 可能转化为关键线路

3. 在对进度计划调整时，落后的非关键线路（　　）。
   A. 因其是非关键线路，无需调整
   B. 必须对其进行调整
   C. 若其前方有足够的时差可利用，预见其发展趋势良好，可不予调整
   D. 必将转化为关键线路

二 多 项 选 择 题

1. 检查工程进度计划完成情况常用的统计方法有（　　）。
   A. 工程形象进度统计法
   B. 实物工程量统计法
   C. 施工产值统计法
   D. 投入产出比统计法
   E. 劳动生产率统计法

2. 港航工程中实际进度与计划进度相比较常用的方法有（　　）。
   A. 横道图比较法
   B. 列表比较法
   C. 产值效益比较法
   D. 资金周转率比较法
   E. 前锋线网络计划比较法

1E420164 港口与航道工程竣工验收

1. 港口工程建设项目交工验收的组织单位是（　　）。

   A. 行业主管部门

   B. 项目单位

   C. 施工单位

   D. 港口行政管理部门

2. 交工验收检查工程实体观感质量时，码头工程要检查的主要内容是（　　）。

   A. 接岸结构　　　　B. 防浪墙

   C. 护面　　　　　　D. 侧缘石

3. 港口工程竣工验收核查结论应是（　　）。

   A. 同意竣工或不同意竣工

   B. 优秀或良好

   C. 合格或不合格

   D. 优良或不合格

1. 交工验收时，要检查施工单位施工总结报告的主要内容有（　　）。

   A. 现场项目经理部、主要施工人员配置情况

   B. 施工依据

   C. 施工期沉降位移观测情况

   D. 工程质量施工自检结论

   E. 施工进度、工程质量和施工安全管理情况

2. 下列资料中，属于交工验收时要检查的施工资料内容有（　　）。

   A. 测量控制点验收记录

   B. 原材料试验或检验报告

   C. 图纸审查记录

   D. 工程质量事故及调查处理资料

   E. 廉政教育培训记录

3. 下列各单位的报告中，属于交工验收时需要出具的有（　　）。

   A. 施工单位的自检报告

   B. 施工单位的施工总结报告

   C. 项目单位的工作报告

   D. 监理单位的工程质量评估报告

   E. 检测机构的检测报告

1E420170　水运工程质量检查与检验

1E420171　水运工程质量检查与检验的划分

一　单项选择题

1. 水运工程质量检验中，按建筑施工的（　　）划分分项工程。

    A．工程性质

    B．主要工序（工种）

    C．工程量

    D．施工工期

2. 港口工程质量检验评定中，按建筑物的（　　）划分分部工程。

    A．工程材料　　　B．主要部位

    C．工程量　　　　D．施工顺序

3. 港口工程质量检验中，按工程的（　　）、结构形式、施工和竣工验收的独立性划分单位工程。

    A．使用功能　　　B．主要部位

    C．工程材料　　　D．施工顺序

4. 港口工程质量检验中，码头工程按（　　）划分单位工程。

    A．泊位　　　　　B．主要部位

    C．工程材料　　　D．施工顺序

5. 港口工程质量检验中，防波堤工程按结构形式和施工及验收的分期划分单位工程；工程量大、工期长的同一结构形式的防波堤工程，可按（　　）划分为一个单位工程。

    A．100m 左右　　　B．5000m 左右

    C．1000m 左右　　　D．3000m 左右

6. 港口工程质量检验中，栈桥、引堤、独立护岸和防汛墙工程，各作为一个单位工程；工程量大、工期长的同一结构形式的整治建筑物，可按（　　）划分为一个单位工程。

    A．100m 左右　　　B．3000m 左右

    C．1000m 左右　　　D．10000m 左右

7. 港口工程质量检验中，施工企业在开工前应对单位工程和分部、分项工程做出明确划分，（　　）据此进行质量控制和检验。

    A．报上级领导机关同意后

    B．报送上级领导机关

    C．报水运工程质量监督机构备案后

    D．报送监理工程师同意后

8. 陆域形成的吹填工程可按（　　）的区域划分单位工程。

    A．设计文件　　　B．施工阶段

    C．施工分区　　　D．检验阶段

9. 分期实施的疏浚工程按（　　）划分单位工程。

    A．工程量

    B．疏浚土质情况

    C．施工阶段

    D．工期长短

二 多项选择题

1. 港口工程质量检验中，把工程划分为（ ）。
   A. 独立工程
   B. 单位工程
   C. 分部工程
   D. 分项工程
   E. 工程项目

2. 港口工程质量检验中，按工程的（ ）划分单位工程。
   A. 工期长短
   B. 独立施工条件
   C. 工程费用
   D. 承担施工单位的数量

   E. 使用功能

3. 港口工程质量检验中，按工程的使用功能、结构形式、施工和竣工验收的独立性划分单位工程。具体规定如下：（ ）。
   A. 码头工程按泊位划分单位工程
   B. 船台工程作为一个单位工程
   C. 滑道工程作为一个单位工程
   D. 工程较小的附属引堤作为一个单位工程
   E. 港区内道路工程按设计单元组成一个单位工程

1E420172 水运工程质量检查与检验的合格标准

一 单项选择题

1. 主要检验项目是指（ ）中对安全、卫生、环保和公众利益起决定性的检验项目。
   A. 单位工程
   B. 分项工程
   C. 分部工程
   D. 主体工程

2. 主要检验项目是指分项工程中对（ ）起决定性作用的检验项目。
   A. 工程进度
   B. 工程质量
   C. 工程安全
   D. 工程造价

3. 检验批质量合格的标准包括（ ）。
   A. 主要检验项目应全部合格
   B. 主要检验项目中允许偏差的抽检合

   格率达到80%以上
   C. 一般检验项目中允许偏差的抽检合格率达到90%以上
   D. 一般检验项目的检验合格率达到90%以上

4. 分项工程质量合格的标准包括（ ）。
   A. 分项工程所含验收批的质量合格率达到90%以上
   B. 分项工程所含验收批的质量应全部合格
   C. 不划分验收批的分项工程主要检验项目的合格率应达到90%以上

D. 不划分验收批的分项工程主要检验项目的合格率应达到 80% 以上

5. 分部工程的质量合格标准包括（　　）。

   A. 所含分项工程的质量全部合格

   B. 所含分项工程的质量合格率达到 90% 以上

   C. 不合格的项目不影响结构的安全

   D. 外观质量合格率达到 95% 以上

6. 单位工程质量合格的标准包括（　　）。

   A. 所含分部工程的质量合格率达 95% 以上

   B. 所含分部工程的质量全部合格

   C. 不合格的项目不影响工程的使用功能

   D. 主要功能项目抽检合格率达 95% 以上

7. 建设项目和单项工程的质量合格标准包括（　　）。

   A. 所含单位工程的合格率达到 95% 以上

   B. 工程资料完整

   C. 所含单位工程全部合格

D. 主要功能项目抽检全部合格

8. 当分项工程质量不合格时，对其处理包括（　　）。

   A. 返工重做可认定质量合格

   B. 经检测能达到设计要求时可认定为合格

   C. 经返工加固处理可予以验收

   D. 经检测达不到设计要求认定为不合格

9. 观感质量检查评为二级的项目，允许少量测点的偏差超过允许的偏差值，但未超过规定值的（　　）倍。

   A. 1.2   B. 1.5

   C. 1.4   D. 2.0

10. 观感质量检查，评为二级的项目，允许少量测点的偏差超过允许的偏差值，但超过允许值的测点数不超过总测点数的（　　）。

   A. 10%   B. 15%

   C. 20%   D. 5%

二 多项选择题

1. 在港口工程质量检验中，把工程划分为（　　）。

   A. 单项工程   B. 工程项目

   C. 单位工程   D. 分项工程

   E. 分部工程

2. 在港口工程检验批质量检验中，将检验项目划分为（　　）。

   A. 主要检验项目   B. 指定检验项目

   C. 一般检验项目   D. 允许偏差项目

   E. 特殊项目

3. 在水运工程质量检验标准中主要检验项目是指（　　）的项目。

   A. 对安全起决定性作用

   B. 对环境起决定性作用

   C. 对工程造价起决定性作用

   D. 对工程观瞻起决定性作用

   E. 对工期影响起决定性作用

4. 检验批质量检验的合格标准包括（　　）。

   A. 主要检验项目合格率在 80% 以上

   B. 主要检验项目全部合格

C. 一般检验项目合格率在 80% 以上

D. 一般检验项目全部合格

E. 允许偏差项目的抽检合格率在 90% 以上

5. 分项工程质量合格的标准包括（　　）。

A. 所含验收批的质量全部合格

B. 所含验收批的质量合格率在 90% 以上

C. 允许偏差项目的抽检合格率达到 80% 以上

D. 允许偏差项目合格率达到 90% 以上

E. 不划分验收批的主要检验项目合格率应达到 90% 以上

6. 分部工程质量合格标准包括（　　）。

A. 所含分项工程质量全部合格

B. 所含分项工程质量合格率达到 90% 以上

C. 工程质量控制资料完整

D. 所含分项工程质量合格率达到 80% 以上

E. 地基基础的安全功能检验符合有关规定

7. 单位工程质量合格标准包括（　　）。

A. 所含分部工程质量合格率达到 90% 以上

B. 所含分部工程质量全部合格

C. 所含分部工程质量合格率达到 80% 以上

D. 主要功能项目抽检结果符合相关规定

E. 观感质量符合规范要求

8. 当分项工程质量检验不合格时，对其处理包括（　　）。

A. 返工重做并重新进行检验

B. 返工重做达到要求的也认定为不合格

C. 返工重做能满足安全要求的可予验收

D. 经检测能达到设计要求的可认定为合格

E. 经检测能满足结构安全和使用要求的可认定合格

1E420173　水运工程质量检查与检验的程序和组织

一　单 项 选 择 题

1. 水运工程项目实施，应当在（　　）划分单位工程、分部和分项工程。

A. 编制施工方案时

B. 开工之后

C. 开工之前

D. 编制施工组织设计时

2. 分项工程的质量检验应由（　　）组织进行。

A. 施工单位负责人

B. 施工单位分项工程负责人

C. 施工单位分项工程技术负责人

D. 施工单位技术负责人

3. 单位工程、分部分项工程的划分应由（　　）组织进行。

A. 监理单位　　　B. 施工单位

C. 建设单位　　　D. 质量监督部门

4. 验收批的质量检验应由（　　）组织进行。

　　A. 监理工程师

　　B. 施工单位负责人

　　C. 施工单位技术负责人

　　D. 施工单位分项工程技术负责人

5. 分部工程的质量检验应由（　　）组织进行。

　　A. 施工单位负责人

　　B. 施工单位项目技术负责人

　　C. 质量监督部门

　　D. 监理工程师

6. 单位工程完工后应由（　　）组织进行质量检验。

　　A. 监理单位　　　B. 建设单位

　　C. 施工单位　　　D. 质量监督部门

7. 检验批的质量由施工单位组织自检合格后应报（　　）。

　　A. 建设单位　　　B. 质量监督单位

　　C. 监理单位　　　D. 企业质量部门

8. 分项工程的质量由施工单位组织自检合

格后应报（　　）。

　　A. 监理单位　　　B. 建设单位

　　C. 质量监督单位　D. 企业主要部门

9. 检验批质量由施工单位自检合格后报监理单位，由（　　）组织进行检验与确认。

　　A. 建设单位　　　B. 监理工程师

　　C. 质量监督单位　D. 企业质检部门

10. 分项工程的质量由施工单位组织自检合格后，由监理工程师组织（　　）检查确认。

　　A. 建设单位

　　B. 质量监督单位

　　C. 施工单位专职质量检查员

　　D. 设计单位

11. 分部工程的质量由施工单位组织自检合格后，报（　　）。

　　A. 监理单位　　　B. 建设单位

　　C. 质量监督单位　D. 企业质检部门

12. 单位工程完工后，由施工单位组织自检合格后报（　　）。

　　A. 建设单位　　　B. 质量监督单位

　　C. 监理单位　　　D. 企业质检部门

二　多项选择题

1. 水运工程开工前，建设单位应组织（　　）对单位工程、分部、分项工程进行划分。

　　A. 设计单位　　　B. 施工单位

　　C. 质检单位　　　D. 监理单位

　　E. 质量监督单位

2. 建设单位收到单位工程竣工报告后应及时组织（　　）对单位工程进行预验收。

　　A. 质检单位　　　B. 施工单位

　　C. 监理单位　　　D. 设计单位

　　E. 质量监督单位

3. 分部工程的质量由施工单位组织自检合

格后，报监理单位，由总监理工程师组织（　　）进行检验与确认。

A．质量监督部门

B．施工单位项目负责人

C．施工单位质量负责人

D．施工单位技术负责人

E．建设单位

4．分部工程质量由施工单位组织自检合格后，由总监理工程师组织对地基基础质量检验确认时（　　）应参与检验。

A．质检单位　　　　B．勘察单位

C．施工单位　　　　D．设计单位

E．质量监督部门

5．单位工程观感质量评价应由质量监督机构组织（　　）参加进行。

A．质检单位　　　　B．建设单位

C．施工单位　　　　D．监理单位

E．设计单位

6．观感质量检查项目评价采取（　　）方法进行。

A．10分制评分　　B．观察检查

C．必要的测量　　　D．共同讨论

E．平均分数

7．观感质量评价分为（　　）项目。

A．一级　　　　　　B．二级

C．三级　　　　　　D．特级

E．不通过

1E420180　港口与航道工程安全生产的要求

1E420181　通用作业的安全防护要求

1E420182　沉桩施工安全生产的要求

1E420183　构件起吊、出运和安装作业的安全生产要求

1E420184　施工用电安全生产的要求

1E420185　大型施工船舶作业安全生产的要求

一　单项选择题

1．陆上作业时，当风力大于等于（　　）级时，应对设备采取防风固定措施。

A．6　　　　　　　　B．7

C．8　　　　　　　　D．9

2. 起重吊装作业时，当被吊物的重量达到起重设备额定起重能力的（ ）及以上时，应进行试吊。

A．70%　　　　　B．80%

C．90%　　　　　D．95%

3. 两台起重设备的两个主吊钩起吊同一重物时，各起重设备的实际起重量，严禁超过其额定起重能力的（ ），且钩绳必须处于垂直状态。

A．70%　　　　　B．80%

C．90%　　　　　D．95%

4. 起重吊装作业时，起重机吊臂、吊具、辅具、钢丝绳和重物等与22kV架空输电线路的垂直和水平方向安全距离限值分别是（ ）。

A．1.5m 和 1.0m　　B．3.0m 和 1.5m

C．4.0m 和 2.0m　　D．5.0m 和 4.0m

5. 载人升降设备用钢丝绳的安全系数应不小于（ ）。

A．5　　　　　　B．8

C．10　　　　　D．14

6. 潜水作业的水深超过（ ）时，应在现场备有减压舱等设备。

A．15m　　　　　B．20m

C．25m　　　　　D．30m

7. 起吊混凝土桩时，捆绑位置的偏差不得大于（ ）。

A．200mm　　　　B．250mm

C．300mm　　　　D．350mm

8. 起吊混凝土预制构件时，吊绳与水平夹角不得小于（ ）。

A．30°　　　　　B．35°

C．40°　　　　　D．45°

9. 用起重船助浮安装沉箱，起重船吊重不得超过其额定负荷的（ ）。

A．70%　　　　　B．80%

C．90%　　　　　D．100%

10. 港口与航道工程安全生产要求中，现场施工用电必须实行（ ），所有电器设备必须做到"一机、一闸、一漏电"。

A．两相三线制　　B．两相四线制

C．三相五线制　　D．三相四线制

11. 船舶上使用的移动灯具的电压不得大于（ ），电路应设有过载和短路保护。

A．12V　　　　　B．24V

C．36V　　　　　D．50V

12. 耙吸挖泥船遇有不良工况船身摇晃较大时，吹填作业应立即停止，并（ ）。

A．下锚驻位　　　B．拆除管线接口

C．放松锚缆　　　D．改用柔性管线

二 多项选择题

1. 潜水员水下安装的作业安全规定有（ ）。

A．构件基本就位和稳定后，潜水员方可靠近待安装构件

B．潜水员不得站在两构件间操作，供气管也不得置于构件缝中

C．流速较大时，潜水员应在顺流方向操作

D．构件安装应使用专用工具调整构件的安装位置

E．潜水员不得将身体的任何部位置于两构件之间

2．建筑物拆除正确的拆除方法有（　　）。

A．自上而下

B．逐层分段

C．将保留部分进行加固

D．上下立体交叉作业

E．先水上后水下

3．水上沉桩作业的安全要求包括（　　）。

A．打桩架上的作业人员应在电梯笼内或作业平台上操作

B．移船时锚缆不得绊桩

C．水上悬吊桩锤沉桩应设置固定桩位的导桩架和工作平台

D．在砂性土中施打开口或半封闭桩尖的钢管桩应采取防止上浮措施

E．沉桩后应及时进行夹桩

4．吊装消浪块体正确的作业安全要求有（　　）。

A．自动脱钩应安全、可靠

B．起吊时应待钩绳受力、块体离地，挂钩人员方可离开

C．用自动脱钩起吊的块体在吊安过程中严禁碰撞任何物体

D．刚安的扭王字块、扭工字块、四角锥等异形块体上不得站人

E．调整块体位置应采用可靠的安全防护措施

5．下列参数中，不满足潮湿或有腐蚀介质场所的漏电保护器要求的参数有（　　）。

A．额定漏电动作时间不应大于0.15s

B．开关箱中漏电保护器的额定漏电动作电流不应大于15mA

C．配电箱中漏电保护器的额定漏电动作电流不应大于30mA

D．配电箱中漏电保护器的额定漏电动作电流应大于50mA

E．额定漏电动作电流与额定漏电动作时间的乘积不应大于30mA·s

6．进入施工船舶的封闭处所作业的安全规定有（　　）。

A．施工船舶应配备必要的通风器材、防毒面具、急救医疗器材、氧气呼吸装置等应急防护设备或设施

B．作业人员进入封闭处所前，封闭处所应进行通风，并测定空气质量

C．在封闭处所内动火作业前，动火受到影响的舱室必须进行测氧、清舱、测爆通风时，要输氧换气

D．封闭处所内存在接触性有毒物质时，作业人员应穿戴相应的防护用品

E．作业人员进入封闭处所进行作业时，封闭处所外应有监护人员，并确保联系畅通

1E420190　港口与航道工程现场文明施工

1E420191　港口与航道工程现场文明施工的基本要求

1E420192　在施工生产中全面落实现场文明施工的要求

一　单项选择题

1. 关于港口与航道工程现场文明施工的基本要求的说法，错误的是（　　）。

   A. 施工现场应在明显的位置设置"四牌一图"

   B. 施工单位应做好环境保护工作

   C. 工程垃圾和废弃物应进行分类堆放

   D. 施工现场办公室应符合卫生和环保有关规定

2. 下列港口与航道工程现场文明施工的要求中，属于综合管理的是（　　）。

   A. 生活区内应设置供作业人员学习和娱乐的场所

   B. 生活用品应摆放整齐，环境卫生应良好

   C. 宿舍、办公用房的防火等级应符合规范要求

   D. 施工现场应有防止泥浆、污水、废水污染环境的措施

3. 下列港口与航道工程现场文明施工的要求中，属于生活设施管理的是（　　）。

   A. 生活区内应设置供作业人员学习和娱乐的场所

   B. 冬季宿舍内应有采暖和防一氧化碳中毒措施

   C. 厕所内的设施数量和布局应符合规范要求

   D. 夏季宿舍内应有防暑降温和防蚊蝇措施

二　多项选择题

1. 港口与航道工程现场文明施工要求中的综合管理包括（　　）等内容。

   A. 施工现场应制定治安防范措施

   B. 施工现场道路应畅通，路面应平整坚实

   C. 生活区内应设置供作业人员学习和娱乐的场所

   D. 应有宣传栏、读报栏、黑板报

   E. 施工现场应建立治安保卫制度，责任分解落实到人

2. 港口与航道工程现场文明施工要求中的现场办公与住宿管理包括（　　）等内容。

A. 夏季宿舍内应有防暑降温和防蚊蝇措施

B. 生活用品应摆放整齐，环境卫生应良好

C. 冬季宿舍内应有采暖和防一氧化碳中毒措施

D. 应建立卫生责任制度并落实到人

E. 必须保证现场人员卫生饮水

3. 港口与航道工程现场文明施工要求中的施工场地管理包括（　　）等内容。

A. 施工现场应有防止扬尘措施

B. 施工现场应制定治安防范措施

C. 施工现场道路应畅通，路面应平整坚实

D. 施工现场应有防止泥浆、污水、废水污染环境的措施

E. 施工现场应建立治安保卫制度，责任分解落实到人

1E420200　港口与航道工程定额的应用

1E420201　沿海港口水工建筑工程定额的应用

1E420202　沿海港口水工建筑及装卸机械设备安装工程船舶机械艘（台）班费用定额的应用

1E420203　水运工程混凝土和砂浆材料用量定额的应用

1E420204　内河航运水工建筑工程定额的应用

1E420205　内河航运工程船舶机械艘（台）班费用定额的应用

1E420206　疏浚工程预算定额的应用

1E420207　疏浚工程船舶机械艘（台）班费用定额的应用

一　单项选择题

1. 下列沿海水工工程中，在编制工程概算时不计概算扩大系数的是（　　）。

A. 海上孤立建筑物工程

B. 栈引桥工程

C．大型土石方工程

D．斜坡式引堤工程

2．下列沿海水工工程中，在编制工程概算时概算扩大系数按 1.02～1.05 确定的是（　　）。

A．直立式护岸　　　B．斜坡式防波堤

C．栈引桥　　　　　D．斜坡式引堤

3．下列船舶机械费用中，不属于船舶机械艘（台）班一类费用的是（　　），应计列小型工程增加费。

A．船舶辅材费

B．船舶机械动力费

C．机械维护费

D．机械安拆及辅助费

4．《内河航运工程船舶机械艘（台）班费用定额》规定潜水组停置组日费为使用组日费的（　　）。

A．50%　　　　　　B．60%

C．70%　　　　　　D．80%

5．根据《内河航运水工建筑工程定额》计算的一个建设项目中的一般水工工程，其基价定额直接费小于（　　）时，应计列小型工程增加费。

A．400 万元　　　　B．300 万元

C．600 万元　　　　D．500 万元

6．《水运工程混凝土和砂浆材料用量定额》中的普通塑性混凝土定额坍落度基准值为（　　）。

A．50mm　　　　　B．60mm

C．70mm　　　　　D．80mm

7．港口与航道工程定额中普通流动性混凝土坍落度以（　　）为基准。

A．70mm　　　　　B．140mm

C．160mm　　　　　D．180mm

8．应用内河航运水工建筑工程定额时，编制施工图预算可（　　）。

A．直接使用

B．各项加扩大系数后使用

C．算出定额直接费后加扩大系数

D．各项加大 3% 后使用

9．应用内河航运水工建筑工程定额时，编制概算时可（　　）。

A．直接使用

B．各项加扩大系数后使用

C．套用定额算出定额直接费后加扩大系数

D．各项加大 3% 后使用

10．根据《沿海港口工程船舶机械艘（台）班费用定额》计算轻型井点设备 1 个台班的时间是（　　）。

A．8h　　　　　　　B．10h

C．12h　　　　　　　D．24h

11．内河航运工程船舶机械设备艘（台）班费用包括第一类费用和第二类费用，（　　）属于第二类费用。

A．船舶检修费　　　B．人工费

C．船舶小修费　　　D．船舶航修费

12．疏浚工程预算定额中抛泥运距是指（　　）。

A．挖泥区中心至卸泥区远边的距离

B．挖泥区至卸泥区的平均距离

C．挖泥区中心至卸泥区中心的距离

D．挖泥区远边至卸泥区远边的距离

13．水运工程混凝土和砂浆材料用量定额中，计算 $1m^3$ 混凝土及砂浆材料用量时（　　）。

A．可以直接套用

B．尚应考虑施工中倒运的损失量

C. 尚应考虑混凝土运输中的损失量

D. 尚应考虑砂、石筛洗中的耗损量

14. 《水运工程混凝土和砂浆材料用量定额》规定普通流动性混凝土设计坍落度每增减 10mm，胶凝材料用量相应增减（　　）。

A. 1%　　　　　B. 2%

C. 1.5%　　　　D. 2.5%

15. 《水运工程混凝土和砂浆材料用量定额》的细骨料以中（粗）砂为准，当采用细砂时，水泥用量和水增加（　　）。

A. 2%　　　　　B. 3%

C. 4%　　　　　D. 5%

二 多项选择题

1. 下列关于《水运工程混凝土和砂浆材料用量定额》规定的说法，正确的有（　　）。

A. 本定额中混凝土和砂浆等定额为 $1m^3$ 复合材料体积用量

B. 普通塑性混凝土定额坍落度基准值为 120mm

C. 普通干硬性混凝土定额配合比维勃稠度以 20s 为基准

D. 定额中粉煤灰规格一般为 I 级粉煤灰

E. 定额中水泥强度等级按经济合理的原则确定，使用时一般不做调整

2. 下列关于《内河航运水工建筑工程定额》规定的说法，正确的有（　　）。

A. 编制施工图预算时，应根据各章节的相应规定直接使用本定额

B. 定额中凡注明"××以内"或"××以下"者，均不包括"××"本身

C. 大型土石方工程概算扩大系数为 1%～3%

D. 堆场道路工程概算扩大系数为

2%～5%

E. 本定额项目的"工程内容"已包括次要工序的工程内容

3. 下列费用中，属于《沿海港口工程船舶机械艘（台）班费用定额》中一类费用的有（　　）。

A. 船舶检修费　　B. 动力费

C. 船舶小修费　　D. 船舶航修费

E. 船舶辅材费

4. 《沿海港口水工建筑工程定额》中关于定额中材料消耗的说法正确的有（　　）。

A. 包括了工程本身直接使用的材料、成品、半成品

B. 包括了按规定摊销的施工用料

C. 除另有说明外，均可调整

D. 包括了其场内运输和操作消耗

E. 不包括运输和操作消耗

5. 计算疏浚工程船舶停置费用时，应包括（　　）等费用。

A. 船舶检修费　　B. 船舶折旧费

C. 船舶保修费　　D. 艘班人工费

E. 材料费与燃料费

172

6. 下列内河航运工程船舶费用中，属于二类费用的有（　　）。

    A. 定员人工费用　B. 船舶管理费

    C. 动力费用　　　D. 定员饮用水费用

    E. 船舶辅助材料费

7. 使用疏浚工程预算定额编制预算时应考虑（　　）等因素。

    A. 施工区土质

    B. 工程量

    C. 水域条件

    D. 实际、超宽、超深的影响

    E. 船舶性能

8. 疏浚工程预算定额中挖泥船施工平均挖深应根据（　　）等要素计算。

    A. 设计底高程

    B. 平均泥层厚度

    C. 计算超深值

    D. 施工期的平均水位

    E. 施工期的平均水深

9. 下列挖泥船使用艘班定额费用中，属于一类费用的有（　　）。

    A. 小修费　　　　B. 船员人工费

    C. 保修费　　　　D. 材料费

    E. 燃料费

10. 沿海港口水工建筑工程定额包括（　　）。

    A. 土石方工程

    B. 港池、航道挖泥工程

    C. 基础工程

    D. 港池炸礁工程

    E. 混凝土工程

1E430000 港口与航道工程项目 施工相关法规与标准

1E431000 法律法规

微信扫一扫 在线做题＋答疑

1E431010 国家港口和航道法的相关规定

1E431011 港口法中与港口规划和建设相关的规定

单项选择题

1.《中华人民共和国港口法》第十三条规定港口深水岸线的标准由（　　）制定。

　A. 国务院交通主管部门

　B. 省交通主管部门

　C. 港口行政管理部门

　D. 省规划管理部门

2.《中华人民共和国港口法》第七条规定港口规划应体现（　　）的原则。

　A. 最大经济和社会效益

　B. 船舶进出港方便和装卸便利

　C. 满足港口发展

　D. 合理利用岸线资源

3. 关于港口规划的说法，错误的是（　　）。

　A. 港口规划包括港口布局规划和港口总体规划

　B. 港口布局规划应当符合港口总体规划

　C. 港口总体规划是指一个港口在一定时期的具体规划

　D. 港口布局规划是指港口的分布规划

4.《中华人民共和国港口法》第七条规定编制港口规划应当组织（　　）论证。

　A. 国务院有关管理部门

　B. 国家发展和改革委员会

　C. 专家

　D. 省交通管理部门及规划管理部门

5.《中华人民共和国港口法》第十三条规定在港口总体规划区内建设港口设施，使用港口深水岸线的，由（　　）批准。

A. 国务院交通主管部门

B. 各省（自治区、直辖市）交通主管部门

C. 国务院交通主管部门会同国务院经济综合宏观调控部门

D. 港口行政管理部门

6.《中华人民共和国港口法》第十三条规定在港口总体规划区内建设港口设施，使用非深水岸线的，由（　　）批准。

A. 国务院交通主管部门

B. 各省（自治区、直辖市）交通主管

部门

C. 国务院交通主管部门会同国务院经济综合宏观调控部门

D. 港口行政管理部门

7.《中华人民共和国港口法》第十五条规定港口建设项目的（　　）必须与主体工程同时设计、同时施工、同时投入使用。

A. 安全和环境保护设施

B. 港口公路

C. 港口给水排水设施

D. 港口铁路

1E431012　港口法中港口安全、监督管理与施工相关的规定

单项选择题

《中华人民共和国港口法》第三十七条规定，禁止在港口水域内从事（　　）活动。

A. 养殖　　　　　　B. 采掘

C. 爆破　　　　　　D. 拆除

1E431013　港口法中法律责任与施工相关的规定

一 单项选择题

《中华人民共和国港口法》第四十五条规定，由县级以上地方人民政府或者港口行政管理部门责令限期改正的行为是（　　）。

A. 向港口水域倾倒泥土、砂石的

B. 未经依法批准在港口进行可能危及

港口安全的爆破

C. 未经依法批准，建设港口设施使用港口岸线的

D. 未经依法批准在港口进行可能危及港口安全的采掘

《中华人民共和国港口法》第五十五条规定，未经依法批准在港口从事可能危及港口安全的（   ），由港口行政管理部门责令停止违法行为。

A．违反港口规划建设港口

B．采掘活动

C．违反港口规划建设码头

D．违反港口规划建设港口设施

E．爆破活动

1E431014　航道法中与航道规划和建设相关的规定

1．《中华人民共和国航道法》第六条规定航道规划应当包括（   ）。

A．规划目标　　B．环境保护目标

C．防洪目标　　D．水资源利用目标

2．《中华人民共和国航道法》第十一条规定（   ）应当对工程质量和安全进行监督检查，并对工程质量和安全负责。

A．航道监理单位　B．航道建设单位

C．航道施工单位　D．航道使用单位

1E431015　航道法中航道养护、航道保护与施工相关的规定

1．《中华人民共和国航道法》第三十六条规定，在河道内（   ）应当依照有关法律、行政法规的规定进行。

A．设置渔具　　B．设置水产养殖设施

C．倾倒砂石　　D．采砂

2．《中华人民共和国航道法》第三十三条规定与航道有关的工程建设活动损坏航道的，（   ）应当予以修复或者依法赔偿。

A．管理单位　　B．建设单位

C．维护单位　　D．使用单位

1E431016　航道法中法律责任与施工相关的规定

《中华人民共和国航道法》第四十三条规定，（　　），由负责航道管理的部门责令停止违法行为。

A. 危害航道设施安全的

B. 航道和航道保护范围内采砂，损害

航道通航条件的

C. 在航道和航道保护范围内倾倒砂石及其他废弃物的

D. 在航道内设置渔具或者水产养殖设施的

《中华人民共和国航道法》第四十二条规定，由负责航道管理的部门责令改正，对单位处五万元以下罚款，对个人处二千元以下罚款；造成损失的，依法承担赔偿责任的行为是（　　）。

A. 在航道内设置渔具或者水产养殖设施的

B. 在河道内依法划定的砂石禁采区采砂的

C. 在航道和航道保护范围内采砂，损害航道通航条件的

D. 在通航建筑物内从事货物装卸，影响通航建筑物正常运行的

E. 未及时清除影响航道通航条件的临时设施及其残留物的

1E431020　港口与航道建设管理有关规章的规定

1E431021　港口建设管理的相关规定

1. 《港口工程建设管理规定》第六条规定

推行（　　）标准化管理，加强施工安

全风险管控。

A. 施工质量和安全

B. 施工技术和安全

C. 施工质量和技术

D. 施工环保和技术

2. 《港口工程建设管理规定》第三十九条规定由（　　）组织交工验收。

A. 项目单位

B. 施工单位

C. 监理单位

D. 所在地港口行政管理部门

二 多项选择题

1. 下列工程验收的主要工作内容中，属于交工验收的有（　　）。

A. 检查工程执行有关部门批准文件情况

B. 检查施工自检报告、施工总结报告及施工资料

C. 对合同是否全面执行、工程质量是否合格做出结论

D. 检查工程执行强制性标准情况

E. 对存在问题和尾留工程提出处理意见

2. 《港口工程建设管理规定》第六条规定鼓励港口工程建设采用（　　）。

A. 新技术　　　B. 新设备

C. 新工艺　　　D. 新结构

E. 新材料

3. 《港口工程建设管理规定》第三十九条规定港口工程建设项目合同段完工后，由项目单位组织（　　）等单位进行交工验收。

A. 设计单位　　　B. 试验检测单位

C. 海事局　　　D. 监理单位

E. 海洋局

4. 《港口工程建设管理规定》第三十九条规定港口工程建设项目合同段完工后，由项目单位组织（　　）等单位进行交工验收。

A. 设计单位　　　B. 海事局

C. 试验检测单位　　D. 监理单位

E. 港务局

5. 《港口工程建设管理规定》第四十条规定交工验收应当具备的条件有（　　）。

A. 项目单位组织对工程质量的检测结果合格

B. 监理单位对工程质量的评定（评估）合格

C. 监理单位组织对工程质量的检测结果合格

D. 质量监督机构对工程交工质量核验合格

E. 质量单位对工程质量的评定（评估）合格

6. 《港口工程建设管理规定》第四十一条规定交工验收的主要工作内容有（　　）。

A. 检查监理单位独立抽检资料

B. 检查工程实体质量

C. 检查施工单位独立抽检资料

D. 检查工程观感质量

E. 出具竣工验收意见

1E431022　航道建设管理的相关规定

一 单 项 选 择 题

1. 《航道建设管理规定》第七十三条规定，应当建立健全工程建设项目档案管理制度，保证档案资料真实、准确和完整的单位是（　　）。

   A. 项目单位　　　B. 建设单位

   C. 监理单位　　　D. 施工单位

2. 下列验收主要工作内容中，属于阶段验收的是（　　）。

A. 检查拟投入运行的工程是否具备运行条件

B. 检查施工自检报告、施工总结报告及施工资料

C. 检查监理单位独立抽检资料、监理总结报告等

D. 检查工程执行强制性标准情况

二 多 项 选 择 题

1. 关于航道工程建设管理规定的说法中，正确的有（　　）。

   A. 应当坚持生态优先、绿色发展

   B. 阶段验收时应检查工程实体质量

   C. 应推行施工质量和安全标准化管理

   D. 交工验收时应检查工程执行有关部门批准文件情况

   E. 由项目单位组织相关单位进行交工验收

2. 根据《航道工程建设管理规定》，交工验收的主要工作内容有（　　）。

   A. 检查施工自检报告、施工总结报告及施工资料

   B. 检查设计单位对工程设计符合性评价意见和设计总结报告

C. 检查拟投入运行的工程是否具备运行条件

D. 检查工程执行有关部门批准文件情况

E. 检查廉政建设合同执行情况

3. 根据《航道工程建设管理规定》，竣工验收的主要工作内容有（　　）。

   A. 检查按法规办理的各专项验收或者备案情况

   B. 检查廉政建设合同执行情况

   C. 对存在问题和尾留工程提出处理意见

   D. 检查工程资料是否按规定整理齐全

   E. 对航道工程建设、设计等单位的工作做出综合评价

4. 根据《航道工程建设管理规定》，阶段验收的主要工作内容有（　　）。

A. 检查已完工程交工验收情况

B. 检查工程资料是否按规定整理齐全

C. 检查拟投入运行的工程是否具备运

行条件

D. 检查廉政建设合同执行情况

E. 检查在建工程是否正常、有序

1E431023 水运建设市场监督管理的相关规定

一 单项选择题

1. 《水运建设市场监督管理办法》第八条规定，水运建设市场从业单位不包括（ ）。
   A. 项目单位   B. 项目代建单位
   C. 监理单位   D. 招标代理单位

2. 《水运建设市场监督管理办法》第三十七条规定违反本办法规定，施工单位超越资质等级承揽工程并尚未开工建设的，处工程合同价款（ ）的罚款。
   A. 1%   B. 2%

   C. 3%   D. 4%

3. 《水运建设市场监督管理办法》第四十条规定施工单位不按照工程设计图纸或者施工技术标准施工的，处工程合同价款（ ）的罚款。
   A. 1% 以上 2% 以下
   B. 2% 以上 3% 以下
   C. 2% 以上 4% 以下
   D. 3% 以上 4% 以下

二 多项选择题

1. 《水运建设市场监督管理办法》第十七条规定施工单位经项目单位同意，可以将（ ）分包给具有相应资质条件的单位承担。
   A. 非主体工程   B. 分部工程
   C. 非关键性工程   D. 单项工程
   E. 适合专业化施工的工程

2. 《水运建设市场监督管理办法》第二十条规定（ ）应当加强工程款管理，

专款专用。
   A. 监理单位   B. 项目单位
   C. 主管部门   D. 施工单位
   E. 代建单位

3. 《水运建设市场监督管理办法》第三十八条规定施工单位允许其他单位或者个人以本单位名义承揽工程的，下列罚款标准正确的有（ ）。
   A. 允许无相应资质的处工程合同价款

1% 以上 2% 以下的罚款

B. 允许无相应资质的处工程合同价款 2% 以上 3% 以下的罚款

C. 允许无相应资质的处工程合同价款 3% 以上 4% 以下的罚款

D. 允许有相应资质并符合本工程建设

要求的, 处工程合同价款 1% 以上 2% 以下的罚款

E. 允许有相应资质并符合本工程建设 要求的, 处工程合同价款 2% 以上 3% 以下的罚款

1E431024 水运工程安全生产监督管理的相关规定

一 单项选择题

1. 根据《公路水运工程安全生产监督管理办法》, 施工单位编制的风险等级较高的分部分项工程专项施工方案经施工单位（　　）签字后报监理工程师批准执行。

A. 主要负责人　　　B. 技术负责人

C. 项目经理　　　　D. 项目总工

2. 《公路水运工程安全生产监督管理办法》第十四条规定, 按照年度施工产值配备专职安全生产管理人员, 且按专业配备, 2 亿元以上的最少不少于（　　）。

A. 6 名　　　　　　B. 4 名

C. 7 名　　　　　　D. 5 名

3. 《公路水运工程安全生产监督管理办法》第二十四条规定施工单位应当依据风险评估结论, 对风险等级较高的（　　）编制专项施工方案。

A. 单项工程　　　　B. 单位工程

C. 分部分项工程　　D. 临时工程

4. 《公路水运工程安全生产监督管理办法》第五十六条规定施工单位未按照规定设置安全生产管理机构的, 责令限期改正, 可以处（　　）以下的罚款。

A. 5 万元　　　　　B. 7 万元

C. 10 万元　　　　 D. 15 万元

二 多项选择题

1. 《公路水运工程安全生产监督管理办法》第十九条规定（　　）等设施在投入使用前, 施工单位应当组织有关单位进行验收, 或者委托具有相应资质的检验检测机构进行验收。

A. 翻模　　　　　　B. 滑（爬）模

C. 预制模板　　　D. 施工挂（吊）篮

E. 移动模架

2. 《公路水运工程安全生产监督管理办法》第三十五条规定项目负责人对项目安全生产工作负有的职责有（　　）。

A. 组织制定项目安全生产规章制度和操作规程

B. 组织制定项目安全生产教育和培训计划

C. 及时、如实报告生产安全事故并组织自救

D. 督促项目安全生产费用的规范使用

E. 督促落实本单位施工安全风险管控措施

3. 《公路水运工程安全生产监督管理办法》第四十条规定施工单位应当建立健全安全生产技术分级交底制度，明确安全技术分级交底的（　　）。

A. 方法　　　　　B. 确认手续

C. 人员　　　　　D. 内容

E. 原则

4. 《公路水运工程安全生产监督管理办法》第五十五条规定从业单位及相关责任人违反本办法规定，逾期未改正的，对从业单位处1万元以上3万元以下的罚款，下列适用此条款的行为有（　　）。

A. 未按照规定配备安全生产管理人员的

B. 未按照规定设置安全生产管理机构的

C. 主要负责人和安全生产管理人员未按照规定经考核合格的

D. 未按批准的专项施工方案进行施工，导致重大事故隐患的

E. 从业单位未全面履行安全生产责任，导致重大事故隐患的

1E431025　防止船舶及其有关作业活动污染海洋环境防治管理的相关规定

一　单项选择题

1. 《中华人民共和国船舶及其有关作业活动污染海洋环境防治管理规定》第九条规定在港区水域内洗舱的，在作业前应将作业时间、作业地点、作业单位和船舶名称等信息向（　　）报告。

A. 港口管理机构　　B. 海事管理机构

C. 海洋管理机构　　D. 环保管理机构

2. 违反《中华人民共和国船舶及其有关作业活动污染海洋环境防治管理规定》，由海事管理机构予以警告，或者处2万

元以下罚款的情形是（　　）。

A. 超过标准向海域排放污染物的

B. 船舶未持有防治船舶污染海洋环境的证书、文书的

C. 船舶向海域排放本规定禁止排放的污染物的

D. 未按照规定在船上留存船舶污染物排放或者处置记录的

3. 《中华人民共和国船舶及其有关作业活动污染海洋环境防治管理规定》第五十四条

规定违反本规定，船舶向海域排放本规定禁止排放的污染物的，处（　　）的罚款。

A．3 万元以上 10 万元以下

B．3 万元以上 15 万元以下

C．3 万元以上 20 万元以下

D．3 万元以上 25 万元以下

二 多项选择题

1．《中华人民共和国船舶及其有关作业活动污染海洋环境防治管理规定》第四十条规定船舶应当在出港前将上一航次（　　）等信息按照规定报告海事管理机构。

A．消耗的燃料种类　B．消耗的燃料数量

C．运行工况　　　　D．主机、辅机功率

E．锅炉功率

2．《中华人民共和国船舶及其有关作业活动污染海洋环境防治管理规定》第五十五条规定违反本规定，船舶排放或者处置污染物处 2 万元以上 10 万元以下的罚款，下列适用此条款的行为有（　　）。

A．超过标准向海域排放污染物的

B．未按照规定在船上留存船舶污染物排放记录的

C．未按照规定在船上留存船舶污染物处置记录的

D．船舶污染物处置记录与船舶运行过程中产生的污染物数量不符合的

E．未按照规定在船上留存船舶污染物排放样品的

1E432000　水运工程建设标准强制性条文

1E432010　水运工程建设标准强制性条文的相关规定

1E432011　对海水环境混凝土最小保护层厚度和水灰比最大允许值的规定

单项选择题

1．海水环境混凝土严禁采用碱活性骨料；淡水环境下，当检验表明骨科具有碱活性时，采用的水泥的碱含量应小于（　　）。

A. 0.5%　　　　B. 0.6%

C. 0.7%　　　　D. 1.0%

2. 我国北方海港工程大气区钢筋混凝土钢筋保护层的最小厚度为（　　）。（注：结构箍筋直径为8mm）

A. 30mm　　　　B. 40mm

C. 50mm　　　　D. 55mm

3. 我国南方海港工程浪溅区钢筋混凝土钢筋保护层的最小厚度为（　　）。（注：结构箍筋直径为6mm）

A. 30mm　　　　B. 40mm

C. 55mm　　　　D. 65mm

4. 我国南方海港工程浪溅区钢筋混凝土钢筋保护层的最小厚度为（　　）。（注：结构箍筋直径为8mm）

A. 30mm　　　　B. 70mm

C. 55mm　　　　D. 65mm

5. 我国北方受冻地区海港工程钢筋混凝土及预应力混凝土水位变动区的水胶比最大允许值为（　　）。

A. 0.40　　　　B. 0.45

C. 0.50　　　　D. 0.55

6. 我国南方海港工程钢筋混凝土及预应力混凝土浪溅区的水胶比最大允许值为（　　）。

A. 0.40　　　　B. 0.45

C. 0.50　　　　D. 0.55

1E432012　对重力式码头施工的有关规定

一 单项选择题

1. 沉箱靠自身浮游稳定时，必须验算其以（　　）表示的浮游稳定性。

A. 重心高度　　B. 干舷高度

C. 定倾半径　　D. 定倾高度

2. 在受台风影响地区施工时，开工前应为施工船舶提供（　　）。

A. 防风锚缆　　B. 应急拖轮

C. 避风锚地　　D. 应急预案

3. 沉箱需要远程浮运时，以液体压载的沉箱定倾高度不小于（　　）。

A. 0.2m　　　　B. 0.3m

C. 0.4m　　　　D. 0.5m

二 多项选择题

1. 采用浮运拖带法水上运输沉箱前的验算要求有（　　）。

A. 进行各种工况的浮游稳定性验算

B. 验算沉箱吃水时应计入所有附着物

的重量

C. 仅需按常规工况条件验算浮游稳定性

D. 沉箱压载宜用砂、石或混凝土块等固体物

E. 用水压载时，应精确计算自由液面对稳定性的影响

2. 工程建设标准强制性条文中《码头结构设计规范》JTS 167—2018 第 2.3.9 条规定，当码头前沿底流速较大，地基土有被冲刷的危险时，重力式码头应考虑的措施有（　　）。

A. 加大基床外肩宽度

B. 放缓边坡

C. 不得采用明基床

D. 增大埋置深度

E. 采取护底措施

1E432013　对高桩码头施工的有关规定

一　单项选择题

1. 外海或工况恶劣条件下，选择高桩码头结构施工船型的标准是（　　）。

A. 干舷高　　　　B. 船型大

C. 抗风浪能力强　D. 吃水深

2. 桩基静载荷试验前应进行的检测是（　　）。

A. 平面位置偏差　B. 垂直度

C. 桩身强度　　　D. 桩身完整性

二　多项选择题

高桩码头施工中须强制落实的技术安全问题有（　　）。

A. 对已沉桩的区域应设置明显警示标志

B. 大风浪前检查夹桩设施是否牢固可靠

C. 岸坡顶部堆放预制构件时的岸坡稳定性

D. 构件安装后的稳定性

E. 禁止打桩船在建筑物上带缆

1E432014　对防波堤施工的有关规定

━━ 单 项 选 择 题 ━━

对于施工过程中未成型的防波堤与护岸，进行模型试验研究的内容是（　　）。

A．护面块体形式

B．断面的波浪稳定

C．防护措施

D．护面块体的重量

二 多 项 选 择 题

下列各项中，属于爆破排淤施工前发布的爆破通告内容有（　　）。

A．爆破地点

B．安全警戒范围

C．每次爆破起爆时间

D．每次爆破炸药量

E．警戒标志

1E432015　对船闸施工的有关规定

━━ 单 项 选 择 题 ━━

1．围堰拆除应制定专项方案，且应在围堰内土建工程、机电设备安装工程通过（　　）后进行。

A．专项检验　　　B．专项验收

C．专项检测　　　D．专项监测

2．碳素结构钢在环境温度低于（　　）时，不应进行冷矫正和冷弯曲。

A．−10℃　　　　B．−12℃

C．−16℃　　　　D．−18℃

3．低合金结构钢在加热矫正时，加热温度不应超过900℃。低合金结构钢在加热矫正后应（　　）。

A．降温冷却　　　B．控制冷却温度

C．自然冷却　　　D．控制冷却速度

1. 船闸工程施工期间应进行观测和监测的项目有（　　）。
   A. 地下水位观测
   B. 施工围堰位移观测
   C. 施工基坑位移观测
   D. 施工基坑裂缝观测
   E. 船闸水工结构的沉降观测

2. 下列关于碳素结构钢和低合金结构钢冷矫正、加热矫正和冷弯曲的说法正确的有（　　）。

   A. 碳素结构钢在环境温度低于−12℃时，不应进行冷矫正
   B. 低合金结构钢在环境温度低于−16℃时，不应进行冷弯曲
   C. 碳素结构钢在加热矫正时，加热温度不应超过900℃
   D. 低合金结构钢在加热矫正后应自然冷却
   E. 低合金结构钢在加热矫正时，加热温度不应超过900℃

1E432016 对航道整治工程施工的有关规定

1. 航道整治工程应根据国家相关规定，针对（　　）制定生产安全事故和突发事件应急预案。
   A. 工程特点　　B. 工程类别
   C. 工程规模　　D. 工程阶段

2. 围堰施工前要对所选择的围堰结构进行（　　）。
   A. 地基沉降计算
   B. 护面稳定性计算
   C. 整体稳定性验算
   D. 胸墙稳定性计算

3. 爆破作业必须在船舶、人员全部撤离到（　　）才能起爆。
   A. 爆破范围外　　B. 施工范围外
   C. 警戒范围外　　D. 通航范围外

从事爆破工程的（　　）必须经过专业培训和考核，并应取得相应资格持证上岗。

A．项目经理　　　B．技术员

C．项目总工　　　D．安全员

E．库管员

1E432017　水运工程质量检验标准中的强制性条文

1．码头前沿安全地带以外的泊位水域（　　）。

A．严禁存在浅点

B．允许有不超过检查点总数5%的浅点

C．允许有不超过10cm的浅点

D．允许有不超过检查点总数10%的浅点

2．有备淤深度的港池疏浚工程，边缘水域的底质为中、硬底质时（　　）。

A．允许有不超过10cm的浅点

B．不得存在浅点

C．允许有不超过检查点总数5%的浅点

D．允许有不超过检查点总数10%的浅点

3．无备淤深度的港池疏浚工程设计底边线以内水域（　　）。

A．允许有不超过10cm的浅点

B．允许有不超过检查点总数5%的浅点

C．严禁存在浅点

D．允许有不超过检查点总数10%的浅点

4．无备淤深度的航道疏浚工程设计底边线以内水域（　　）。

A．允许有不超过检查点总数5%的浅点

B．严禁存在浅点

C．允许有不超过检查点总数10%的浅点

D．允许有不超过10cm的浅点

5．陆上爆破开挖施工程序应满足设计要求，严禁上下层同时（　　）作业、弃渣堆集过高。

A．垂直　　　　B．水平

C．交差　　　　D．分步

6．中、硬底质的一次性维护疏浚工程，设计底边线以内水域（　　）。

A．严禁存在浅点

B．不得存在浅点

C．允许有不超过10cm的浅点

D．允许存在不超过检查点总数5%的浅点

1. 对涉及结构安全和使用功能的有关产品，监理单位应进行（　　　　）。

   A．见证性抽检

   B．委托第三方检验

   C．查看检验记录

   D．平行检验

   E．补充检验

2. 施工单位在隐蔽工程隐蔽前应（　　　　）。

   A．自检合格

   B．通知有关单位验收

   C．通知建设单位检验

   D．形成验收文件

   E．通知监理验收

3. 如下图所示，为在两侧有块石压载的抛石斜坡堤。

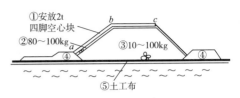

2t 四脚空心块的安放顺序可为（　　　　）。

   A．$c \rightarrow b \rightarrow a$

   B．$a \rightarrow b \rightarrow c$

   C．$a \rightarrow b$ 与 $c \rightarrow b$ 同时

   D．$a \rightarrow b$ 与 $b \rightarrow c$ 同时

   E．$b \rightarrow a$ 与 $b \rightarrow c$ 同时

4. 工程观感质量应按（　　　　）进行。

   A．验收人员现场检查

   B．必要的测量

   C．验收人员共同确认

   D．评分制（10分制）

   E．典型区域检查法

第二部分

实务操作和案例分析题

实务操作和案例分析题

1. 某海港航道疏浚工程长 20km，设计底高程 −20.0m（当地理论深度基准面），航道浚前平均高程为 −9.0m（当地理论深度基准面），其中有一段长 1.5km 的浅水段，浚前高程 −7.0～−8.0m（当地理论深度基准面），当地平均高潮位为 ＋1.5m（黄海平均海平面），平均低潮位为 −0.5m（黄海平均海平面）。本工程选用 10000m³ 自航耙吸挖泥船施工，满载吃水 8.8m。当地理论深度基准面与黄海平均海平面相差 1.0m。

问题：

（1）分别计算本工程当地理论深度基准面下的平均高潮位和平均低潮位。

（2）计算确定本工程在平均潮位时挖泥船能否乘潮全线施工？

（3）根据规范规定，本工程施工测量的测图比例尺范围应取多少合理？

2. 对于港口与航道工程，降雨量大的工地将减少有效施工天数，突然的降雨和连续的阴雨有可能打乱施工的计划安排，增大施工成本与难度，甚至延误工期。

问题：

（1）写出降水强度的定义。

（2）按照降水强度，可将降雨和降雪分别划分为哪几个等级？

（3）写出降雨对混凝土施工的影响及应采取的措施。

3. 对于港口工程的海上施工，风不但直接作用于结构物构成风荷载，而且生成波浪和风成流，对工程施工质量、施工人员、施工船舶和设备、工程结构的安全构成威胁和破坏。

问题：

（1）蒲福风级按风速大小分为几级？何为强风与大风？

（2）风玫瑰图是用来表达风的哪几个量的变化情况？风玫瑰图一般按几个方位绘制？

（3）分别写出"Ⅲ级防台""Ⅱ级防台"和"Ⅰ级防台"的含义。

4. 某港的理论深度基准面与黄海平均海平面的高差为 2.0m，港口地形图中标注的港口港池泥面高程为 −14m，某施工单位需在港池内拖运沉箱，沉箱的最小稳定吃水为 13m，沉箱拖运时的潮高为 0.5m，富余水深取 0.5m。

问题：

（1）沉箱拖运是否可行？为什么？

（2）如果不能拖运，改用乘潮拖运，潮高最低要达到多少米？

5. 分别写出岩土的液限 W_L、塑限 W_P、塑性指数 I_P、液性指数 I_L 的定义及作用。

6. 根据海岸带泥沙粒径及其运动规律，海岸带分为哪几类？并分别简述其基本特征。

7. PHC 桩对混凝土拌合物的要求是什么？制成后如何养护？

8. 试述：

（1）港口与航道工程混凝土的主要特点；

（2）海水环境港口与航道工程混凝土区域的划分；

（3）港口与航道工程混凝土配制的基本要求。

9. 某港口工程沉箱预制混凝土设计要求的混凝土立方体抗压强度标准值为 45MPa，经计算和试配确定混凝土的配合比为 1：1.15：2.68，水灰比为 0.40，高效减水剂的掺量为水泥重的 0.7%，AE 引气剂的掺量为水泥重的 0.08%，混凝土的含气量为 4.0%。

问题：

（1）混凝土的施工配制强度应是多少？

（2）该混凝土的砂率是多少？

（3）计算 1m³ 该混凝土的材料用量（水泥、砂、碎石、水、高效减水剂、AE 引气剂）各为多少？

提示：水泥的相对密度 3.1，砂的相对密度 2.62，碎石的相对密度 2.65，σ 可取 5.5MPa。

10. 打设塑料排水板的要求有哪些？

11. 某工程大体积混凝土浇筑过程耗时 8h，自浇筑开始测温，累计 168h 测温读数曲线如下图所示。第 56h 内部温度为 56℃，表面温度为 30℃；第 156h 内部温度为 41℃，表面温度为 29℃。本工程不考虑采用埋置冷却水管降温的方法。

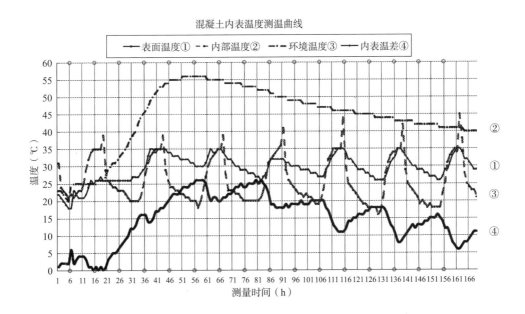

混凝土内表温度测温曲线

问题：

（1）简述表面温度、内表温差的含义。

（2）大体积混凝土施工阶段温控标准包括哪些？根据测温曲线，分析判断本次温控是否满足该标准；如不满足，分析其原因。

（3）根据测温曲线，评估温控施工措施的效果，并对其中的不足之处提出改进意见。

（4）如对混凝土采用洒水养护，在温控方面应注意什么问题？并说明原因。

12. 如何根据工程条件选择相应的重力式码头基槽开挖方式？

13. 试述：

（1）高桩码头施工沉桩平面定位方法；

（2）锤击沉桩控制标准；

（3）预制构件安装要求；

（4）沉降位移观测点的要求。

14. 画出沉箱重力式码头下列主要施工工序的流程框图。

A. 沉箱预制；B. 沉箱出运；C. 基槽挖泥；D. 施工准备工作；E. 基床夯实；F. 基床抛石；G. 基床整平；H. 沉箱安放；I. 沉箱内回填料；J. 沉箱封顶混凝土施工；K. 棱体及倒滤层抛填；L. 码头后方回填；M. 上部结构施工。

15. 如何进行基槽抛石施工的质量控制？

16. 某海港拟建两个 5 万吨级泊位重力式沉箱顺岸式结构码头，某施工单位承接了该项目，并组建了项目部，组织编制施工组织设计。

问题：

（1）港航工程施工组织设计何时编写？

（2）施工组织设计包括哪些主要内容？

（3）施工组织设计审批、报送的程序如何？

17. 真空预压法中的抽真空施工有哪些要求？

18. 某项目部承建的两个 5 万吨级泊位重力式沉箱顺岸式结构码头施工中，对抛石基床进行了夯实处理。

问题：

（1）有什么夯实施工方法？

（2）其工艺上有什么要求？

（3）质量上如何控制？

19. 某大型海上工程孤立墩混凝土承台施工，其混凝土的配合比（胶凝材料∶砂∶碎石）为 1∶1.50∶2.50，水胶比为 0.40，胶凝材料总用量为 444kg/m³。混凝土的初凝时间为 1.5h，终凝时间为 5.0h，承台的平面尺寸为 10m×10m，承台底标高为 +1.0m（理论深度基准面，下同），顶标高为 +5.0m。9 根直径 1.2m 的大管桩伸入承台混凝土中 2m。

承台施工时桩芯混凝土已提前灌注完成。

施工水域潮汐为规则半日潮，施工日的潮汐表见下表。因承台尺寸较大，施工用非水密模板。采用有效生产能力为 $50m^3/h$ 的混凝土拌合船，承台混凝土分两次浇筑。第一次浇筑厚度为 1.0m，分四层浇筑，自下而上分别为 300mm、300mm、200mm、200mm。海上浇筑混凝土要在水位以上进行振捣，在初凝前底层混凝土不宜被水淹没。

施工日潮汐表

潮时	潮高（cm）	潮时	潮高（cm）
04：00	158.6	08：30	191.0
04：30	130.3	09：00	218.0
05：00	100.0	09：30	247.4
05：30	75.8	10：00	275.6
06：00	50.0	10：30	303.8
06：30	78.2	11：00	332.0
07：00	106.4	11：30	360.2
07：30	130.0	12：00	388.4
08：00	162.8	12：30	400.0

问题：

（1）本承台混凝土的浇筑总量是多少？本承台混凝土的第一次浇筑量是多少？（计算结果保留小数点后 2 位）

（2）何时开始承台混凝土第一次浇筑对赶潮施工最有利，并说明原因。

（3）通过计算第一次浇筑的底层和顶层混凝土浇筑时间及潮水涨落潮时间，判断所用拌合船的生产能力是否满足要求？

（4）为完成承台第一次混凝土浇筑，拌合船至少需要准备胶凝材料、砂、石子、水各多少？（材料的损耗率按 5% 计，计算结果保留小数点后 2 位）

（5）写出提高承台耐久性的主要技术措施。

20. 某项目部对承建的重力式方块码头进行安装施工。

问题：

（1）墩式或线型建筑物安装顺序有什么不同？

（2）安装施工时应注意什么问题？

（3）为避免安装时，因反复起落而扰动基床的整平层，应如何安装首件方块？

（4）标准中对方块安装有什么强制性规定？

21. 某施工单位承接了总长 543m，最大可停靠 2.5 万吨级集装箱船，三个泊位，高桩梁板式码头。

问题：

（1）高桩码头主要由哪几部分组成？

（2）沉桩时为了防止偏位，应采取什么措施？

（3）桩的极限承载力如何控制？

（4）如何控制沉桩时桩的裂缝产生？

22. 某电厂抛石斜坡防波堤总长1200m，堤根与陆地相接，堤头处海床面标高为 -16.0m（当地理论深度基准面，下同），典型断面如下图所示，其设计低水位为 +0.76m，设计高水位为 +5.81m。防波堤所处海域平时会出现 1.5～2.0m 的波浪，且会受台风影响。

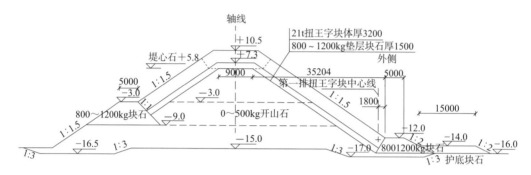

防波堤典型断面图（单位：标高 m，尺寸 mm）

项目部在编制施工组织设计时，堤身块石采用水上抛填和陆上填筑相结合的施工方式，扭王字块采用陆上履带式起重机进行安装，水上抛填块石与陆上填筑块石的施工分界面标高为 -3.0m。根据界面划分，施工组织设计中属于水上抛填块石的施工内容有：外坡 -3.0m 以下垫层块石抛填、-9.0m 以下堤心石抛填、内坡棱体块石抛填、外坡棱体块石抛填、-9.0～-3.0m 堤心石抛填和护底块石抛填等。

扭王字块安装和水上抛填块石可供选用的自有船舶机械设备见下表，项目部综合考虑现场作业条件和施工效率，选择了施工船舶机械设备，并落实了施工船舶防台锚地。扭王字块分 +5.8m 以下和 +5.8m 以上两部分，均采用280t履带式起重机进行安装，履带式起重机安装扭王字块时驻位于经整平的 +5.8m 标高处的堤心石及垫层块石临时通道上。临时通道整平前堤心石及垫层块石已填筑并理坡至 +5.8m 标高，履带式起重机安装扭王字块的机位布置要求是：履带长边平行于防波堤轴线且履带边距坡肩边线的安全距离不小于 1m。

施工单位自有船舶机械设备表

序号	名称	规格型号	数量	定位功能	可作业工况（浪高）	备注
1	自航开体驳	1000m³	3 艘	无	≤2.5m	
2	自航平板驳＋挖掘机	2000t	2 艘	无	≤2.0m	带跳板
3	方驳＋吊机（配抓斗）	1500t	1 艘	有	<1.5m	非自航

序号	名称	规格型号	数量	定位功能	可作业工况（浪高）	备注
4	横鸡罩（配抓斗）	1000t	1 艘	有	＜1.0m	非自航
5	定位方驳	1800t	1 艘	有	≤2.0m	非自航
6	自航皮带船	2000m³	2 艘	无	≤2.0m	
7	拖轮	881kW	1 艘		≤3.0m	
8	拖轮	721kW	1 艘		≤3.0m	
9	履带式起重机	280t	1 台			臂长 48m

280t 履带式起重机的履带长 9544mm×宽 1200mm×高 1400mm，吊装和移动行走状态下，两条履带的中心距为 6400mm，履带式起重机的起重性能见下表。

280t 履带式起重机起重性能表（臂长 48m）

幅度（m）	30	32	34	36	38	40
起重量（t）	27.5	25.1	23.0	21.1	19.5	18.0

问题：

（1）绘制水上抛填块石施工工艺流程图。

（2）写出＋5.8m 以下和＋5.8m 以上两部分扭王字块安装的纵向施工顺序。

（3）根据施工单位自有船舶机械设备表，堤心石水上粗抛和垫层块石水上抛填施工选用的船舶机械设备分别是什么？

（4）计算临时通道总宽，并分析 280t 履带式起重机能否安装外坡第一排扭王字块？（不计吊索具重量，计算结果精确至 mm）

（5）选择船舶防台锚地应考虑哪些因素？

23. 某施工作业队承接了 2.5 万吨级高桩梁板式码头预制构件的安装任务。

问题：

（1）构件安装前，应做哪些准备工作？

（2）构件安装时，应满足哪些要求？

（3）采用水泥砂浆找平时，有什么规定？

24. 某项目部承接了 5000 吨级单锚板桩结构顺岸码头工程。

问题：

（1）板桩码头建筑物主要由哪几部分组成？

（2）板桩码头建筑物的施工程序有哪些？

（3）对拉杆的安装有什么要求？

25. 某斜坡式防波堤建于软基上，在堤基上铺设一层软体排和砂垫层，堤心采用开山石，护面采用四脚空心方块。

问题：

（1）砂垫层抛填时应考虑哪些自然影响因素？对砂质有何要求？

（2）简述软体排铺设应遵循的原则。

（3）对开山石的质量有哪些要求？

26. 某项目部承建了总长为551m的斜坡式结构防波堤工程，基础底为粉质黏土。

问题：

（1）对用于堤心石的石料质量有什么要求？

（2）在软土地基上抛石时其顺序如何？

（3）爆破排淤填石原理是什么？

27. 某外海软基上防波堤，长度为560m，施工工期2年。设计要求断面成型分三级（Ⅰ、Ⅱ、Ⅲ）加载施工，第Ⅰ级加载是施工＋0.2m以下的结构部分；第Ⅱ级加载是施工＋0.2m至＋2.7m范围内的堤心石、垫层块石及外坡护面块体，其中垫层块石厚度为800mm；第Ⅲ级加载是施工堤身剩余的部分，具体划分见下图（尺寸单位为mm，高程为m）。防波堤外侧坡脚棱体采用浆砌块石块体，内侧坡脚棱体是浆砌块石块体和块石相结合的结构。

工程所在海域，对施工期未成型防波堤造成破坏的大浪发生在每年秋季和冬季，秋季主要是台风引起的大浪；冬季为季风引起的大浪，发生的频率高，且有冰冻发生；其他季节少有大浪发生。本工程的施工风险较大，需要加强项目的技术管理工作。

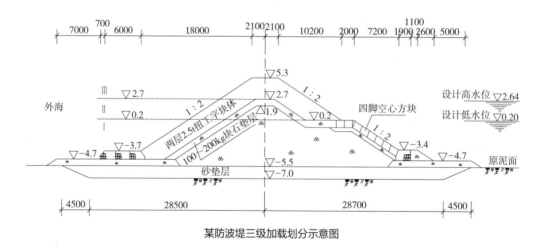

某防波堤三级加载划分示意图

问题：

（1）写出第Ⅰ级加载结构部分的施工流程。

（2）计算第Ⅰ级加载部分抛理外坡块石垫层每延米工程量，并简述其施工方法。

（计算结果保留2位小数）

（3）简述第Ⅱ级加载结构部分的主要施工风险和施工安排应采取的措施。

198

（4）简述项目技术管理的主要内容。

28. 采用高应变法进行桩的轴向抗压极限承载力检测的技术要求是什么？

29. 牺牲阳极块的安装要求有哪些？

30. 陆上水泥搅拌桩正式施工前要进行哪些技术及施工准备工作？

31. 某软土地基采用堆载预压法加固，原地面标高为＋5.0m，地面设计使用标高为＋6.0m，设计要求加固后地基的承载力为80kPa，预计加固后的地面沉降量为1.0m，问从原地面算起最终的加固堆载料高度为多少？（堆载料按1.6t/m³计）

32. 在软基上建造斜坡堤，应用了土工织物的哪些功能？起到怎样的作用？

33. 沿海某港新建一座5000吨级的散货码头，泊位长度168m，主体工程结构为沉箱重力式。业主在该市建设工程交易中心通过招标分别确定了施工和监理单位。施工合同中规定：工期12个月，2001年7月1日开工，2002年6月30日竣工，工程造价3860万元。

问题：

（1）施工单位按合同规定的开工时间完成了施工准备。由于施工区征海线范围内有大量的渔民养殖设施未拆除，渔民以未得到征海和拆迁补偿为由阻挠施工单位进场，使开工延误40d。施工单位能否因此要求工期顺延40d？为什么？

（2）工程开工后，监理书面催促施工单位尽快办理工地实验室申报，但是，施工单位了解到距工地不远有一家企业资质符合要求的试验中心可以承担试验任务。可否委托该中心？如何办理手续？

（3）工程主体为沉箱重力式，请拟定2个沉箱下水方案。

34. 沿海某开发区将滩涂治理与围垦造地结合，在开发区的东部建设一块50万m²的商业用地，工程内容包括：将周边淤泥吹填至场区围堰内、地基加固、陆上土方回填等。通过招标确定了施工单位。施工合同规定：工期220d；开工时间：2001年6月30日；工程造价：9110万元；工程质量：优良。工期提前每天奖励2万元，工期延误每天罚款3万元。

问题：

（1）施工单位经监理审批以总价包干的方式将部分软基处理的项目分包给当地有资质的岩土公司。岩土公司施工时，发现地质条件与业主提供的钻探报告不符，需增加较多的工程量。该公司能否以业主提供的钻探资料不实为由，向业主提出索赔要求？该如何处理索赔事项？

（2）由于岩土公司分包部分的工程量的变化，造成地基加固的进度滞后，使节点工期无法确保。总包单位能否向业主提出节点工期延长的要求？该如何处理此事？

（3）施工单位在工程完工后，比合同完工日期提前10d向业主和监理提交竣工验收申请和竣工资料。监理工程师在第5日提出竣工资料达不到要求，要求施工单位整改。施工单位在收到整改通知后第3日整改完毕，重新申请验收。1周后，该工程通过了业主组织的验收。施工单位是否造成工期延误？根据合同奖罚多少？

35. 某施工企业在南方某地通过投标承接一港口的堆场和道路工程，工期 140d，造价 2100 万元，工程质量标准为优良，履约保证金 210 万元，保修期 1 年。按照合同专用条款的约定，在施工单位开工后 3 日内，建设单位向施工单位支付 10% 的预付款，工程竣工验收合格后，工程进度款支付至 97%，余下的 3% 为质保金。

问题：

（1）施工单位按规定开工，施工 1 个月后，由于建设单位的资金周转问题，一直未向施工单位支付预付款。施工单位在发出催款通知 10 日后，暂停施工。施工单位是否构成违约行为？停工损失可否向建设单位索赔？

（2）施工单位按合同约定的期限，向监理提交了工程量和请求支付报表，监理在一周后，通知施工单位工程量计算有误，应按经监理核算后的工程量支付。施工单位是否能够坚持按照原报表的工程量支付？

（3）施工单位按照工程合同约定的工期完成施工任务，并通过竣工验收。建设单位提出本工程有 1 年保修期，履约保证金 210 万元应在保修期结束后退还施工单位。建设单位的要求是否合理？应如何理解？

36. 某航道扩建工程在已建的基础上进行加深与拓宽，航道底高程由 −15.0m 浚深至 −17.0m（当地理论深度基准面），航道有效宽度由 250m 拓宽至 300m；疏浚土质为微风化岩，其上由 0.6m 厚的黏土覆盖层；微风化岩采用水下钻孔爆破、抓斗船清渣的施工方式，共投入炸礁船组 3 组。

问题：

（1）水下炮孔堵塞应确保药柱不浮出钻孔外，还应满足哪些要求？

（2）水下礁石有覆盖层时应如何进行钻孔作业？

（3）抓斗船水下清渣应符合哪些规定？

37. 生态护岸是指在满足结构安全、稳定、可靠，保证岸坡稳定、防止水土流失等基本功能的前提下，通过采用合理的工程及生物材料，选择合适的岸坡防护结构，以形成减少自然资源消耗，有利于工程周边环境恢复的环保型护岸结构形式。生态袋加筋挡土墙、钢丝石笼生态护岸和木排桩生态护岸是目前成熟的环保型护岸结构形式。

问题：

（1）生态袋填充与垒放应分别符合哪些规定？

（2）钢丝石笼生态护岸种植土覆盖和植被栽种应符合哪些规定？

（3）木排桩生态护岸施工前、沉桩时和沉桩后应分别符合哪些规定？

38. 某河段为典型的沙质散乱浅滩，采用筑坝措施予以整治，坝体为块石，坝面为浆砌石坝面，坝顶宽度为 2.5m，两侧坡比均为 1∶1.5，采用陆上端进法抛筑坝芯石。

问题：

（1）陆上端进法抛筑坝芯石时坝根、坝身和坝头应如何抛筑到设计高程？

（2）浆砌石坝面施工应符合哪些规定？

39. 长江下游某河段航道整治工程主要工程内容为筑坝，坝体结构形式为斜坡式。某承包单位与业主签订合同后，成立项目经理部组织工程实施，项目经理部随即展开工程实施工作：

（1）组织工程技术人员编制了施工组织设计，并得到监理工程师的审批；

（2）组织有关施工人员、船机设备、材料进场；

（3）对施工区域进行测量放样，同时处理坝根与岸坡的连接；

（4）用沉排船进行水上沉软体排护底；

（5）护底完成后进行水上抛石；

（6）最后进行坝体表面整理，工程完工。

工程完工后，经过1年的效果观测，整体工程达到整治效果，质量评定为合格。

问题：

（1）斜坡式坝体结构的优点及适用条件是什么？

（2）施工组织设计应编制哪些内容？

（3）描述水上沉软体排的工艺流程？

40. 某承包单位通过招标投标，承接了某航道整治工程，该整治工程主要内容为筑坝和护岸。建设单位及时组织监理、施工单位在工程开工前明确了单位工程、分部工程、分项工程的划分，并得到质量监督部门的同意。具体划分内容为：

（1）该工程划分为筑坝、护岸两个单位工程；

（2）筑坝单位工程划分为基础、护底、坝体、坝面、护坡等分部工程；

（3）护岸单位工程划分为基础、护底、护脚、护坡等分部工程。

问题：

请根据单位工程、分部工程的内容，将各分项工程填写在下列表格中（至少答对4项）。

分部工程	分项工程	分部工程	分项工程
基础		坝面	
护底		护坡	
坝体		护脚	

41. 长江中游某河段为典型的汊道浅滩，经常出现碍航现象，严重影响船舶航行安全，必须进行治理。采取的工程措施为护滩和筑坝。某施工单位承担了该整治工程的施工任务，并按照设计文件的要求进行施工，当完成系结压载软体排护底分项工程后，施工单位要求监理工程师进行质量评定，监理工程师认为施工单位没有按照质量评定程序完善相关手续，拒绝评定。随后，施工单位完善了相关手续，监理工程师根据平行抽检数据和检查结果，核定该分项工程合格。施工单位随即进行下道工序的施工。

经过 6 个月的施工，该整治工程全部完工，并评定护滩和筑坝两个单位工程质量为合格。

问题：

（1）土工织物软体排系结混凝土压载块施工应符合哪些规定？

（2）监理工程师为什么拒绝评定？

（3）描述单位工程质量评定的工作程序？

42. 某航道整治工程在已建工程的基础上，通过工程措施进一步完善滩槽格局的守护控制，遏制航道不利变化趋势，该工程主要包括心滩头部已建护滩带前沿建设一纵两横 3 道护滩带，长度分别为 1000m、300m 和 320m，护滩带采用 D 型软体排，排上抛石压载、局部边缘区域陆上施工抛两层透水框架防冲刷。

问题：

（1）写出土工织物软体排护滩施工的主要工序。

（2）排垫铺设方向应符合哪些规定？

（3）透水框架陆上施工应符合哪些规定？

43. 砂枕袋可以有效防止水流冲刷河床底部，是稳定河床及岸坡、防止冲刷的主要加固措施。某航道整治工程的守护工程抛枕工程量约 5 万 m^3，采用抛枕船停靠定位船的方式进行施工，抛枕充填袋采用 $200g/m^2$ 的聚丙烯编织布缝制加筋而成，标准枕袋长度为 8m、宽度为 3.6m。

问题：

（1）砂枕缝制、充填应符合哪些规定？

（2）抛枕施工船舶选用应考虑哪些因素？

（3）写出抛枕施工应遵循的顺序。

44. 某港区泊位及港池区域疏浚施工，施工区面积为 35 万 m^2，泊位设计底高程为 -20.0m（当地理论深度基准面，下同），港池设计底高程为 -17.7m，设计疏浚工程量为 210 万 m^3，其中淤泥质土为 29 万 m^3，黏土及砂类土为 162 万 m^3，风化岩为 19 万 m^3、风化岩等级为普氏 V 级。本工程采用凿岩锤对风化岩进行凿岩预处理、然后再用 $20m^3$ 抓斗挖泥船配 $1000m^3$ 泥驳清渣的施工方法。

问题：

（1）写出凿岩锤选用应根据的因素。本工程凿岩锤宜选用哪种型式凿岩锤？

（2）凿岩锤落锤高度、凿击点间距和凿岩与清渣施工循环作业深度宜为多少？凿击点如何布置？

（3）写出凿岩锤施工时应注意的事项。

45. 某耙吸挖泥船用 $5000m^3$ 舱容挖抛施工，测得满舱时泥与海水载重为 7500t，该地区疏浚土密度为 $1.85t/m^3$。（海水密度取 $1.025t/m^3$）

问题：

（1）计算该船的泥舱装载土方量。

（2）简述影响挖泥船时间利用率的客观影响因素。

46. 某耙吸挖泥船施工的工程，其挖槽中心至抛泥区距离 15km，挖槽长度 3km，该船以 5000m³ 舱容施工，施工土质密度 1.85t/m³，重载航速 9kn，轻载航速 11kn，挖泥航速 3kn，调头、抛泥时间 8min，一次挖槽长度挖泥满舱载重量 7000t。（如下图所示）

问题：

（1）计算该船的泥舱装载土方量。

（2）如图由 A 挖起至 B 止和由 B 挖起至 A 止哪一种安排更合理些？

47. 某海港航道疏浚工程长 40km，设计底高程 -22.0m（当地理论深度基准面，下同），航道浚前平均高程为 -9.0m，当地平均高潮位为 +2.5m，平均低潮位为 0.5m，疏浚土质自上而下分别为：①流动性淤泥、②软黏土、③密实砂。本工程选用带舱吹的 10000m³ 自航耙吸挖泥船将泥土抛到抛泥区。

问题：

（1）针对本工程每一种疏浚土质如何选用耙头？

（2）本工程各疏浚土质的挖泥对地航速应选用多少？

（3）简述本工程自航耙吸挖泥船施工工艺流程。

48. 某项目工程量 400 万 m³，运距 20km，采用 5000m³ 舱容耙吸挖泥船施工，平均航速 10kn，每舱挖泥时间 1h，平均装舱量 3000m³/舱，平均时间利用率 85%，修船占用时间为施工时间的 10%。

问题：

（1）计算挖泥循环周期时间；

（2）计算挖泥船生产率；

（3）试预测该项目的施工工期。

49. 某吹填工程，吹填区面积 1.5km²、吹填容积 2000 万 m³，吹填土质为细砂，吹距为 15km，采用大型绞吸挖泥船加两级陆地接力泵的吹填施工方式。

问题：

（1）接力泵站设置位置应如何选择？

（2）接力泵施工应符合哪些要求？

50. 抓斗挖泥船属机械式挖泥船，在船上通过吊机，使用一只抓斗作为水下挖泥的机具。某港池疏浚工程选用一艘 8m³ 抓斗挖泥船配两艘 1000m³ 自航泥驳施工，疏浚工程量 100 万 m³。

问题：

（1）计算抓斗挖泥船小时生产率需要考虑哪些参数？

（2）简述抓斗挖泥船施工分层厚度确定的原则，并确定本工程施工的分层厚度。

（3）抓斗挖泥船共有几种抓斗？分别适用于哪些土质？

51．某耙吸挖泥船用 5000m³ 舱容挖抛施工，运距 20km，挖泥时间 50min，重载航速 9kn，轻载航速 11kn，抛泥及掉头 10min，泥舱载重量 7500t，疏浚土密度 1.85t/m³，海水密度 1.025t/m³，试计算：

（1）泥舱的载泥量；

（2）该船的生产率；

（3）试述耙吸挖泥船的主要技术性能及优缺点。

52．某疏浚工程工程量 50 万 m³，由一艘绞吸挖泥船承担施工，该船排泥管直径 0.7m，管内泥浆平均流速 5m/s，泥浆平均密度 1.2t/m³，原状土密度 1.85t/m³，海水密度 1.025t/m³，该船主要施工挖泥参数：绞刀横移速度 10m/min，前移距 1.5m，切泥厚度 2m，在本工程中该船的生产性和非生产性停息时间共计 200h。

问题：

（1）管内泥浆平均浓度；

（2）输送生产率；

（3）绞刀挖掘系数；

（4）时间利用率。

53．某内河航道整治护岸工程，施工主要内容有：土方开挖、钢丝网石笼垫护坡、脚槽开挖、脚槽砌石、浆砌石坡顶明沟、干砌石枯水平台、混凝土联锁块软体排护底、抛压排石及对水下原始地形坡比陡于 1：2.5 的区域抛枕补坡。其中护底排设计搭接宽度为 6m，补坡要在沉排前实施，最后进行坡顶明沟施工。1＋700 典型断面示意图如下图所示。

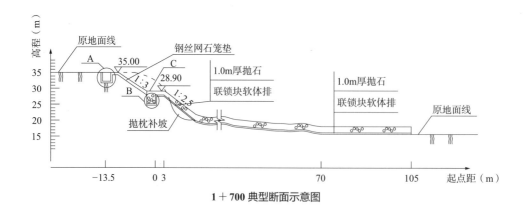

1＋700 典型断面示意图

根据施工计划,项目部于某年 10 月 1 日开始水上沉混凝土联锁块软体排。10 月 18 日,在进行 1 + 700 断面沉排施工时,施工至 70m 处出现排体撕裂,铺排船随即停止施工,经测量撕排处泥面高程为 16.5m(黄海平均海平面,下同)。项目部上报补排方案,经监理批准后,于 10 月 20 日进行了补排施工。10 月份施工区实测水位过程线如下图所示。

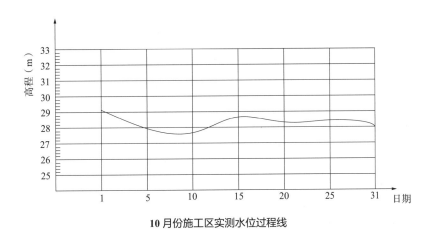

10 月份施工区实测水位过程线

施工过程中,水运工程质量安全督查组对施工单位进行了质量安全督查,施工单位按照督查反馈意见和要求,在限期内逐一进行了整改落实。

问题:

(1)写出 1 + 700 典型断面示意图中 A、B、C 各部位的名称,并画出本工程施工流程图。

(2)写出本工程宜采用的沉排方向。计算出相邻排体搭接宽度允许偏差值。

(3)1 + 700 断面排体撕裂处补排施工,其纵向搭接长度至少是多少 m?说明理由。

(4)本工程沉排施工排头宜如何固定?1 + 700 断面处补排施工时排头如何固定?

(5)水运工程项目质量安全督查分为哪几类?就软体排实体质量督查的抽检指标项有哪些?

54. 某海滩养护工程,对受侵蚀的海滩进行吹填,海滩补砂的范围为 1.7km²、平均补砂厚度为 1.0m,补砂后的海滩坡度为 1:150,采用大型自航耙吸挖泥船挖、运、艏喷的施工方式,自航耙吸挖泥船在设计驻船水域单点定位吹砂。

问题:

(1)驻船水域水深和水域宽度应符合哪些规定?

(2)艏喷施工应符合哪些要求?

55. 某疏浚工程工程量 80 万 m³,采用链斗挖泥船施工。该船泥斗斗容 0.5m³,泥斗充泥系数 0.6,土的搅松系数 1.2,该船生产率 480m³/h,时间利用率为 60%。

问题:

(1)确定挖泥船的斗速;

（2）确定本工程的施工天数；

（3）简述链斗挖泥船基本原理。

56. 某基槽开挖工程，采用抓斗挖泥船分层、分条施工的方法，浚前标高为 −6.5m，设计疏浚底标高为 −17.5m，疏浚土质自上而下依次为淤泥质土、可塑黏土和硬黏土。

问题：

（1）如何确定抓斗挖泥船的分条宽度？

（2）简述抓斗挖泥船分层厚度应考虑的因素。

（3）针对本工程土质如何选用抓斗？

57. 某港池疏浚工程，疏浚面积 0.7km²，设计底高程 −12.5m（当地理论深度基准面，下同），浚前平均高程为 −5.0m，当地平均高潮位为 ＋2.1m，平均低潮位为 0.5m，疏浚土质自上而下分别为①密实砂、②强风化岩。本工程选用 25m³ 铲斗挖泥船配 2000m³ 自航泥驳施工，疏浚土外抛。

问题：

（1）如何确定铲斗挖泥船的分条宽度？

（2）针对本工程土质应采用哪种挖掘法施工？

（3）针对本工程土质如何选用铲斗？

58. 某基槽开挖工程，长 100m，设计底宽 50m，设计底标高 −13.0m，原泥面平均标高为 −8.0m，每边超宽 4m，超深 0.5m，边坡 1：2，请计算工程量。

59. 某海港港池疏浚工程，疏浚面积 0.4km²，设计底高程 −15.0m（当地理论深度基准面，下同），航道浚前平均高程为 −3.0m，当地平均高潮位为 ＋2.1m，平均低潮位为 0.5m，疏浚土质自上而下分别为①松散砂、②密实砂、③强风化岩。本工程选用 3500m³/h 大型绞吸挖泥船将疏浚土吹填到吹填区。

问题：

（1）针对本工程每一种疏浚土质如何选用绞刀和绞刀齿？

（2）本工程挖泥船开工展布应包括哪些工作？

（3）本工程挖泥船采用锚杆抛锚的钢桩横挖法施工，简述其分条宽度确定原则。分层挖泥的厚度如何确定？

60. 某吹填工程，吹填区面积 4.0km²、设计吹填工程量 3000 万 m³，采用耙吸挖泥船—储砂坑—绞吸挖泥船联合施工的方式进行吹填，吹填土质为细粉砂，平均吹距为 5km，取砂运距为 30km。

问题：

（1）本工程所采用的联合施工方式的适用条件有哪些？

（2）简述本工程所采用的联合施工方式的特点。

61. 某砂质海滨要修一条 18km 长的路基，路基底宽 60m，深 8m，顶标高 ＋6m，路基两侧为袋装砂，外侧为反滤、护坡、镇脚，当中为 200 万 m^3 回填砂，路基两侧设有混凝土防浪墙，工程量为 2500m^3。

问题：

（1）简述该工程所需主要施工设备。

（2）简述该工程的主要施工工艺。

62．某海港拟建 3 个 2.5 万吨级泊位码头，业主通过招标选择施工单位，某一级港口与航道专业资质的施工单位与具有二级港口与航道专业资质的施工单位组成联合体参加投标。

问题：

（1）何谓联合体投标？

（2）对组成的联合体资质有什么规定？

（3）根据其资质，业主能否接受该联合体承接拟建码头吨级的投标？

63．某施工单位接受业主邀请，参加 3 个 2.5 万吨级泊位海港高桩码头的投标，为此该施工单位组织人员进行标书的编写和投标工作。

问题：

（1）投标文件主要内容有哪些？

（2）投标文件送达后，如发现投标文件中部分内容需补充如何办理？

（3）为了防止成为废标，投标时应注意什么问题？

64．某码头后方堆场的粉土地基拟采用振冲置换法加固，简述本项目地基加固的施工要求。

65．施工单位在承接工程后，并拟定日期准备开工。

试问：（1）何时为正式开工日期？（2）什么情况下可延长施工工期？（3）暂停施工的工期能否补偿？

66．某施工单位承接了 3 个 2.5 万吨级泊位海港高桩码头的施工，码头长 560m，引桥长 835m，前沿水深 −12m，工程质量要求各分项达优良等级。

问题：

（1）该工程如何划分单位工程？

（2）施工中如何组织对分项工程进行质量检验？

（3）分项工程质量达到合格的条件是什么？

67．港口与航道工程施工中，由于施工环境条件恶劣，如：水上水下工程施工、起重打桩施工、工程船舶调遣拖航等，为加强港口与航道工程施工安全管理，提高施工现场风险防控有限性，应及时开展施工安全风险评估，针对施工过程潜在的风险进行辨识、分析、估测，并提出控制措施建议。

问题：

（1）施工安全风险评估工作包括哪几个步骤？

（2）施工安全风险评估分为总体风险评估和专项风险评估两个阶段，分别写出总体风险评估和专项风险评估的定义。

（3）总体风险评估和专项风险评估分为几级？分别是哪几个风险等级？

68. 港口与航道工程施工具有流动性大、劳动强度大、施工生产受环境及气候影响大等特点。水上水下工程施工、工程船舶施工、船舶消防安全等都给施工作业带来了不安全因素。针对港口与航道工程项目可能发生的生产安全事故，为最大程度减少事故损害应预先制定应急预案。

问题：

（1）应急预案体系一般由项目综合应急预案、合同段施工专项应急预案与现场处置方案组成。分别写出综合应急预案、合同段施工专项应急预案与现场处置方案的定义。

（2）写出应急预案编制的步骤。

（3）合同段施工专项应急预案应包括哪几部分内容？

69. 港口与航道工程项目的技术管理是工程的各项技术活动和对构成施工技术的各项要素进行计划、组织、指挥、协调和控制的总称。主要内容包括：技术策划、图纸会审、施工技术方案编制、技术交底、技术总结、技术培训与交流等。

问题：

（1）港口与航道工程图纸会审分为哪几种形式？

（2）写出要做好图纸的熟悉与审查工作，项目经理应做的主要工作。

（3）危险性较大的分部分项工程安全专项施工方案应当包括哪些内容？

70. 根据《水运建设工程概算预算编制规定》JTS/T 116—2019 的规定，沿海港口的水工建筑物工程和疏浚与吹填工程的建筑工程费中的"其他直接费"分别包括哪些费用？

71. 水运工程施工过程中，因甲承包商的分包商施工延误，导致乙承包商不能按已批准的进度计划进行施工，造成损失，对此乙承包商要求进行索赔。

问题：

（1）乙承包商应如何向谁进行索赔？

（2）各当事人的合同关系。

（3）各当事人的索赔关系。

（4）在该索赔事件处理过程中监理工程师的作用是什么？

72. 根据《沿海港口工程船舶机械艘（台）班费用定额》JTS/T 276—2—2019，工程船舶机械艘（台）班费用由一类费用、二类费用、车船税及其他费组成，一类费用和二类费用分别包括哪几部分费用？写出工程船舶机械的停置艘（台）班费的计算方法。

73. 某海港码头结构为高桩梁板式，该工程在施工单位进场并下达开工令后，由于业主考虑到后续规模要扩大，因此变更设计，增加 50m、长 600mm×600mm 的桩 10 根，合同清单中每根桩制作费用为 1.5 万元，运输及打桩费用为每根 1.2 万元，工期延长 18d。在打桩施工过程中，由于不可抗力因素影响致使打桩工期延误15d。在板的预制过程中，施工单位混凝土机械发生故障，导致其中一块板报废，致使工期延误3d，费用损失2万元。工程施工正处高峰时，业主供货不及时，工期延误11d，同时，导致部分人员窝工、部分机械停置，现场施工总人数122人，其中有30人窝工，人工工资为30元/d；钢筋弯曲机1台，停置台班单价为49元/台班，混凝土机械一座，停置台班单价为178.34元/台班。

问题：

（1）哪些是可索赔事项？

（2）该工程工期准予顺延多少天？

（3）费用准予调增多少万元？（以上工期延误均不重叠）

74. 预制混凝土方桩的工艺要求有哪些？

75. 某沿海15万吨级航道总长为30.5km，航道设计挖槽底宽为220m、底标高为−16.0m（理论深度基准面，下同），设计边坡坡比为1∶5，航道天然床面平均标高为−10.8m。本航道疏浚选用万方耙吸挖泥船采用挖、运、吹的施工方式将疏浚土吹填到港区后方，平均吹距2.5km，计算超深为0.55m，计算超宽为6.0m。

本工程港区后方吹填区面积为2.7km²，围堰总长为3.9km，围堰为临时工程，地基为淤泥和淤泥质黏土，围堰采用斜坡式抛石结构，围堰顶宽为3.5m，围堰顶高程为＋6.5m，外坡设计坡比为1∶2，内坡设计坡比为1∶1.5，内侧铺设450g/m²无纺土工布倒滤层。围堰地基采用抛填1.0m厚砂垫层、打设塑料排水板（间距为1.2m，底标高为−16.5～−18.0m）、铺设两层高强复合土工软体排的处理方式，高强复合土工软体排上抛填300mm厚碎石垫层。

问题：

（1）画出本工程疏浚工程量计算断面示意图，并标注出相应的标高和尺度。

（2）绘制本工程万方耙吸挖泥船挖、运、吹施工工艺流程图。

（3）绘制本工程围堰施工流程图。

76. 某水运工程，业主在应按合同约定及监理工程师已确认的工程量支付A标段工程进度款日期之后10d内仍未付款，承包商于是便暂停施工。问承包商的做法是否恰当，为什么？B标段承包商所承担的工程已达到基本竣工的条件，但由于非承包商原因的外部客观条件影响不能进行竣工试验，对该工程该如何办理？

77. 某引桥工程合同总价款2000万元，工程总工期为12个月，工程施工进行中，业主决定修改设计，增加了额外的工程量100万元，由于工程量的增加，承包商延长了工程竣工的时间，承包商的实际工期延长了1个月。

问题：

（1）就题意所述，承包商是否可以提出工期索赔？为什么？

（2）承包商提出工期索赔1个月，是否合理？为什么？

78. 某高桩码头的断面示意图如图所示。该码头施工的主要工序有12项。

问题：

（1）指出码头各构件名称及相应施工工序的名称。

（2）画出该 12 项主要施工工序的流程框图。

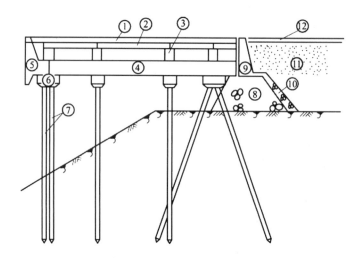

79. 某项目的基础为钻孔灌注桩，钻孔桩直径为 1800mm，桩长 20m，钻孔桩累积总长为 3000m，钻孔桩扩孔系数为 1.2，混凝土的损耗为 2%，钻孔桩混凝土采用 C20，碎石最大粒径 40mm。材料单价分别为：碎石 55 元 /m³，中（粗）砂 35 元 /m³，水泥（42.5 级）350 元 /t，萘系减水剂 7 元 /kg，木钙减水剂 5 元 /kg，引气剂 3 元 /kg，水 1.5 元 /m³，计算该混凝土灌注桩工程的水泥、砂、碎石料用量，混凝土预算单价及总价（结果保留 2 位小数）。每立方米混凝土的材料用量：水泥 380kg，碎石 0.76m³，中（粗）砂 0.60m³，水 0.213m³，萘系减水剂 1.595kg，木钙 0.38kg，引气剂 0.061kg。

80. 某工程项目，业主与施工单位已经签订施工合同，在执行合同的过程中陆续遇到一些问题需要进行处理，对遇到的下列问题，请问该如何处理。

（1）在施工招标文件中，按工期定额计算，工期为 550d。但在施工合同中，开工日期为 1997 年 12 月 15 日，竣工日期为 1999 年 7 月 20 日，日历天数为 581d，请问工期目标应该为多少天，为什么？

（2）施工合同中规定，业主给施工单位供应图纸 7 套，施工单位在施工中要求业主再提供 3 套图纸，施工图纸的费用应由谁来支付？

（3）在基槽开挖土方完成后，施工单位未按施工组织设计对基槽四周进行围栏防护，业主代表进入施工现场不慎掉入基坑摔伤，由此发生的医疗费用应由谁来支付，为什么？

（4）在结构施工中，施工单位需要在夜间浇筑混凝土，经业主同意并办理了有关手续。按地方政府有关规定，在晚上 11 点以后一般不得施工，若有特殊需要给附近居民补贴，此项费用应由谁来承担？

（5）在结构施工中，由于业主供电线路事故原因，造成施工现场连续停电 3d。停电后施工单位为了减少损失，经过调剂，工人尽量安排其他生产工作。但现场一台塔式起重机，两台混凝土搅拌机停止工作，施工单位按规定时间就停工情况和经济损失提出索赔报告，要求索赔工期和费用，索赔是否成立？

81．某吹填工程，吹填区面积 2.5km²、吹填容积 2000 万 m³，分为 A、B、C 三个区域进行吹填，A 区吹填面积 0.9km²，吹填工程量 750 万 m³，B 区吹填面积 0.75km²，吹填工程量 550 万 m³，C 区吹填面积 0.85km²，吹填工程量 700 万 m³，吹填高程平均允许偏差 0.2m，采用大型绞吸挖泥船直接吹填的施工方式，取土区土质为可塑黏土、可取工程量 2500 万 m³。经计算求得竣工验收前因吹填土荷载造成的吹填区原地基平均沉降量 0.12m，可塑黏土的吹填流失率为 6%。

问题：

（1）本工程应如何划分单位工程进行质量检验？

（2）简述确定吹填区内排泥管线布设间距应考虑的主要因素。

（3）计算最大吹填设计工程量。（列出主要计算过程，结果取整数）

82．某工程施工合同规定 2002 年 9 月 28 日竣工，在实际施工过程中，先后因下述四项原因导致工程延误 30d：

（1）2002 年 5 月 10 日至 5 月 20 日因设计变更等待图纸停工 10d；

（2）2002 年 6 月 10 日至 6 月 20 日因正常阴雨天气影响施工质量，监理工程师下令停工 10d；

（3）2002 年 7 月 10 日至 7 月 20 日因承包人设备故障而停工 10d；

（4）2002 年 7 月 15 日至 7 月 21 日因发生不可抗力事件而停工 5d。

问题：

以上情况延期申请至少可以批准多少天？为什么？

83．根据《水运工程工程量清单计价规范》JTS/T 271—2020，工程量清单计价包括哪几部分费用？写出综合单价、一般项目、计日工项目和暂列金额的定义。

84．某工程项目的施工合同总价为 8000 万元人民币，合同工期 18 个月，在施工过程中由于业主提出对原有设计文件进行修改，使施工单位停工待图 1.5 个月（全场性停工）。在基础工程施工中，为了使施工质量得到保证，施工单位除了按设计文件要求对基底进行了妥善处理外，还将基础混凝土的强度由 C15 提高到 C20，施工完成后，施工单位向监理工程师提出工期和费用索赔，其中费用索赔计算中以下两项：

（1）由于业主修改变更设计图纸延误，损失 1.5 个月的管理费和利润：

现场管理费＝合同总价／工期 × 现场管理费费率 × 延误时间

＝8000 万元／18 个月×12%×1.5 个月＝80 万元

公司管理费＝合同总价／18 个月 ×7%×1.5 个月＝46.67 万元

利润＝合同总价／工期利润率 × 延误时间

＝8000 万元／18 个月 × 5%×1.5 个月＝33.33 万元

合计：160 万元。

（2）由于基础混凝土强度的提高索赔 15 万元。

问题：

对于以上情况是否应该给予费用索赔？上述索赔费用的计算方法是否正确？

85. 某承包商承担了某北方集装箱重力式码头和防波堤的施工任务，其中码头工程采用抛石基床。设计要求基床应坐在坚硬的土层上，并在招标文件中给出了相关标高和地质资料。承包商在投标时编制了施工组织设计，确定了重锤夯实基床的施工方案。根据招标文件及现场查看，承包商编制了施工进度计划，确定了防波堤的工期为 42 个月，码头工期为 31 个月。承包商据此编制了投标报价。该承包商中标后，与发包人签订了承包合同，并按期同时开始码头和防波堤的施工。在施工过程中，承包商根据实际中出现的问题，提出了以下工期或费用索赔，问以下索赔是否成立？为什么？

（1）在基槽开挖时，按招标时提供的地质资料和设计标高，承包商发现挖泥达到设计标高时，其土质仍然很软，达不到设计规定的技术要求。经报监理工程师，同意下挖至设计要求的土层，最深处已比设计标高深了 10m。因此使挖泥量和抛石量各增加了 3 万 m³。费用增加 114 万元，局部工期增加了 30d。承包商按合同规定提出了增加费用 114 万元和延长工期 30d 的申请。

（2）由于码头基床高程相差很大、抛石厚度也相差较大，若采用重锤夯实方案，对承包商来说，一是施工控制难度较大，二是夯实船在海上停留时间较长。因此，承包商提出了采用爆破夯实方案，并向监理工程师递交了翔实可信的施工方案，并提出需增加费用 50 万元，工期可不延长的申请。

（3）在进行沉箱安装施工后，承包商又向监理工程师提交了费用索赔报告，理由是码头施工是在防波堤完工之前，没有掩护条件下进行的，应对码头施工部分增加外海施工系数。根据交通运输部当时的有关规定，人工费需增加 10%，船舶及水上施工机械费需增加 25%。

86. 某一码头工程的土方工程项目，在招标文件中标明的土质为：以细粉砂土为主，并夹有粉质黏土、泥炭、淤泥及杂填土，在施工区段主要为细粉砂土，推荐利用水力冲挖机具边冲挖、边吹填连续作业的施工方案，在投标前承包人曾经到工地现场进行踏勘，投标时承包人就此方案进行施工设计并报价。工程实施后，在冲挖完成 1m 厚的表面土层后，发现在部分区域存在硬土，这种土质靠水力冲挖机具根本无法施工，此时要更改施工方案的难度较大。为此，承包人根据合同通用条件第 20.4 条和第 53 条，就硬土事件向监理工程师提出以下经济补偿（索赔）等意向：

（1）申请变更施工方案及工艺，对由于施工方案的改变而增加的费用要求项目法人给予经济补偿；

（2）目前施工现场的施工机械已无法施工，已于 12 月 20 日停工，为此要求项目法人对由于人员、机械闲置（窝工）增加的额外费用给予经济补偿；

（3）硬土土方的开挖难度远远大于粉砂土的开挖，为此要求调整土方开挖单价，补偿为开挖硬土土方而增加的费用。

问题：

以上索赔要求是否合理，如何进行处理？

87. 长江三峡某移民码头，根据施工图工程量计算出含税定额直接费为 680 万元，除税定额直接费为 667 万元，基价定额直接费为 643 万元，试列表计算该工程项目的施工图预算建筑安装工程费（其中相关费率分别为：其他直接费 6%，规费 1.5%，企业管理费 6%，利润为 7%，增值税 11%，附加税 7%，其他直接费、企业管理费增值税除税综合抵扣率均为 3%），计算结果保留整数。

长江三峡某移民码头的预算费用计算表

序号	项目	费率（%）	计算式	金额（万元）
（一）	基价定额直接费			643
（二）	定额直接费（含税）			680
（三）	定额直接费（除税）			667
（四）	其他直接费（含税）	6		
（五）	其他直接费（除税）	抵扣率 3		
（六）	直接工程费（含税）			
（七）	直接工程费（除税）			
（八）	规费	1.5		
（九）	企业管理费（含税）	6		
（十）	企业管理费（除税）	抵扣率 3		
（十一）	利润	7		
（十二）	增值税销项税	11		
（十三）	增值税进项税			
（十四）	增值税应纳税			
（十五）	附加税	7		
（十六）	税金			
（十七）	专项费用	10		
（十八）	建筑安装工程费			

88. 某码头工程的合同工期从 1990 年 9 月 1 日到 1992 年 4 月 30 日，在施工过程中，正遇上水运工程预算定额进行政策性调整，调整后的预算定额从 1991 年 7 月 1 日起执行。对此，承包人依据本工程合同文件特殊合同条件第四条中增加的条款，应该如何办理工程费用的有关问题？

特殊合同条件第四条——合同范围，增加有下列条款：其中第三条规定"在合同执行期间，国家对机械台班费（包括劳务工资）和工资性津贴有政策性调整时，项目法人将根据本水运工程预算定额的变化，按发生的价差相应进行调整"；在第四条规定"由于定额改变，引起的价差调整范围为：新的机械台班费的工资性津贴，从公布之日起，以后进行的工程项目中所实际发生的机械台班费和工资性津贴，在此之前已经完工部分及已经发生的相应费用均不予调整"。

89. 大连港某工地一艘大型绞吸式非自航挖泥船完工后需拖航调遣到厦门港施工。

问题：

（1）拖航计划和安全实施方案由谁制定？包括哪些内容？

（2）需要进行拖航检验吗？为什么？

（3）请完成右侧工程船舶拖航、调遣流程图。

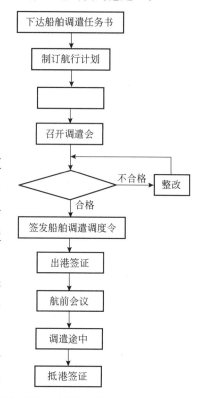

90. 合同段应急预案中的处置措施编制要点是什么？

91. 2001年11月25日上午，某项目经理部管线工甲，带领5名农民工前去趸船作业码头进行排泥管（长6m、直径700mm、重量1.1t）装驳作业，配备一台20t吊车配合吊装。到现场后，发现有一辆夏利车停放在吊装区域内不便于吊机驻位及作业，甲去找夏利车主但未能找到。由于装驳作业必须乘潮水进行，甲便决定开始吊装管线。在11：20，当吊装第三根排泥管时发现管内有泥，甲便采取先倒泥然后再吊装的方式，随即用一根吊装管线用的专用卡具中的专用索扣固定在排泥管一端（专用吊管卡具的挂钩挂在自身钢丝绳上且缺口朝作用力方向），然后起吊排泥管一端升高约4m处，另一端支撑在码头面上。此时甲站在起吊的排泥管外侧指挥吊机朝装驳方向旋转以使管内泥倒出，当泥倒出准备颠钩放下排泥管时，因站立位置不便观察管道是否会碰撞夏利车，于是甲便从起吊的排泥管外侧到内侧指挥颠钩。此时，由于排泥管沿码头面滑动一端边缘部位（固定法兰）挂在地锚缆绳上，排泥管底端受阻后突然止住故使固定在上端部位的索具钢丝绳产生反弹作用，此时吊机扒杆仍在旋转，造成固定在排泥管上的卡具钢丝绳从挂钩缺口处脱出，致使排泥管从高约4m处坠落砸在甲后背上。事故发生后现场人员及时对甲进行抢救并将其送往医院，经抢救无效于当天下午死亡。

问题：

（1）根据中华人民共和国国务院令《生产安全事故报告和调查处理条例》，生产安全事故分为哪几级？本事故属于哪一级并写出理由。

（2）写出生产安全事故处理的主要程序。

（3）事故调查报告应包括哪些主要内容？

92. 2000年7月13日B轮奉公司命令执行烟台—石岛航行任务。14日2：30，因船舶偏离计划航线，在海驴岛附近（37°26′9N　122°40′3E）触礁，造成船体机舱破损进水。船员们奋力堵漏但由于进水压力太大，堵漏无效，致使船舶搁浅在礁石上。船体纵倾20°、右倾14°，艉部二层甲板以下没入水中。经打捞局潜水员探查，破损位置在船首水舱和机舱船底靠近左肋部有70cm长、12cm宽和110cm长、12cm宽两道裂缝。本次事故造成直接经济损失250万元。

问题：

（1）根据中华人民共和国交通运输部《水上交通事故统计办法》，水上交通事故分为哪几级？本事故属于哪一级并写出理由。

（2）写出水上交通事故处理的主要程序。

（3）企业接报后应根据《中华人民共和国海上交通事故调查处理条例》的规定向所属地海事局报告，报告应当包括哪些内容？

93. 某建筑公司电焊工李某在某厂运焦码头焊接水平梁铁件作业中不穿救生衣，失足落入江中淹溺而死亡。

问题：

（1）该事故的等级？

（2）造成该事故的直接原因？

（3）从该事故中应吸取的教训和防护措施？

94. 某船队方驳4号停靠在某码头二泊位，该驳水手李某上船有事，当踏上跳板时失足，跌在驳船舷护旁脸部受伤后又滑到江中溺亡。

问题：

（1）该起事故的等级？

（2）从该事故中应吸取的教训和防范措施？

95. 某打桩船职工冯某上身伸进笼口检查柴油锤，被正在下降的提升架挤压，由于当时指挥紧急停车，避免了重大事故发生，但不幸的是冯某右肋已骨折。

问题：

（1）该事故的等级？

（2）造成该事故的原因？

（3）有何防范措施，防止该事故的发生？

96. 施工船舶在抗击台风阶段应做好的工作有哪些？

97. 某建筑公司在某旧码头拆除工程中，从事下游码头第二块块体进行吊运时，起重工陈某和朱某在吊件附近正准备锁浮吊大钩钢丝和卡环，由于混凝土块体在作业前底部的钢筋切断，块体与整体处于脱离状态，因此在拆钩时块体受外力突然向江面一侧倾倒，将正在锁钩的陈某左腿压在块体与浮吊船舷之间，块体很快从船舷边的空当落入江中，陈某随块体一起落江以致死亡。

问题：

（1）该事故的等级划分和事故类别？

（2）原因分析。

98. 某码头工程由码头及引桥两部分组成。码头长540m，宽35m，设计为集装箱码头和多用途件杂货码头泊位各一个；结构形式为高桩梁板式结构，桩基为ϕ1200预应力大管桩，现浇横梁，预制安装纵梁轨道梁、面板，现浇面层。引桥长528m，宽16m，结构形式为高桩板梁式结构；桩基为ϕ800PHC桩，现浇横梁，安装预应力空心板，现浇面层。码头前沿泥面较高，需挖泥约4m深可满足集装箱船正常停靠吃水要求。

问题：

（1）对本工程进行单位工程划分。

（2）以集装箱泊位为例，进行分部工程划分。

（3）集装箱泊位工程质量达到合格标准的要求。

99. 试述港口工程质量评定工作程序和组织。

100. 现场文明施工是项目管理的一个重要部分，是一项综合性的系统工程，必须从施工生产的有序、规范、计划性和安全生产的预见性、自觉性、制度化，现场的安全保卫、公共安全卫生、环境治理和环境保护等进行综合治理。

问题：

（1）写出现场文明施工中的"综合管理"要求的内容。

（2）写出施工现场设置的"五牌一图"的名称。

（3）写出现场文明施工中的"现场办公与住宿"管理要求的内容。

第三部分

综合测试题及参考答案

综合测试题一

一、单项选择题（共 20 题，每题 1 分。每题的备选项中，只有 1 个最符合题意）

1. 下列深水波中各种累积频率及 1/P 的波高计算公式中，错误的是（　　）。

    A. $H_{1\%} = 2.42\overline{H}$
    B. $H_{5\%} = 1.61\overline{H}$
    C. $H_{1/100} = 2.66\overline{H}$
    D. $H_{1/10} = 2.03\overline{H}$

2. 粉沙质海岸一般指泥沙颗粒的中值粒径（　　）。

    A. 小于 0.03mm
    B. 小于等于 0.1mm、大于等于 0.03mm
    C. 大于 0.1mm
    D. 大于等于 0.1mm、小于等于 0.3mm

3. 下列外加剂中，属于对提高高性能混凝土抗冻性能起关键作用的是（　　）。

    A. 絮凝剂
    B. 防冻剂
    C. 引气剂
    D. 缓凝剂

4. 海水环境中港航工程混凝土结构的（　　）受海水氯离子渗透最严重。

    A. 大气区
    B. 水位变动区
    C. 浪溅区
    D. 水下区

5. 下列土的物理力学指标中，用于土坡和地基稳定验算的是（　　）。

    A. 黏聚力
    B. 塑限
    C. 含水率
    D. 孔隙比

6. 关于混凝土原材料质量检查要求的说法，错误的是（　　）。

    A. 水泥在正常保管情况下，每 3 个月至少检查 1 次
    B. 引气剂水溶液的泡沫度，每 2 个月至少检查 1 次
    C. 外加剂在正常保管情况下，每 2 个月至少检查 1 次
    D. 掺合料在正常保管情况下，每 1 个月至少检查 1 次含水率

218

7. 下列管涌与流沙（土）的现象中，属于流沙的是（   ）。

    A．土体的隆胀   B．土体的浮动

    C．土体的断裂   D．土体翻滚

8. 关于水平位移观测要求的说法，错误的是（   ）。

    A．当采用极坐标法时，宜采用双测站极坐标法

    B．当采用经纬仪投点法时，应检验经纬仪的垂直轴倾斜误差

    C．当采用视准线法时，视准线距各种障碍物应有 1m 以上的距离

    D．当采用交会法进行水平位移观测时，交会方向不宜少于 2 个

9. 高桩码头施工时，在（   ）中沉桩，应以标高控制为主，贯入度做为校核。

    A．砂性土层   B．黏性土层

    C．风化岩层   D．淤泥层

10. 斜坡式防波堤一般用于水深较浅、地质条件较差、附近又盛产石料的地方，当用（   ）做护面时，也可用于水深、波浪大的地区。

    A．100kg 左右的块石   B．模袋混凝土

    C．混凝土人工块体   D．钢制石笼

11. 护滩工程深水区采用垂直水流方向沉排时，相邻排体施工顺序宜（   ）依次铺设。

    A．自上游往下游   B．自下游往上游

    C．从河岸往河心   D．从河心往河岸

12. 耙吸挖泥船施工中应根据（   ）调节波浪补偿器的压力，以保持耙头对地有合适的压力。

    A．土质和水位   B．潮流和挖深

    C．土质和挖深   D．波浪和挖深

13. 水运工程竣工验收前，组织对工程质量进行复测，并出具项目工程质量鉴定报告的是（   ）。

    A．建设单位   B．监理单位

    C．质量监督机构   D．交通运输主管部门

14. 下列解释港口与航道工程承包合同文件优先顺序按数字小者为优先的排序中，正确

的是（　　　）。

    A. ①专用合同条款，②技术标准和要求，③图纸

    B. ①技术标准和要求，②图纸，③专用合同条款

    C. ①图纸，②专用合同条款，③技术标准和要求

    D. ①专用合同条款，②图纸，③技术标准和要求

15. 建筑工程一切险是承保各类工程民用、工业和公共事业建筑项目，在建筑过程中因
（　　　）而引起的损失。

    A. 不可抗力
                B. 战争、罢工和社会动荡

    C. 国家、地方政府政策性调整
      D. 自然灾害或意外事故

16. 采用打桩船进行水上沉桩时，桩的倾斜度是由（　　　）来控制的。

    A. 全站仪
                B. 打桩架

    C. 打桩锤
                D. 替打

17.《水运工程混凝土质量控制标准》JTS 202—2—2011 规定：海水环境下南方水位变动
区钢筋混凝土最小保护层厚度为（　　　）。（注：箍筋直径为 6mm 时主钢筋的保护层厚度）

    A. 30mm
                B. 40mm

    C. 50mm
                D. 60mm

18. 钢板桩码头采用拼组沉桩时，钢板桩拼组的根数宜为（　　　）。

    A. U 形钢板桩为奇数，Z 形钢板桩为奇数

    B. U 形钢板桩为奇数，Z 形钢板桩为偶数

    C. U 形钢板桩为偶数，Z 形钢板桩为奇数

    D. U 形钢板桩为偶数，Z 形钢板桩为偶数

19. 具备独立施工条件，建成后能够发挥设计功能的工程称为（　　　）。

    A. 单项工程
                B. 分部工程

    C. 单位工程
                D. 分项工程

20. 浆砌坝面块石的长边应（　　　），块石长边尺寸不宜小于护面层的厚度。

    A. 平行于坝体
                B. 垂直于坝体

    C. 平行于坡面
                D. 垂直于坡面

二、多项选择题（共10题，每题2分。每题的备选项中，有2个或2个以上符合题意，至少有一个错项。错选，本题不得分；少选，所选的每个选项得0.5分）

1. 内河常见的特征水位有（　　）等。
   A. 最高水位
   B. 平均水位
   C. 极端低水位
   D. 正常水位
   E. 中水位

2. 关于施工平面控制测量规定的说法，正确的有（　　）。
   A. 港口工程可采用图根及以上等级控制网做为施工控制网
   B. 施工平面控制网可采用三角形网等形式进行布设
   C. 港口陆域施工宜采用建筑物轴线代替施工基线
   D. 矩形施工控制网角度闭合差不应大于测角中误差的4倍
   E. 对平面控制点，施工期超过2年时陆上宜建测量墩

3. 港航工程大体积混凝土施工中的防裂措施包括（　　）。
   A. 选择中低热水泥
   B. 加大水泥用量，以提高混凝土的强度等级
   C. 在混凝土早期升温阶段采取保温措施
   D. 合理设置施工缝
   E. 保证混凝土结构内部与表面的温差不超过25℃

4. 在软基上建造斜坡堤时，铺设在堤基表面的土工织物所起到的作用有（　　）。
   A. 加筋作用
   B. 排水作用
   C. 隔离作用
   D. 抗堤身沉降作用
   E. 防护作用

5. 海港工程钢结构防腐蚀措施中的阴极保护法对（　　）是无效的。
   A. 泥下区
   B. 水下区
   C. 水位变动区
   D. 浪溅区
   E. 大气区

6. 当采用浮运拖带法进行沉箱的海上浮运时，应进行沉箱（　　）的验算。
   A. 吃水
   B. 外墙强度

C. 压载   D. 浮游稳定

E. 局部强度

7. 内河板桩码头建筑物主要组成部分有（   ）。

A. 板桩墙   B. 横梁

C. 拉杆   D. 接岸结构

E. 帽梁

8. 下列沿海港口工程中，按一类工程施工取费的有（   ）。

A. 斜坡式防波堤   B. 直立式防波堤

C. 海堤   D. 取水构筑物

E. 直立式挡砂堤

9. 铲斗挖泥船应根据不同土质选用不同铲斗，中型容量铲斗适用的土质有（   ）。

A. 可塑黏土   B. 软塑黏土

C. 中等密实碎石   D. 中等密实砂

E. 松散砂

10. 根据《水运工程工程量清单计价规范》JTS/T 271—2020，工程量清单计价应包括
（   ）等。

A. 单位工程量清单费用   B. 一般项目清单费用

C. 计日工项目清单费用   D. 单项工程量清单费用

E. 分部分项工程量清单费用

三、实务操作和案例分析题（共 5 题，前 3 题各 20 分，后 2 题各 30 分）

1. 某防波堤主体结构采用全袋装砂棱体斜坡堤结构形式，防波堤堤顶高程＋4.50m，堤
顶宽度 6m，内外边坡均为 1：1.5。外坡采用一层 4t 扭工字块护面，内坡采用 300～400kg 抛
石护坡，外侧设置 10m 宽抛石护底。本工程施工期间交通运输部主管部门对本工程进行了质
量安全督查。

问题：

（1）本工程 4t 扭工字块护面安装应符合哪些要求？

（2）质量安全督查分为哪两类？两者督查的重点、内容、方式等有何区别？

（3）水上工程项目施工工艺及现场安全督查针对基础施工的抽查指标项有哪些？

2. 某项目部承担了一项强度等级为 C40 的现浇大体积钢筋混凝土结构的施工任务，技术员根据相关技术要求进行了配合比设计，并获得了监理工程师的批准，见下表。

C40 混凝土配合比

项目	水泥	粉煤灰	膨胀剂	砂	碎石（大）	碎石（小）	水	减水剂
单方用量（kg/m³）	305	61	41	758	741	317	175	2.23

该结构在夏季进行施工，拌合站配置的拌合机每盘搅拌量为 2m³，混凝土由罐车运输，吊罐入模。为了控制大体积混凝土温度裂缝的产生，项目部对本混凝土结构的施工进行了温控设计，确定用冷水拌合，拌合站拌制的混凝土拌合物在出料口的温度可以达到要求，同时还采取了其他控制混凝土浇筑温度的措施。

施工过程中，某一班次拌制混凝土前，试验员对骨料的含水率进行了检测，测得粗骨料含水率为 1.5%，细骨料含水率为 2.5%。技术员据此检测结果按配合比计算拌合料的配料数量，确定了每一盘混凝土各种原材料的称量示值，保证了混凝土拌合物的数量准确。该结构的混凝土立方体 28d 抗压强度验收批试件共有 6 组，这 6 组混凝土立方体试件抗压强度试验结果见下表。

混凝土立方体试件 28d 抗压强度汇总表（单位：MPa）

编号	1 号试块	2 号试块	3 号试块	编号	1 号试块	2 号试块	3 号试块
第一组	42.5	42.0	44.5	第四组	47.3	44.3	46.4
第二组	39.0	45.1	38.9	第五组	42.9	43.2	48.9
第三组	46.3	44.3	50.4	第六组	48.6	49.6	51.8

问题：

（1）写出混凝土配制的基本要求。

（2）计算上述班次拌制一盘混凝土所需各种原材料称量示值。（计算结果取两位小数）

（3）计算 6 组试件的 28d 抗压强度标准差。（计算结果四舍五入取两位小数）

（4）该大体积混凝土施工中，可选择的控制混凝土浇筑温度施工措施还有哪些？

3. 某河段航道整治工程，河道地势易受冲刷，采用土工织物软体排护底，软体排铺设点泥面高程在 −15～−10m 之间，软体排为 380g/m² 复合土工布混凝土联锁块软体排，铺设区域泥面高程由岸侧向河心水深逐渐增加，本工程采用顺水流沉排施工，根据现场水流流速实测，涨潮流流速一般在 0.5～1.0m/s 之间，而落潮水流流速较大，一般在 1.6～2.1m/s 之间。

问题：

（1）顺水流沉排在多大水深和流速时需暂停施工？本工程沉排施工宜选在何时段较为合适？

（2）单元联锁混凝土块吊运、拼装、铺设应符合哪些规定？

（3）沉排时应及时测量哪些自然条件参数？

4. 某5000吨级混凝土方块码头，结构断面见下图，基槽的底质为风化岩，底层方块平行码头前沿线方向长度为4980mm。码头基床采用常规的潜水员人工整平方法，基床顶面在方块前趾处预留50mm沉降量，并预留0.6%倒坡。施工中，项目部严格遵守技术管理制度，认真进行施工技术交底，确保施工质量，顺利完成了码头施工。

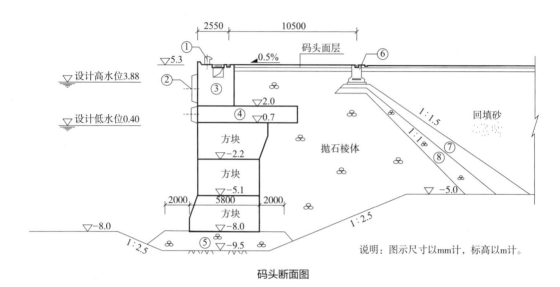

码头断面图

问题：

① 写出断面图中各编号结构或构件的名称。

② 画出本码头自开工到胸墙浇筑的施工流程框图。

③ 简述本工程基床整平步骤与相应的施工方法。

④ 计算确定本工程基床整平的宽度和前、后导轨的轨顶标高。（标高计算结果取三位小数）

⑤ 港口与航道工程的分项工程施工技术交底由谁负责交底？交底的主要内容是什么？

5. 某航道基建性疏浚工程，航道长度19.8km，航道设计底宽为270m，航道设计底标高为-20.5m，备淤深度为0.4m，边坡坡比为1：5，设计疏浚工程量为1302.56万 m^3，施工期回淤工程量为400万 m^3，施工工期24个月。施工单位选用12000 m^3 自航耙吸挖泥船采用单点定位方式将疏浚土全部吹填到码头后方的吹填区，挖泥船施工平均运距为17.0km，水上吹填管线长度为300m、陆地吹填管线平均长度为1900m。疏浚土质自上而下分别为：淤泥质土、软塑黏土、松散中砂；12000 m^3 自航耙吸挖泥船设计性能参数见下表。

12000 m^3 自航耙吸挖泥船设计性能参数

项目	设计吹距（km）	设计满载排水量（t）	设计泥舱净装载量（t）	重载航速（km/h）	空载航速（km/h）
数值	3～4	28000	18000	17.00	21.00

本工程疏浚土质物理指标与12000m³自航耙吸挖泥船施工参数见下表（海水密度按1.025t/m³计）。

疏浚土质物理指标与12000m³自航耙吸挖泥船施工参数

土质	淤泥质土	软塑黏土	松散中砂
天然密度（t/m³）	1.63	1.72	1.85
泥舱内沉淀平均密度（t/m³）	1.30	1.45	1.60
挖泥时间（min）	70	80	100
施工中转头及上线时间（min）	7	7	7
吹泥时间（min）	70	90	110
接、拆管线时间（min）	30	30	30

问题：

（1）针对本工程每一种疏浚土质应分别选用哪种型式的耙头？

（2）计算确定本工程12000m³自航耙吸挖泥船疏挖三种疏浚土质的运转周期生产率。（列出主要计算过程，结果四舍五入取整数）

（3）耙吸挖泥船单点定位方式吹泥时对驻船水域有哪些要求？

（4）根据《水运工程质量检验标准》JTS 257—2008，基建性疏浚工程质量检验断面抽样比例应符合哪些规定？

综合测试题一参考答案

一、单项选择题

1	2	3	4	5	6	7	8	9	10	11	12
B	B	C	C	A	C	D	D	B	C	B	C

13	14	15	16	17	18	19	20				
C	A	D	B	C	B	C	D				

二、多项选择题

1	2	3	4	5	6	7	8
A、B、D、E	B、C、D	A、D、E	A、B、C、E	D、E	A、C、D	A、C、E	B、D、E

9	10						
A、D	B、C、E						

三、实务操作和案例分析题

1.

（1）4t 扭工字块护面安装应符合下列要求：

1）采用定点随机安放时，应先按设计块数的 95% 计算网点的位置，并进行分段安放，完成后应进行检查或补漏。

2）采用规则安放时，应使垂直杆件安放在坡面下面，并压在前排的横杆上，横杆置于垫层块石上，腰杆跨在相邻块的横杆上。

3）其安放的数量不少于设计安放数量的 95%。

（2）质量安全督查分为专项督查和综合督查两类。专项督查是指根据国家统一部署或行业监管重点，对水运工程建设存在的突出质量安全问题所采取的针对性抽查；综合督查是指对省级交通运输主管部门落实国家水运建设工程质量安全政策、法律法规，开展工程质量安全监管和相关专项工作等情况的抽查，以及对工程项目建设和监理、设计、施工等主要参建单位的工程质量安全管理行为、施工工艺、现场安全生产状况、工程实体质量情况等的抽查。

（3）针对基础施工的抽查指标项有：桩基、基槽和岸坡开挖、抛石基床、软土地基加固、航道整治工程基础。

2.

（1）混凝土配置的基本要求有：

1）强度、耐久性符合设计要求。

2）可操作性要满足施工操作要求。

3）应经济、合理。

（2）

1）水泥：$305 \times 2 = 610.0$kg

2）粉煤灰：$61 \times 2 = 122.0$kg

3）膨胀剂：$41 \times 2 = 82.0$kg

4）减水剂：$2.23 \times 2 = 4.46$kg

5）砂：$758 \times 1.025 \times 2 = 1553.90$kg

6）大石：$741 \times 1.015 \times 2 = 1504.23$kg

7）小石：$317 \times 1.015 \times 2 = 643.51$kg

8）水：$175 \times 2 - 758 \times 0.025 \times 2 \times (741 + 317) \times 0.015 \times 2 = 350 - 37.90 - 31.74 = 280.36$kg

（3）6组立方体抗压计试件标准差计算：

1）各组试件强度的代表值 $f_{cu, i}$ 分别为：

第一组：$(42.5 + 42.0 + 44.5) \div 3 = 43$MPa

第二组：因 $45.1 > 1.15 \times 39 = 44.85$，故代表值为 39.0MPa

第三组：（46.3 + 44.3 + 50.4）÷3 ＝ 47MPa

第四组：（47.3 + 44.3 + 46.4）÷3 ＝ 46MPa

第五组：（42.9 + 43.2 + 48.9）÷3 ＝ 45MPa

第六组：（48.6 + 49.6 + 51.8）÷3 ＝ 50MPa

2）6组试件的抗压强度平均值 $m_{f_{cu}}$ 为：

（43 + 39 + 47 + 46 + 45 + 50）÷6 ＝ 45MPa

3）标准差为：

$$S_{f_{cu}} = \sqrt{\frac{\sum f_{cu,i}^{2} - N m_{f_{cu}}^{2}}{N-1}}$$

$$= \sqrt{\frac{(43^2 + 39^2 + 47^2 + 46^2 + 45^2 + 50^2) - 6 \times 45^2}{6-1}}$$

$$= \sqrt{\frac{70}{5}} = \sqrt{14} = 3.74 \text{MPa}$$

（4）

控制混凝土浇筑温度的措施还有：

1）选择气温较低的时段施工。

2）提高混凝土浇筑能力，缩短暴露时间。

3）对混凝土运输设备遮阳。

4）进行舱面降温。

3.

（1）水深小于等于10m，施工区流速超过2.5m/s，或水深大于10m，施工区流速超过2m/s时，暂停顺水流沉排施工。

本工程铺设软体排的时间选择在涨潮期间，在接近高潮位，水流流速较小时沉底铺设。

（2）应符合下列规定：

① 单元联锁块吊装应选用相应承载能力的专用起吊设备，按单元逐一吊运拼装。

② 施工时，应采取必要的安全防护措施，安排专人指挥、轻装轻放。

③ 单元联锁块之间以及联锁块体与排垫之间的连接方式、连接点的布置应满足设计要求。连接扣环应锁紧卡牢，不得松脱、漏扣；排垫与混凝土单元联锁块应联为一体。

④ 排体铺设前应对单元混凝土块的连接绳索损伤、混凝土块的破损情况进行检查。同一单元的断裂、掉角的破损块体比例超过5%，或有块体脱落已影响使用功能的，应按单元整体更换。

（3）沉排时应及时测量沉排区水深、流速和流向。

4.

（1）① 系船柱；

②橡胶护舷；

③胸墙；

④卸荷板；

⑤抛石基床；

⑥轨道梁；

⑦碎石倒滤层或混合倒滤层；

⑧二片石。

（2）

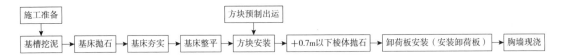

（3）基床整平的步骤包括粗平、细平、极细平。

整平工作船粗平需吊刮尺（道），刮尺两端系以测绳，结合水位，以测绳控制刮尺高程，潜水员以刮尺为准"去高填洼"，边整平边移船，压茬向前进行。细平与极细平需设导轨控制整平精度。导轨要在基床两侧各埋入一根，搁置在预先埋设的混凝土小方块上，通过高程测量，采用方块与导轨间垫钢板调整标高，潜水员利用导轨上的刮道对供料船下抛的二片石和碎石进行推刮整平。对于块石的不平整部宜先用二片石填充，然后再用碎石对于二片石的不平整部分进行填充。

（4）整平宽度为底层方块底宽一边加宽 0.5m，5800 + 2×500 = 6800mm。

由于前趾预留 50mm 沉降量，则前趾处基床的高程为 −7.950m。

由于基床有 0.6% 的倒坡，又前轨距方块前趾 500mm，前后轨距 6800mm，故：前轨高程为 −7.950 + 0.5×0.6% = −7.947m；

后轨高程 −7.947−6.8×0.6% = −7.988m。

（5）分项工程技术负责人或主办技术员（工程师）

交底内容主要包括施工工艺、规范规程要求、质量标准、技术安全措施、施工记录要求和自检要求。

5.

（1）淤泥质土和软塑黏土应选用挖掘型耙头；松散中砂应选用冲刷型耙头。

（2）耙吸挖泥船挖、运、吹施工运转时间小时生产率可按下式计算：

$$W_2 = \frac{q_1}{\sum t} = \frac{q_1}{\dfrac{l_1}{v_1} + \dfrac{l_2}{v_2} + \dfrac{l_3}{v_3} + t_3 + t_2}$$

$$q_1 = \frac{G - \gamma_w \times q}{\gamma_0 \times \gamma_w}$$

对于淤泥质土：

$$q = \frac{G}{\gamma_m} = \frac{18000}{1.3} = 13846 \ (\text{m}^3) \ \text{取} 12000 \ (\text{m}^3)$$

$$q_1 = \frac{18000 - 1.025 \times 12000}{1.63 - 1.025} = 9421 \ (\text{m}^3)$$

$l_1 = 17.0\text{km}$、$v_1 = 17.00\text{km/h}$、$l_2 = 17.0\text{km}$、$v_2 = 21.00\text{km/h}$、$l_3/v_3 = 70/60\text{h}$、$t_3 = (70 + 30)/60\text{h}$、$t_2 = 7/60\text{h}$。

运转周期生产率：

$$W_2 = \frac{q_1}{\sum t} = \frac{9421}{\frac{17}{17} + \frac{17}{21} + \frac{70}{60} + \frac{70+30}{60} + \frac{7}{60}} = 1979\text{m}^3/\text{h}$$

对于软塑黏土：

$$q = \frac{G}{\gamma_m} = \frac{18000}{1.45} = 12414 \ (\text{m}^3) \ \text{取} 12000 \ (\text{m}^3)$$

$$q_1 = \frac{18000 - 1.025 \times 12000}{1.72 - 1.025} = 8201 \ (\text{m}^3)$$

$l_1 = 17.0\text{km}$、$v_1 = 17.00\text{km/h}$、$l_2 = 17.0\text{km}$、$v_2 = 21.00\text{km/h}$、$l_3/v_3 = 80/60\text{h}$、$t_3 = (90 + 30)/60\text{h}$、$t_2 = 7/60\text{h}$。

运转周期生产率：

$$W_2 = \frac{q_1}{\sum t} = \frac{8201}{\frac{17}{17} + \frac{17}{21} + \frac{80}{60} + \frac{90+30}{60} + \frac{7}{60}} = 1559\text{m}^3/\text{h}$$

对于松散中砂：

$$q = \frac{G}{\gamma_m} = \frac{18000}{1.6} = 11250 \ (\text{m}^3)$$

$$q_1 = \frac{18000 - 1.025 \times 11250}{1.85 - 1.025} = 7841 \ (\text{m}^3)$$

$l_1 = 17.0\text{km}$、$v_1 = 17.00\text{km/h}$、$l_2 = 17.0\text{km}$、$v_2 = 21.00\text{km/h}$、$l_3/v_3 = 100/60\text{h}$、$t_3 = (110 + 30)/60\text{h}$、$t_2 = 7/60\text{h}$。

运转周期生产率：

$$W_2 = \frac{q_1}{\sum t} = \frac{7841}{\frac{17}{17} + \frac{17}{21} + \frac{100}{60} + \frac{110+30}{60} + \frac{7}{60}} = 1323\text{m}^3/\text{h}$$

（3）耙吸挖泥船单点定位方式吹泥时，驻船水域水深满足挖泥船满载吃水要求，水域宽度不低于2倍船长。

（4）基建性疏浚工程，采用单波束测深仪数字化测量的断面抽样比例不得少于 25%，非数字化测量的断面抽样比例不得少于 15%。多波束测深系统的断面抽样数量应按相应的测量比例尺的单波束测深仪数字化测量的抽样数量确定。

综合测试题二

一、单项选择题（共 20 题，每题 1 分。每题的备选项中，只有 1 个最符合题意）

1. 在某土层标准贯入试验中，50 击的实际贯入深度为 20cm，则该土层的标准贯入击数是（　　）。
   - A. 50
   - B. 60
   - C. 75
   - D. 80

2. 海水环境中港航工程混凝土结构的（　　）受海水氯离子渗透最严重。
   - A. 大气区
   - B. 浪溅区
   - C. 水位变动区
   - D. 水下区

3. 具有加筋、隔离、反滤和防护功能的土工织物是（　　）。
   - A. 编织土工布
   - B. 机织土工布
   - C. 土工网
   - D. 非织造土工布

4. 重力式码头预制沉箱混凝土设计强度等级为 C30，预制场实际统计混凝土立方体试件的抗压强度标准差为 3.0MPa，该混凝土的配制强度应为（　　）。
   - A. 38MPa
   - B. 36MPa
   - C. 35MPa
   - D. 33MPa

5. 高桩码头施工时，在（　　）中沉桩，应以标高控制为主，贯入度做为校核。
   - A. 砂性土层
   - B. 淤泥层
   - C. 风化岩层
   - D. 黏性土

6. 下列各种深水波累积频率和 $1/p$ 大波的波高换算与计算表达式中，正确的是（　　）。
   - A. $H_{1/10} \approx H_{13\%}$，$H_{1/10} = 2.03\overline{H}$
   - B. $H_{1/3} \approx H_{13\%}$，$H_{1/3} = 1.60\overline{H}$
   - C. $H_{1/100} \approx H_{1\%}$，$H_{1/100} = 2.66\overline{H}$
   - D. $H_{1/10} \approx H_{5\%}$，$H_{1/10} = 1.60\overline{H}$

7. 港航工程混凝土配合比设计中，按耐久性要求对（   ）有最小值的限制。

    A. 胶凝材料用量　　　　　　　　　　B. 用水量

    C. 水灰比　　　　　　　　　　　　　D. 细骨料

8. 港航工程大体积混凝土构筑物产生温度应力的原因是（   ）。

    A. 外界环境温度变化　　　　　　　　B. 构筑物承受过大荷载

    C. 产生温度变形　　　　　　　　　　D. 变形受约束

9. 港航工程大体积混凝土构筑物不正确的防裂措施是（   ）。

    A. 增加混凝土的单位水泥用量　　　　B. 选用线胀系数小的骨料

    C. 在素混凝土中掺块石　　　　　　　D. 适当增加粉煤灰用量

10. 在港航工程混凝土中掺入聚丙烯纤维，主要作用是提高混凝土的（   ）。

    A. 抗压强度　　　　　　　　　　　　B. 抗冻性

    C. 抗氯离子渗透性　　　　　　　　　D. 抗裂能力

11. 港口与航道工程施工安全总体风险评估和专项风险评估等级均分为（   ）。

    A. 六级　　　　　　　　　　　　　　B. 三级

    C. 四级　　　　　　　　　　　　　　D. 五级

12. 重力式码头墙后回填土采用陆上施工时，其回填方向（   ）。

    A. 应由岸侧往墙后方向填筑　　　　　B. 应由墙后往岸侧方向填筑

    C. 应由中间向两侧方向填筑　　　　　D. 无特殊要求

13. 关于土工织物软体排护底沉排方向及相邻排体的搭接要求的说法，错误的是（   ）。

    A. 护岸工程沉排宜采用平行岸线方向进行铺设

    B. 护岸工程沉排宜采用从河岸往河心方向进行铺设

    C. 相邻排体施工宜自下游往上游依次铺设

    D. 搭接处上游侧的排体宜盖住下游侧的排体

14. 《水运工程混凝土质量控制标准》对海水环境混凝土水灰比最大允许值做了规定，其中南方海港钢筋混凝土的水灰比限值最小的区域是（   ）。

    A. 大气区　　　　　　　　　　　　　B. 浪溅区

C. 水位变动区   D. 水下区

15. 建设工程合同纠纷解决的调解途径可分为（   ）调解和民间调解。

    A. 行政   B. 仲裁机关

    C. 法院   D. 民事机构

16. 在相同的环境与外荷载下，预应力混凝土构件比普通混凝土构件有许多优点，但不包括（   ）。

    A. 截面小、跨度大   B. 抗裂能力强

    C. 生产工艺简单   D. 节省钢材

17. 采用先张法张拉钢绞线的最大张拉应力不得超过钢绞线极限抗拉强度标准值的（   ）倍。

    A. 0.7   B. 0.75

    C. 0.8   D. 0.85

18. 重力式码头墙后回填中粗砂，适用（   ）进行加固密实。

    A. 爆夯法   B. 真空预压法

    C. 深层水泥拌合法   D. 振动水冲法

19. 关于水运工程质量检查与检验的程序和组织的说法，正确的是（   ）。

    A. 检验批的质量由施工单位分项工程技术负责人检验确认

    B. 建设单位组织相关单位对单位工程进行预验收

    C. 分部工程的质量由施工单位相关分项工程技术负责人负责组织检验

    D. 单项工程全部建成后，由监理工程师进行质量核定

20. 下列施工方法中，属于绞吸挖泥船的是（   ）。

    A. 锚缆横挖法   B. 斜向横挖法

    C. 扇形横挖法   D. 十字形横挖法

二、多项选择题（共10题，每题2分。每题的备选项中，有2个或2个以上符合题意，至少有一个错项。错选，本题不得分；少选，所选的每个选项得0.5分）

1. 液性指数说明土的软硬程度，用于确定（   ）。

A. 黏性土的状态   B. 黏性土的名称

C. 黏性土的单桩极限承载力   D. 黏性土的分类

E. 黏性土的承载力

2. 关于采用交会法和视准线法进行水平位移观测要求的说法，错误的是（   ）。

     A. 测角交会法的交会角应在 $30° \sim 150°$ 之间

     B. 测边交会法的交会角宜在 $60° \sim 120°$ 之间

     C. 采用交会法的交会方向不宜少于 3 个

     D. 视准线距各种障碍物应有 1m 以上的距离

     E. 变形观测点偏离视准线的距离不应大于 20mm

3. 配制港航工程混凝土可采用（   ）水泥。

     A. 硅酸盐   B. 矿渣硅酸盐

     C. 火山灰质硅酸盐   D. 粉煤灰硅酸盐

     E. 烧黏土质火山灰质硅酸盐

4. 港航工程配制混凝土的基本要求有（   ）。

     A. 强度符合设计要求   B. 耐久性符合设计要求

     C. 满足设计构件的抗裂和限制裂缝   D. 满足施工中对于坍落度损失的要求

     E. 经济合理

5. 下列抽查指标项中，属于水运工程项目施工工艺及现场安全督查的有（   ）。

     A. 主要施工船舶   B. 沉降缝止水

     C. 软土地基加固   D. 基槽和岸坡开挖

     E. 原材料及产品

6. 对重力式码头基床块石的质量要求有（   ）。

     A. 微风化

     B. 无严重裂纹

     C. 呈块状或片状

     D. 夯实基床块石的饱水抗压强度 $\geqslant$ 50MPa

     E. 不夯实基床块石的饱水抗压强度 $\geqslant$ 30MPa

7. 关于浆砌石坝面施工要求的说法，正确的有（   ）。

A. 石料的规格、质量应满足设计要求

B. 浆砌坝面块石的长边应垂直于坡面

C. 块石长边尺寸不宜小于护面层的厚度

D. 砌筑时块石宜坐浆竖砌，砌体应表面平整

E. 石块间不得直接接触，不得有空缝

8. 目前，在我国预应力混凝土大直径管桩的生产中，采用了（　　）等工艺。

A. 高速离心　　　　　　　　B. 振动

C. 辊压　　　　　　　　　　D. 二次振捣

E. 真空吸水

9. 根据《水运建设工程概算预算编制规定》JTS/T 116—2019，属于内河航运二类工程的有（　　）。

A. 取水构筑物　　　　　　　B. 混凝土结构水坝

C. 土石结构水坝工程　　　　D. 护岸工程

E. 防洪堤

10. 下列项目管理人员安全生产工作职责中，属于项目负责人职责的有（　　）。

A. 按规定配足项目专职安全生产管理人员

B. 组织制定项目安全生产教育和培训计划

C. 组织或者参与拟定本单位安全生产规章制度、操作流程

D. 督促落实本单位施工安全风险管控措施

E. 督促项目安全生产费用的规范使用

三、实务操作和案例分析题（共 5 题，前 3 题各 20 分，后 2 题各 30 分）

1. 某内河高桩梁板码头长度为 273m，宽度为 36m，后方平台宽度为 15m，设计断面如下图所示。码头桩基为 C80PHC 管桩（C 型，标准节长度为 32m），桩长为 42～49m，桩数为 350 根，采用打桩船水上沉桩。码头纵梁、靠船构件和面板均为钢筋混凝土预制构件，横梁、节点为现浇。

施工前，项目部对码头桩进行了试打动力测试，经过查阅规范和动力测试成果分析，选定了桩锤型号，确定锤击拉应力标准值为 9MPa，总压应力标准值为 25MPa；根据《水运工程混凝土码头结构设计规范》JTS 167—2018，C80 混凝土轴心抗拉强度设计值为 2.22MPa，混凝土轴心抗压强度设计值为 35.9MPa，混凝土有效预压应力值为 10.77MPa。

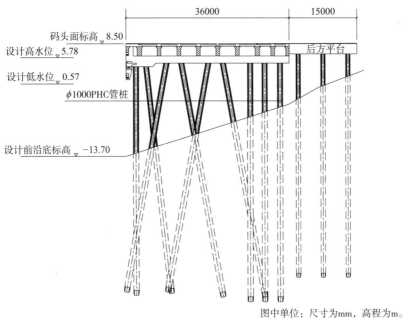

图中单位：尺寸为mm，高程为m。

高桩码头断面示意图

在施工中，项目部按照《水运工程地基基础试验检测技术规程》JTS 237—2017 要求对已沉桩进行了低应变检测，当检测完成 35 根桩时，检测结果为 34 根 Ⅰ 类桩、1 根 Ⅲ 类桩。

问题：

（1）简述本工程码头构件安装前应进行的工作。

（2）验算打桩应力，判断是否满足沉桩过程中控制桩身裂损的要求。（计算结果保留 2 位小数）

（3）低应变法检测桩身完整性类别评价分为哪几类？写出各类桩的完整性评价，完整性属于什么类别的桩是合格桩？

（4）本工程桩基低应变检测比例和数量的下限各是多少？对于本工程检出的 Ⅲ 类桩有哪些处理方法？

2. 某远海疏浚与吹填工程，疏浚面积 0.4km²，设计底高程 −25.0m（当地理论深度基准面，下同），浚前平均高程为 −13.0m，当地平均高潮位为 + 2.1m，平均低潮位为 0.5m，疏浚土质自上而下分别为① 松散砂、② 密实砂、③ 强风化岩，本工程选用一艘 3500m³/h 大型绞吸挖泥船通过水上、水下及岸上排泥管线将疏浚土吹填到吹填区，挖泥船采用锚杆抛锚的钢桩横挖法施工。该大型绞吸挖泥船安装了基本型与扩展型疏浚监控系统，实现了挖泥船施工作业全过程的实时监测与控制，提高了工程的施工质量和挖泥船施工效率。

由于本工程属于远海作业，施工期间受到长周期波涌浪影响，造成了钢桩断裂下行沉没，经分析钢桩断裂部位是钢桩的对接部位，断口处有周长 300mm、距内边缘 25mm 范围未焊实，其他部分约 10～20mm 深度未焊实，周长 200mm 范围有焊条或铁条填充物，断桩部位没有内部焊接加固钢板条，该起事故包括打捞费、修理费等共计造成直接经济损失 150 万元人民币。

问题：

（1）本工程挖泥船开工展布应包括哪些工作？挖泥船分条宽度和三种疏浚土质分层挖泥的厚度如何确定？

（2）绞吸挖泥船基本型疏浚监控系统和扩展型疏浚监控系统分别由哪些分系统组成？

（3）根据交通运输部《水上交通事故统计办法》，按照人员伤亡、直接经济损失分为哪几级事故？本工程事故属于哪一级事故，并说明原因。

（4）写出《海上交通事故报告书》应包括的主要内容。

3. 某有掩护港池内的顺岸重力式方块码头需沿前沿线接长 250m，拟新接长码头的后方为已填筑的陆域场地，纵深大于 200m。新建码头基槽长 260m，其断面以及与原码头的衔接处 D_1 平面如下图所示。

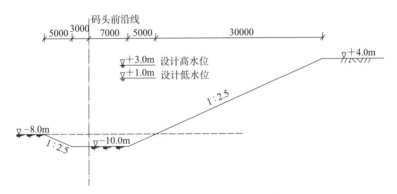

基槽断面示意图 A-A（单位：mm）

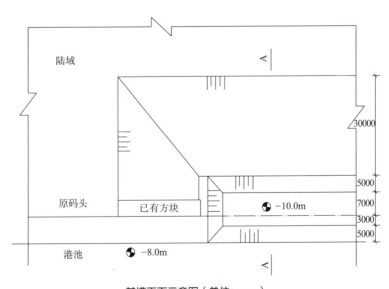

基槽平面示意图（单位：mm）

某施工单位承揽了该挖泥工程，根据土质和船机调配情况，采用一组 6m³ 锚缆定位抓斗挖泥船组进行本基槽挖泥施工，施工中将基槽自原有码头一侧起分为一、二作业段，每段长130m。挖泥过程中有"双控"要求，挖泥定位采用导标，泥土外抛，自检采用水砣测深。技术交底文件中所附的挖泥船组在第二作业段中开挖基槽的示意图如下图所示。

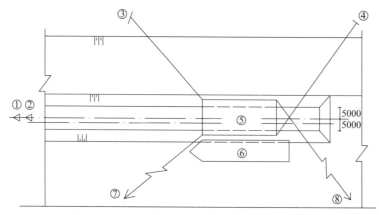

开挖基槽示意图（单位：mm）

问题

（1）写出技术交底文件中所附的开挖基槽示意图中各编号的设备或设施名称。

（2）画出抓斗挖泥船施工工艺流程图。

（3）基槽挖泥"双控"要求是什么？如何进行"双控"？

4. 某重力式码头基础长200m，分两段施工，基槽开挖要求风化岩层以上的黏土及淤泥层要全部挖除，抛泥区距施工现场6km。该基床施工的主要工序为：基槽开挖、基床抛石、夯实、整平，每道工序只各安排一班作业，各工序工期分别为60d、15d、5d、20d。由于工作面受限，在同一段内各工序不能同时作业。

问题：

（1）开挖基槽应选用何种挖泥船？应有哪些主要配套船舶？

（2）本工程的开工报告已经批准。施工作业前还需办理何种手续？何时、向何机关申报办理？

（3）绘出该基床施工主要工序作业的双代号网络图，指出关键线路，确定总工期。

（4）当第一段基槽开挖完成时，业主要求将总工期缩短30d，承包商应采取何种措施予以满足？说明总工期缩短30d后关键线路有无变化？

5. 某高桩码头桩基结构采用Φ1000mm预应力混凝土管桩，混凝土强度为C80，管桩的规格、性能见下表，码头结构断面如下图所示。

管桩规格、性能表

外径（mm）	壁厚（mm）	主筋直径（mm）	数量（根）	混凝土有效预压应力（MPa）	单位重量（t/m）
1000	130	12.6	40	9.46	0.924

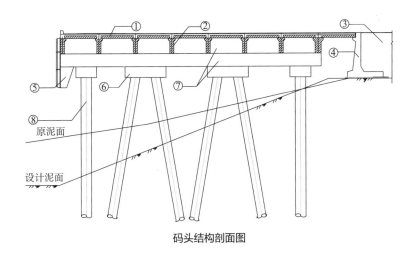

原泥面

设计泥面

码头结构剖面图

正式工程开工前，项目部做了施工部署和安排，进行了桩的试打动力检测，选定了桩锤型号，确定锤击拉应力标准值为 9MPa、总压应力标准值为 25MPa；针对沉桩、桩帽和横梁现浇混凝土、安装梁板三项施工作业，沿码头长度方向划分了三个施工作业区段，施工顺序为一区段、二区段、三区段，为了避免施工干扰、影响施工质量，规定一个施工作业区段在同一时段内只能进行一项施工作业；现场组织了一艘打桩船、一艘起重安装船、一个钢筋模板混凝土施工队；三个作业区段施工内容和相应作业时间见下表，其中现浇混凝土作业时间中已包含其达到设计强度所需时间。项目部精心组织施工，保证了每项施工作业连续施工。

三个作业区段施工内容和相应作业时间

作业区段	一区段			二区段			三区段		
施工内容	沉桩	现浇混凝土	梁板安装	沉桩	现浇混凝土	梁板安装	沉桩	现浇混凝土	梁板安装
作业时间（d）	40	40	20	60	60	40	40	40	20

根据《水运工程混凝土结构设计规范》JTS 151—2011，C80 混凝土轴心抗压强度设计值为 35.9MPa、轴心抗拉强度设计值为 2.22MPa。

问题：

（1）写出码头结构剖面图中各编号的结构名称。

（2）高桩码头预制构件多层堆放层数应根据哪些参数和因素确定？

（3）验算本工程打桩应力，并判断其是否满足沉桩过程中控制桩身裂损的要求。

（4）复制下表到答题卡，用单实线画出本工程三项施工作业的施工计划横道图，并用双实线标示出关键线路。

施工计划横道图

施工内容	作业区段	进度计划（d）					
		40	80	120	160	200	240
沉桩	一						
	二						
	三						
现浇混凝土	一						
	二						
	三						
梁板安装	一						
	二						
	三						

 综合测试题二参考答案

一、单项选择题

1	2	3	4	5	6	7	8	9	10	11	12
C	B	B	C	D	B	A	D	A	D	C	B

13	14	15	16	17	18	19	20				
A	B	A	C	C	D	B	A				

二、多项选择题

1	2	3	4	5	6	7	8
A、C	A、B	A、B、C、D	A、B、D、E	A、C、D	B、D、E	A、B、C、E	A、B、C

9	10						
C、D、E	A、B、E						

三、实务操作和案例分析题

1.

（1）码头构件安装前应进行下列工作：

1）测设预制构件的安装位置线和标高控制点。

2）对构件类型编号、外形尺寸、质量、数量、混凝土强度、预埋件、预埋孔等进行复查。

3）检查支撑结构可靠性及周围模板是否妨碍安装。

4）选择船机和吊索点。

5）编制构件装驳和安装顺序图，按顺序图装驳和安装。

（2）

1）沉桩验算拉应力：

$$\gamma_s \sigma_s = 1.15 \times 9 = 10.35 \text{MPa}$$

$$f_t + \sigma_{pc}/\gamma_{pc} = 2.22 + 10.77/1.0 = 12.99 \text{MPa}$$

故满足：$\gamma_s \sigma_s << f_t + \sigma_{pc}/\gamma_{pc}$

2）沉桩验算压应力：

$$\gamma_{sp} \sigma_p = 1.1 \times 25 = 27.5 \text{MPa}$$

$$f_c = 35.9 \text{MPa}$$

故满足 $\gamma_{sp} \sigma_p \leq f_c$，本工程打桩应力满足控制桩身裂损的要求。

（3）

1）低应变法检测桩身完整性划分为4类：Ⅰ类—完整桩、Ⅱ类—基本完整桩、Ⅲ类—明显缺陷桩、Ⅳ类—严重缺陷桩或断桩。

2）根据规范规定：低应变法检测结果为Ⅰ类、Ⅱ类桩的是合格桩。

（4）

1）按照技术规程要求，多节桩应检测基桩总数20%，350×0.2＝70根。

2）对于本工程检出的Ⅲ类桩，可根据实际情况进行补强或补桩。

2.

（1）本工程挖泥船开工展布工作应包括：定船位，抛锚，架设水上、水下及岸上排泥管线等。

挖泥船分条宽度：疏挖②密实砂、③强风化岩的分条宽度在等于钢桩到绞刀前端水平投影长度的基础上适当缩小；疏挖①松散砂的分条宽度在等于钢桩到绞刀前端水平投影长度的基础上适当放宽。

三种疏浚土质分层挖泥的厚度：① 松散砂宜取绞刀直径的1.5～2.5倍；② 密实砂宜取绞刀直径的1.0～2.0倍；③ 强风化岩宜取绞刀直径的0.3～0.75倍。

（2）基本型疏浚监控系统分系统包括：1）疏浚轨迹与剖面显示系统、2）设备控制与监视系统、3）监测报警系统、4）疏浚仪器仪表。

扩展型疏浚监控系统分系统包括：1）疏浚自动控制系统、2）疏浚辅助决策系统。

（3）分为特别重大事故、重大事故、较大事故、一般事故；本工程事故属于一般事故，因为其直接经济损失为150万元人民币，小于1000万元。

（4）《海上交通事故报告书》应包括的主要内容：

1）船舶、设施概况和主要性能数据。

2）船舶、设施所有人或经营人的名称、地址。

3）事故发生时间和地点。

4）事故发生时的气象和海况。

5）事故发生的详细经过（碰撞事故应附相对运动示意图）。

6）损害情况（附船舶、设施受损部位简图。难以在规定时间内查清的，应于检验后补报）。

7）船舶、设施沉没的，其沉没概位。

8）与事故有关的其他情况。

3.

（1）① 后导标；② 前导标；③ 右前地牛（地龙）；④ 右后地牛（地龙）；⑤ 挖泥船；⑥ 泥驳；⑦ 左前锚；⑧ 右后锚。

（2）

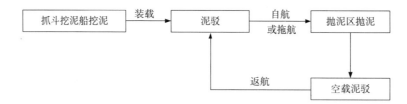

（3）对有"双控"要求的基槽，要求槽底的标高和土质都要满足设计要求。挖泥到设计标高后，如土质与设计要求不符，应继续下挖，直至相应土层出现为止。

4.

（1）选抓铲式或铲斗式或链斗式挖泥船。主要配套船舶有自航泥驳或泥驳、拖轮组。

（2）应在拟开始施工作业次日 20d 前，向海事局提出通航安全水上水下施工作业的书面申请。

（3）

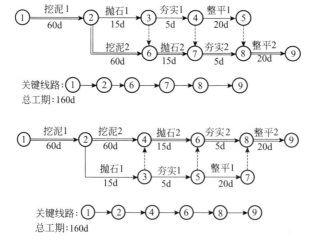

（4）从第二段挖泥开始，配足两班船员，进行两班挖泥作业，可将挖泥2的60d工期缩短为30d，总工期可提前30d，满足业主要求。

此时关键线路不变，总工期130d。

5.

（1）① 面板；② 纵梁；③ 回填料、土（回填）；④ 挡土墙；⑤ 靠船构件；⑥ 桩帽；⑦ 横梁；⑧ 桩基。

（2）构件强度、地基承载力、垫木强度、存放稳定性。

（3）锤击沉桩拉应力应满足式1要求：

$$\gamma_s \sigma_s << f_t + \sigma_{pc}/\gamma_{pc} \qquad \text{式1}$$

∵　$\gamma_s \sigma_s = 1.15 \times 9 = 10.35$

　　$f_t + \sigma_{pc}/\gamma_{pc} = 2.22 + 9.46/1.0 = 11.68$

∴　锤击沉桩拉应力满足式1要求。

　　锤击沉桩压应力应满足式2要求：

$$\gamma_{sp} \sigma_p \leq f_c \qquad \text{式2}$$

∵　$\gamma_{sp} \sigma_p = 1.1 \times 25 = 27.5$

　　$f_c = 35.9$

∴　锤击沉桩压应力满足式2要求。

则打桩应力满足桩身裂损控制要求。

（4）施工进度计划横道图如下图所示。

施工进度计划横道图

施工内容	作业区段	进度计划（d）					
		40	80	120	160	200	240
沉桩	一	═══					
	二		═══				
	三			═══			
现浇混凝土	一		═══				
	二			═══			
	三					═══	
梁板安装	一				══		
	二					══	
	三						══

综合测试题三

一、单项选择题（共 20 题，每题 1 分。每题的备选项中，只有 1 个最符合题意）

1. 硬塑黏性土的液性指数 I_L 的范围值是（   ）。

    A. $I_L \leqslant 0$ B. $0 < I_L \leqslant 0.25$

    C. $0.25 < I_L \leqslant 0.75$ D. $0.75 < I_L \leqslant 1$

2. 下列港口与航道工程混凝土结构部位划分的区域中，不属于海水环境划分区域的是（   ）。

    A. 浪溅区   B. 水上区

    C. 水位变动区   D. 水下区

3. 对于流动性混凝土，当坍落度大于 220mm 时，确定混凝土和易性的试验名称是（   ）。

    A. 坍落度试验   B. 坍落度损失试验

    C. 维勃稠度试验   D. 扩展度试验

4. 土颗粒越细、级配越好，其渗透性（   ）。

    A. 越强   B. 越弱

    C. 衰减越快   D. 衰减越慢

5. 下列振冲桩间土检验方法中，不属于原位试验的是（   ）。

    A. 静力触探   B. 荷载试验

    C. 十字板剪切   D. 现场钻孔取样检验

6. 重力式方块码头的施工工序中，包括：① 基础开挖；② 墙身安装；③ 基床整平；④ 棱体抛石。以上施工工序的先后排序，正确的是（   ）。

    A. ①→③→②→④   B. ①→④→③→②

C. ①→③→④→②   D. ①→④→②→③

7. 陆上深层水泥搅拌桩采用现场钻孔取样检验，芯样试件的无侧限抗压强度（   ）。

    A. 平均值不应低于设计抗压强度标准值

    B. 最小值不应低于设计抗压强度标准值

    C. 平均值不应低于设计抗压强度标准值的 90%

    D. 最小值不应低于设计抗压强度标准值的 90%

8. 有抗冻性要求的港口与航道工程混凝土，其细骨料中总含泥量（以重量百分比计）的限值应不大于（   ）。

    A. 1.0%   B. 3.0%

    C. 5.0%   D. 8.0%

9. 港口与航道工程有抗冻性要求的混凝土，不宜采用（   ）。

    A. 普通硅酸盐水泥   B. 粉煤灰硅酸盐水泥

    C. 火山灰质硅酸盐水泥   D. 矿渣硅酸盐水泥

10. 对经不加填料的振冲密实法处理的砂土地基，宜采用标准贯入试验或动力触探法检验处理效果，检验点应选择在（   ）。

    A. 振冲点位处   B. 与相邻振冲点连线的中心处

    C. 相邻振冲点围成的单元形心处   D. 振冲孔的边缘处

11. 陆上深层水泥搅拌桩体现场钻孔取芯的取芯率应大于（   ）。

    A. 80%   B. 85%

    C. 90%   D. 95%

12. 下列土工织物的性能指标中，属于水力学性能指标的是（   ）。

    A. 断裂伸长率   B. 耐磨性

    C. 有效孔径   D. 渗透系数

13. 当重力式码头构件底面积尺寸大于或等于 $30m^2$ 时，其基床可不进行（   ）工作。

    A. 整平   B. 极细平

    C. 细平   D. 粗平

14. 高桩码头施工中，在斜坡上沉桩时，为使桩位符合设计要求，应采取（   ）的方法。

    A．严格按设计桩位下桩，并削坡和顺序沉桩

    B．严格按设计桩位下桩，削坡和分区跳打桩

    C．恰当偏离桩位下桩，削坡和顺序沉桩

    D．恰当偏离桩位下桩，削坡和分区跳打桩

15. 高桩码头施工时，应验算岸坡由于挖泥、回填、抛石和吹填等对于稳定性的影响，并考虑打桩振动的不利因素。应按可能出现的各种受荷情况，与（   ）相组合，进行岸坡稳定验算。

    A．历年最低水位   B．历年平均水位

    C．设计低水位   D．设计高水位

16. 钢板桩沉桩完毕后，应及时（   ）。

    A．采取防腐蚀措施   B．设置导向架

    C．安装导梁   D．降水开挖

17. 在正常航速条件下，实施沉箱海上拖运时，牵引作用点设在沉箱（   ）处最为稳定。

    A．重心   B．浮心

    C．定倾中心以下 10cm 左右   D．定倾中心以上 10cm 左右

18. 港口与航道工程项目生产安全事故应急预案编制工作小组的牵头人是（   ）。

    A．项目或合同段生产负责人   B．项目或合同段安全负责人

    C．项目或合同段主要负责人   D．项目或合同段技术负责人

19. 耙吸挖泥船冲刷型耙头适用的土质是（   ）。

    A．硬性黏土   B．软黏土

    C．密实砂   D．松散砂

20. 抛枕护底的砂枕充填宜采用泥浆泵充填，其充填饱满度不应大于（   ）。

    A．65%   B．70%

    C．75%   D．80%

二、多项选择题（共 10 题，每题 2 分。每题的备选项中有 2 个或 2 个以上符合题意，至少有一个错项。错选，本题不得分；少选，所选的每个选项得 0.5 分）

1. 下列土的物理力学指标中，可用于确定黏性土的单桩极限承载力的有（　　　）。
   A. 塑性指数
   B. 液性指数
   C. 黏聚力
   D. 内摩擦角
   E. 孔隙比

2. 下列关于海岸带泥沙运动的一般规律的说法，正确的有（　　　）。
   A. 沙质海岸的泥沙运移形态有推移和悬移两种
   B. 沙质海岸的泥沙运移形态以悬移为主
   C. 淤泥质海岸的泥沙运移形态以悬移为主
   D. 淤泥质海岸的泥沙运移形态有推移和悬移两种
   E. 粉沙质海岸的泥沙运移形态有推移和悬移两种

3. 海水环境港口与航道工程混凝土的部位可分为（　　　）。
   A. 水上区
   B. 水下区
   C. 浪溅区
   D. 水位变动区
   E. 大气区

4. 下列耙吸挖泥船疏浚监控分系统中，属于基本型疏浚监控系统的有（　　　）。
   A. 疏浚辅助决策系统
   B. 疏浚自动控制系统
   C. 吃水装载监测系统
   D. 设备控制与监视系统
   E. 疏浚轨迹与剖面显示系统

5. 堆载预压法和真空预压法加固软土地基的工艺中，相同的工序有（　　　）。
   A. 铺设砂垫层
   B. 打设塑料排水板
   C. 挖密封沟
   D. 铺膜复水
   E. 卸载

6. 重力式码头基床抛石宜用 10～100kg 的块石，块石的（　　　）应符合要求。
   A. 饱水抗压强度
   B. 天然重力密度
   C. 风化程度
   D. 裂纹程度
   E. 基本形状

7. 关于航道整治工程中护岸倒滤层施工要求的说法，正确的有（　　　）。

A. 土工织物的下端牢固压入枯水平台脚槽内

B. 土工织物的上端埋入坡顶明沟

C. 土工织物的铺设应按平行岸线方向进行

D. 上下端之间的土工织物搭接宽度不小于 2m

E. 顺沿岸线方向应自下游向上游逐段铺设

8. 水运工程项目分项工程划分的依据有（　　　）。

A. 工程施工的主要工序　　　　　B. 工程施工的主要材料

C. 工程施工的主要工种　　　　　D. 工程结构的主要部位

E. 工程施工的主要工艺

9. 港口与航道工程合同争议解决办法中的行政调解原则是（　　　）。

A. 公开原则　　　　　　　　　　B. 独立调解原则

C. 自愿原则　　　　　　　　　　D. 不公开原则

E. 公平、合理、合法原则

10. 护滩与护底施工中，透水框架陆上施工应符合的规定有（　　　）。

A. 透水框架不得叠加摆放

B. 透水框架可叠加摆放，叠加层级不宜超过 2 层

C. 透水框架可叠加摆放，叠加层级不宜超过 3 层

D. 相邻两排透水框架宜错位摆放

E. 顺水流方向不得形成连续的过流通道

三、实务操作和案例分析题（共 5 题，前 3 题各 20 分，后 2 题各 30 分）

1. 某拟建方块码头，码头结构断面见图 1，方块的型号共有 8 种，其中最重的 G 型方块尺寸为长 6.24m，宽 5.98m，高 3.75m，相关的尺寸见图 2 和图 3。

项目部在施工组织设计中，选择距本工程约 15km 的某现有工作船码头及后方场地做为方块预制场，预制场沿码头前沿线长 200m，垂直前沿线向后宽 50m。码头为板桩结构形式，安装有 V350 型橡胶护舷，橡胶护舷高度 350mm，港池及航道水深满足施工船舶的施工要求。方块装船、安装拟采用 500t 固定吊杆起重船，起重船的起重性能见表 1。

工作船码头承载力较低，为保证安全，方块底胎需尽可能远离码头前沿。项目部为进行板桩码头受力稳定性验算，需根据 G 型方块重量、起重船吊装能力计算方块距离码头前沿的

最大距离，确定该方块底胎的位置。G 型方块吊具重量和底胎粘结力取 203kN，混凝土重度为 24.5kN/m³。

在施工过程中，方块安装需与棱体抛填相配合。

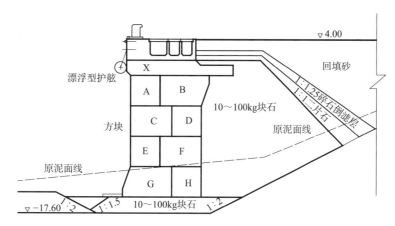

图1　码头结构断面示意图

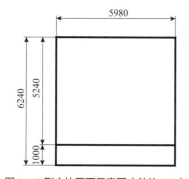

图2　G 型方块平面示意图（单位：m）

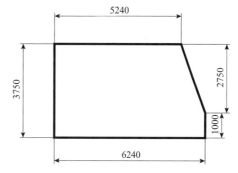

图3　G 型方块剖面示意图（单位：m）

起重船起重性能表　　　　　　　　　　　　　　　　　　　　　　　　　　表1

起重量（t）	500	450	400	350	300	250	200
吊钩距船首水平距（m）	27	30	33	36	39	42.5	44.6

问题：

（1）绘制本工程从基槽挖泥到方块安装完成的施工工艺流程图。

（2）计算 G 型方块重心的水平投影点距离底边线的最小距离（计算结果四舍五入保留两位小数）。

（3）计算确定起重船吊运 G 型方块时，方块重心与码头前沿的最大距离（1t = 9.8kN，计算结果四舍五入保留两位小数）。

（4）写出方块安装的施工要点。

（5）起重吊装作业中的水下吊装构件应符合哪些安全规定？

2. 某人工岛填海造地地基处理工程，面积为 10.29km²，原区域海底标高为 −5.0～−6.0m（当地理论深度基准面，下同）、吹填标高为 5.0m；吹填区上部为吹填软土，下部为海相沉积的淤泥质软土层，其下为陆相沉积黏性土层；围埝为山皮石埝堰。纳泥区采用无砂垫层真空预压处理，塑料排水板采用 B 型塑料排水板，板芯采用原生料，排水板正方形布置，打设间距为 0.8m，平均打设深度为 20.5m；围埝区采用 15000kN·m/m² 高能级强夯进行处理，处理后交工标高约为 3m。

问题：

（1）写出本工程真空预压法的工艺流程和预压期间应观测的主要参数及其卸载条件。

（2）强夯法的单击夯击能量应根据哪些因素综合考虑？写出强夯法施工的主要步骤。

（3）根据《水运工程质量检验标准》JTS 257—2008，强夯地基的主要检验项目和一般检验项目有哪些？写出强夯地基的允许偏差。

3. 某海域，水深 15m，涨落潮流速分别为 0.8m/s、1.0m/s，设计高水位 +2.8m，设计低水位 +0.5m，地基土为粉质黏土。在该海区需建一个 800m×1000m 的人工岛，吹填区底标高 −13.0～−15.0m，施工作业条件较好。人工岛围堰断面如图 4 所示。设计要求从距人工岛 15km 外，水深约 20m 的海区取粉细砂做为人工岛陆域形成的填料，其含泥量控制在 ≤10%。

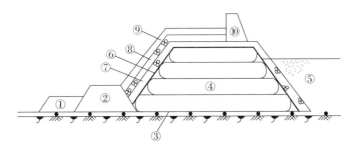

①—护脚块石；②—压脚棱体；③—软体排；④—袋装砂堤芯；⑤—人工岛吹填砂；
⑥—土工布；⑦—碎石反滤层；⑧—块石垫层；⑨—扭王字体护面块；⑩—混凝土防浪墙

图 4　人工岛围堰断面图

问题：

（1）本工程中，软体排、土工布的作用是什么？

（2）按施工先后顺序画出本工程的施工工艺流程框图。

（3）选用怎样的单一船型最适合独立完成本吹填工程？

（4）按问题（3）选定的船型拟定经济、合理的吹填施工方式，说明理由。

（5）应如何控制吹填区高程？吹填区的高程平均允许偏差值和经过机械整平的吹填高程最大允许偏差值为多少？

4. 某公司沉箱预制场预制沉箱，每个沉箱混凝土为 480m³，混凝土强度等级为 C30，该预制场实际统计的混凝土 σ = 3.0MPa，经计算和试配，混凝土的配合比为 1：2.5：3.5，用有效搅拌量为 2.0m³ 的搅拌机搅拌混凝土，正常施工条件下（砂、石含水忽略不计）每罐混凝土用砂量为 1700kg，拌合水 306kg，施工中遇大雨，雨后测得砂的含水率达 3%（石子含水忽略不计），沉箱下水后，浮运通过港池，该港理论深度基准面与平均海平面的高差为 1.29m，港池底泥面在平均海平面下 6m，从当地潮汐表上查得该时刻潮高 2.12m，沉箱的最小稳定吃水为 6.5m，拖运时富裕水深取 0.5m。

问题：

（1）计算沉箱混凝土的施工配制强度。

（2）浇筑每个沉箱应备多少水泥？（水泥损耗率为 5%）

（3）按背景资料所述，雨后每罐混凝土用湿砂多少？拌合水多少？较正常施工有怎样的变化？

（4）沉箱浇筑完成后，可用哪些方式进行养护？

（5）可用哪些方式进行沉箱在预制场内的水平运输和出运下水？

（6）根据背景材料，可否实施沉箱的拖运？说明理由。

5. 我国北方某受冻区海港，实测的高、低潮位累积频率关系如表 2、表 3 所列。

高潮累积频率与潮位的关系 表 2

累积频率（%）	3	5	10	15	20	25
潮位（m）	3.54	3.02	2.27	1.88	1.26	0.85

低潮累积频率与潮位的关系 表 3

累积频率（%）	60	70	80	90	95	98
潮位（m）	1.62	1.05	0.80	0.50	0.12	−0.75

港口所在海域的理论深度基准面与黄海平均海平面相差 1.0m。

该港口新建离岸沉箱重力式码头及钢管桩梁板式栈桥，预制沉箱的尺寸为长×宽×高＝12m×10m×12m，沉箱基础采用抛石明基床，基床厚 1.5m。钢管桩混凝土桩帽顶标高为 ＋2.3m、底标高为 −0.6m。当地地形测量标定海底标高为 −12.0m。预制沉箱水位变动区部位采用高抗冻性的引气混凝土，配合比为：1：0.6：1.93，水灰比为 0.38，引气剂掺量为水泥用量的 0.01%，混凝土的含气量为 4.5%。预制沉箱混凝土所用材料的相对密度如表 4 所列。

沉箱安放地的波浪、水流条件很复杂。沉箱下水出运压载后的稳定吃水为 10.8m，乘潮安装时沉箱底距基床顶至少留有 0.5m 的富裕高度。

预制沉箱混凝土所用材料的相对密度 表 4

预制沉箱所用材料	水泥	砂	碎石
相对密度	3.1	2.75	2.82

问题：

（1）确定该海港码头水位变动区的上、下限的具体标高是多少？

（2）沉箱水位变动区范围内每立方米混凝土的水泥用量是多少？

（3）乘潮安装沉箱，潮高至少要多少才能安全进行安装？

（4）在波浪、水流条件很复杂的条件下为了安全、准确地安装好沉箱，施工的要点是什么？

（5）分别给出本工程钢管桩海洋大气区、浪溅区、水位变动区、水下区的防腐措施，并说明理由。

 综合测试题三参考答案

一、单项选择题

1	2	3	4	5	6	7	8	9	10	11	12
B	B	D	B	D	A	A	B	C	C	B	D

13	14	15	16	17	18	19	20				
B	D	C	C	C	C	D	D				

二、多项选择题

1	2	3	4	5	6	7	8
A、B	A、C	B、C、D、E	C、D、E	A、B、E	A、C、D、E	A、B、E	A、B、C、E

9	10						
C、D、E	C、D、E						

三、实务操作和案例分析题

1.

（1）

（2）

重心距离方块边线最短距离：

$$\frac{6.24 \times 3.75 \times 3.12 - (2.75 \times 1.0 \times 0.5) \times (6.24 - 0.33)}{6.24 \times 3.75 - 2.75 \times 1.0 \times 0.5} = 2.95\text{m}$$

（3）

1）方块重量＝ 24.5×131.71 ＝ 3226.90kN。

2）吊重量＝ 3226.90 ＋ 203 ＝ 3429.90kN。

3）查表得吊重 3430kN 时吊钩距船首的水平距离：36m。

4）因存在护舷，方块重心到码头边线最大距离为 36－0.35 ＝ 35.65m。

（4）

1）安装前，必须检查基床和检查预制件，不符合技术要求时应修整和清理。

2）方块装驳前，方块顶面清理杂物和底面的清理粘底物以免方块安装不稳。

3）方块装驳和从驳船上吊取方块要对称装和取，并且后安装的先装放在驳船里面，先安装的后装放在驳船外边。

4）当运距较远，又可能遇到有风浪时，装船时要采取固定措施，以防止方块之间相互碰撞。

5）一般在第一块方块的位置先粗安装一块，以它依托安装第二块。

6）然后以第二块方块为依托，重新吊安装第一块方块。

（5）

1）构件入水后，应服从潜水人员的指挥。指挥信号不明，不得移船或动钩。

2）构件的升降、回转速度应缓慢，不得砸、碰水下构件或船舶锚缆。

3）水下构件吊装完毕，应待潜水员解开吊具、避至安全水域，潜水员发出指令后方可起升吊钩或移船。

2.

（1）本工程真空预压法的工艺流程：打设塑料排水板→铺设排水管系、安装射流泵及出膜装置→挖密封沟→铺膜、覆水→抽气→卸载。

预压期间应观测的主要参数：真空度、沉降、位移、孔隙水。

真空预压卸载时应满足预压荷载、满载时间、固结度、沉降速率等设计要求的卸载条件。

（2）强夯法的单击夯击能应根据要求的加固深度经现场试夯或当地经验确定。

强夯法施工的主要步骤：

1）清理并平整施工场地。

2）标出第一遍夯点位置，并测量场地高程。

3）起重机就位，夯锤置于夯点位置。

4）测量夯前锤顶高程。

5）将夯锤起吊到预定高度，开启脱钩装置，待夯锤脱钩自由下落后，放下吊钩，测量锤顶高程，若发现因坑底倾斜而造成夯锤歪斜时，应及时将坑底整平。

6）重复步骤5），按设计规定的夯击次数及控制标准，完成一个夯点的夯击。

7）换夯点，重复步骤3）～6），完成第一遍全部夯点的夯击。

8）用推土机将夯坑填平，并测量场地高程。

9）在规定的间隔时间后，按上述步骤逐次完成全部夯击遍数，最后用低能量满夯，将场地表层松土夯实，并测量夯后场地高程。

（3）主要检验项目：夯锤的重量、尺寸、落距和夯点的布置；强夯处理后地基的强度或地基承载力。

一般检验项目：夯击的范围、夯击顺序、夯击遍数及两遍之间的间隔时间。

强夯地基的允许偏差：1）夯击点中心位置150mm；2）夯后场地整平标高＋20mm～-50mm。

3.

（1）堤底软体排的作用是：

1）加筋功能——软体排可承受一定的拉力，加筋作用减少基底的差异沉降及侧向变形和位移，提高基底的整体稳定性。

2）排水功能——可形成堤底的横向排水通道，加速基底土的排水固结。

3）隔离作用——将堤底护底石与基土隔离开，减少护底石沉土基土减少了抛石的浪费；另外防止了基土挤入护底石层，防止因挤入土降低抛石层的抗剪强度，保证了护底石的基础的稳定性。

4）土工织物的防护作用——对铺设软体排范围内的基底河床起到保护作用，防止冲刷及河势的改变，外坡土工布主要起反滤作用。

（2）扫海、测量、放样 → 铺设软体排 → 袋装砂堤芯施工 → 抛石棱体施工

块石垫层 ← 碎石反滤层施工 ← 铺土工布 ← 抛护底石施工

扭王字块护面施工 → 防浪墙施工

（3）应选择带有吹填装置的大型耙吸式挖泥船，可单独完成此项工程。

（4）开始阶段——水深、水域广阔，挖泥船可在施工区自由操作，这时自航耙吸船可采用挖—运—抛的工艺将泥直接抛填到吹填区内；

中、后期——这时吹填区的水深逐渐变浅，耙吸船已不能直接进到吹填区；后期由于人工岛围堰的逐步形成，耙吸船已进不到吹填区，此时耙吸船可利用所带有的吹填装置用挖—运—吹的工艺施工。

（5）控制吹填区高程的措施是：吹填区内管线的布设间距、走向、干管与支管的分布应根据设计要求、泥泵功率、吹填土的特性、吹填土的流程和坡度等因素确定，同时，还应根据施工现场、影响施工因素的变化等及时调整；在吹填区应设若干水尺，观测整个吹填区填土标高的变化，指导排泥管线的调整和管理工作；应根据管口的位置和方向，排水口底部高程的变化及时延伸排泥管线。

当合同无要求时，若工程完工后吹填平均高程不允许低于设计吹填高程，高程平均允许

偏差值可取＋0.20m；若工程完工后吹填平均高程允许有正负偏差，高程平均允许偏差值可取 ±0.15m。

经过机械整平的吹填高程最大偏差为 ±0.30m。

4.

（1）施工配制强度 $30 + 1.645 \times 3 = 35MPa$

（2）每立方米混凝土用砂 $1700 \div 2 = 850kg$

每立方米混凝土用水泥 $850 \div 2.50 = 340kg$

每个沉箱应备水泥 $0.34 \times 480 \times (1 + 5\%) = 171.4t$

（3）雨后每罐混凝土用湿砂 $1700 \times (1 + 3\%) = 1751kg$

较正常施工时增加砂重：

雨后每罐混凝土用拌合水 $306 - (1751 - 1700) = 255kg$

较正常施工时减少加水量。

（4）混凝土的养护可采取：

浇淡水潮湿养护；

围堰蓄水养护；

布设带孔塑料管淋水养护；

喷涂养护液养护；

包裹土工布塑料薄膜养护；

蒸汽养护。

（5）沉箱的水平运输：

纵横移轨道台车运输；

气囊滚动运输；

水垫运输；

气垫运输；

滑板运输。

沉箱下水：

固定斜坡滑道斜架车下水；

半潜驳舟首倾下水；

半潜驳平潜下水；

浮船坞接运下水；

平台船接运下水；

土坞灌水沉箱起浮下水。

（6）沉箱拖运需要的最小水深为 $6.5 + 0.5 = 7.0m$。

沉箱下水时的实际水深为 $6 - 1.29 + 2.12 = 6.83m < 7.0m$，所以不能实施拖运。

5.

（1）本码头水位变动区的上限是1.27m，下限是−0.5m。

（2）1kg水泥可配制混凝土的体积设为V：

$$V = (1/3.1) + (0.63/2.75) + (1.93/2.82) + 0.38 + V \cdot 4.5\%$$

$$V = 1.69\text{m}^3$$

每立方米混凝土的水泥用量是：$1000/1.69 = 592\text{kg/m}^3$

（3）如下图所示：

$$10.8 - (12-1-1.5-0.5) = 1.8\text{m}$$

（4）1）沉箱安放后，应立即向沉箱内灌水，以保持沉箱的稳定和安全；

2）待经过1~2个低潮后，复测、调整位置，确认符合质量标准后，及时抛填沉箱内填料。

（5）如下图所示：

海洋大气区为：$2.27 + 1.5 = 3.77\text{m}$ 以上；

浪溅区底限为：$2.27 - 1 = 1.27\text{m}$ 在混凝土内；

水位变动区底限为：$0.5 - 1.0 = -0.5\text{m}$ 在混凝土内；

所以本工程的钢管桩仅需要采用电化学阴极保护即可。

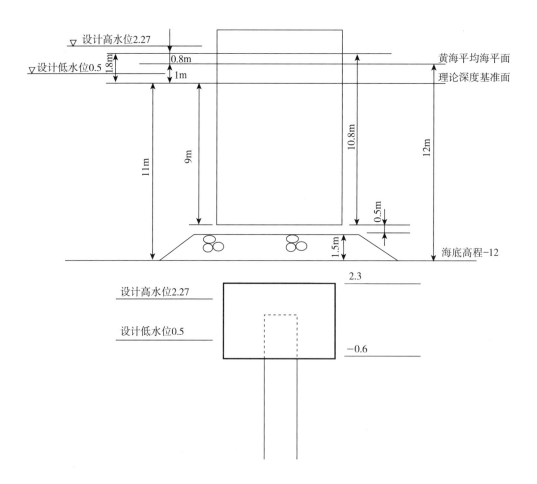

综合测试题四

一、单项选择题（共 20 题，每题 1 分。每题的备选项中，只有 1 个最符合题意）

1. 绘制波浪玫瑰图时，应将波高或周期按需要进行分级，一般情况下波高可按每间隔
（　　）为一级，周期每间隔 1s 为一级。

    A．0.2m
                    B．0.4m

    C．0.5m
                    D．1.0m

2. 对有通航要求的疏浚工程宜采用（　　）。

    A．1954 年北京坐标系
        B．2000 国家大地坐标系

    C．独立的坐标系统
           D．相对的坐标系统

3. 具有加筋、隔离、反滤和防护功能的土工织物是（　　）。

    A．编织土工布
           B．机织土工布

    C．无纺土工布
           D．针刺土工布

4. 海水环境中，港航工程按耐久性要求，混凝土的水位变动区是指（　　）。

    A．设计高水位至设计低水位间的区域

    B．设计高水位至设计低水位减 1.0m 间的区域

    C．设计高水位减 1.0m 至设计低水位间的区域

    D．设计高水位减 1.0m 至设计低水位减 1.0m 间的区域

5. 下列施工控制中，不属于沉桩控制的是（　　）。

    A．岸坡稳定控制
         B．桩的承载力控制

    C．偏位控制
           D．桩的裂损控制

6. 港航工程大体积混凝土结构对防裂不利的措施是（　　）。

    A．提高混凝土的单位水泥用量
    B．选用线胀系数较小的骨料

C. 在素混凝土中掺入块石　　　　　　　D. 适当提高粉煤灰的掺量

7. 对厚度为 10m 左右的淤泥质土层进行加固，下列加固工艺中不宜使用的是（　　　）。

　　A. 堆载预压法　　　　　　　　　　　B. 真空预压法

　　C. 强夯法　　　　　　　　　　　　　D. CDM 法

8. 高桩码头的接岸结构，采用板桩时，回填顺序应先回填（　　　）。

　　A. 锚碇结构前的区域　　　　　　　　B. 锚碇结构及板桩墙的中间部位

　　C. 锚碇结构的周围　　　　　　　　　D. 板桩墙后的部位

9. 钢筋混凝土结构中，钢筋的混凝土保护层厚度是指（　　　）。

　　A. 主筋表面与混凝土表面的最小距离　　B. 箍筋表面与混凝土表面的最小距离

　　C. 主筋中心与混凝土表面的距离　　　　D. 箍筋中心与混凝土表面的距离

10. 地下连续墙属于管涌与流沙（土）防治中的（　　　）方法。

　　A. 土质改良　　　　　　　　　　　　B. 出逸边界措施

　　C. 截水防渗　　　　　　　　　　　　D. 其他施工考虑

11. 关于内河抛枕护底施工顺序的说法，正确的是（　　　）。

　　A. 自上游向下游，先深水后浅水　　　B. 自上游向下游，先浅水后深水

　　C. 自下游向上游，先深水后浅水　　　D. 自下游向上游，先浅水后深水

12. 我国南方海港的水位变动区，当构件的箍筋为直径 8mm 时，主筋保护层的最小厚度为（　　　）。

　　A. 45mm　　　　　　　　　　　　　B. 50mm

　　C. 55mm　　　　　　　　　　　　　D. 60mm

13. 高性能混凝土水泥用量 $215kg/m^3$，磨细矿渣 $245kg/m^3$，硅灰 $20kg/m^3$，拌合水 $168kg/m^3$，该高性能混凝土的水胶比为（　　　）。

　　A. 0.30　　　　　　　　　　　　　　B. 0.35

　　C. 0.37　　　　　　　　　　　　　　D. 0.40

14. 根据水运工程计量规范，基床粗平和细平整平面积按建筑物底面尺寸各边分别加宽（　　　）计算。

A. 粗平 1.0m，细平 0.5m   B. 粗平 1.5m，细平 1.0m

C. 粗平 2.0m，细平 0.5m   D. 粗平 2.0m，细平 1.0m

15. 高桩码头施工中，在斜坡上沉桩，为保证桩位准确，应（   ）。

     A. 严格准确按设计桩位下桩

     B. 严格按设计桩位下桩，削坡、分区跳打

     C. 恰当地偏离设计桩位下桩，削坡、分区跳打

     D. 恰当地偏离设计桩位下桩，削坡、顺序连续沉桩

16. 在软土地基上建斜坡结构防波堤，堤心抛石有挤淤要求，抛石顺序应（   ）。

     A. 沿堤横断面从一端向另一端抛   B. 沿堤纵断面从一段的一端向另一端抛

     C. 沿堤的横断面从中间向两侧抛   D. 沿堤断面全面平抛

17. 港航工程中大型施工船舶的防风防台工作，是指船舶防御（   ）以上季风和热带气旋。

     A. 6 级   B. 8 级

     C. 10 级   D. 12 级

18. 两台起重设备的两个主吊钩起吊同一重物时，各台起重设备的最大实际起重量和其额定起重能力之比的限制值是（   ）。

     A. 0.70   B. 0.80

     C. 0.90   D. 0.95

19. 根据《中华人民共和国港口法》，未经依法批准在港口进行可能危及港口安全的爆破活动的，由（   ）责令停止违法行为。

     A. 海事管理机构   B. 港口行政管理部门

     C. 当地公安部门   D. 安全生产监督管理部门

20. 关于浮运沉箱自身浮游稳定的定倾高度要求的说法，错误的是（   ）。

     A. 近程浮运时，以块石压载的沉箱定倾高度最小为 0.2m

     B. 远程浮运时，以砂压载的沉箱定倾高度最小为 0.3m

     C. 远程浮运时，无需压载的沉箱定倾高度最小为 0.2m

     D. 远程浮运时，以液体压载的沉箱定倾高度最小为 0.4m

二、多项选择题（共10题，每题2分。每题的备选项中，有2个或2个以上符合题意，至少有一个错项。错选，本题不得分；少选，所选的每个选项得0.5分）

1. 港口与航道工程软土地基加固方法中排水固结法分为（　　　）等。

   A. 堆载预压法　　　　　　　　B. 振冲置换法

   C. 真空预压法　　　　　　　　D. 振冲密实法

   E. 强夯法

2. 配制港航工程混凝土可采用（　　　）水泥。

   A. 硅酸盐　　　　　　　　　　B. 矿渣硅酸盐

   C. 火山灰质硅酸盐　　　　　　D. 烧黏土质火山灰质硅酸盐水泥

   E. 普通硅酸盐水泥

3. 下列沿海港口工程中，按一类工程施工取费的有（　　　）。

   A. 水上软基加固　　　　　　　B. 引堤

   C. 取水构筑物　　　　　　　　D. 翻车机房

   E. 栈桥

4. 水下炮孔堵塞应确保药柱不浮出钻孔，下列关于水下炮孔堵塞的要求正确的有（　　　）。

   A. 选用粒径小于2cm卵石堵塞，堵塞长度不小于0.5m

   B. 选用粒径小于2cm碎石堵塞，堵塞长度不小于0.5m

   C. 选用砂堵塞，堵塞长度不小于0.8m

   D. 对水击波防护要求较高水域施工采取砂石混合堵塞

   E. 流速较大水域炮孔堵塞长度不小于0.8m

5. 吹填工程排泥管线的间距应根据（　　　）等因素确定。

   A. 排泥管的布置　　　　　　　B. 设计要求

   C. 泥泵功率　　　　　　　　　D. 吹填区地形

   E. 吹填土的特性

6. 海上航行通告由国家主管机关或者区域主管机关可通过（　　　）等方式发布。

   A. 报纸　　　　　　　　　　　B. 广播

   C. 无线电报　　　　　　　　　D. 电视

   E. 无线电话

7. 对于事故调查处理必须坚持（　　　）不放过的原则。

　　A. 事故原因未查清
　　B. 事故责任者未受到应有处罚
　　C. 群众未受到教育
　　D. 防范、整改措施未落实
　　E. 事故遗留问题未解决

8. 铲斗挖泥船的挖掘与提升铲斗同步挖掘法适用的土质是（　　　）等。

　　A. 密实砂
　　B. 硬塑黏土
　　C. 软塑黏土
　　D. 可塑黏土
　　E. 松散砂

9. 重力式码头胸墙混凝土，在施工缝处浇筑时应清除已硬化混凝土表面的（　　　）。

　　A. 水泥薄膜
　　B. 面层气泡
　　C. 面层水泥砂浆
　　D. 松动石子
　　E. 软弱混凝土层

10. 重力式方块码头，方块安放时，在立面上有（　　　）等几种安放方法。

　　A. 阶梯状安放
　　B. 分段分层安放
　　C. 长段分层安放
　　D. 垂直分层安放
　　E. 水平、垂直混合安放

三、实务操作和案例分析题（共 5 题，前 3 题各 20 分，后 2 题各 30 分）

1. 某感潮河段深水航道整治工程，其主要施工内容为建造顺岸护滩潜堤，潜堤结构形式为抛石斜坡堤，典型断面如下图所示。潜堤堤身范围采用砂肋软体排护底；余排采用混凝土联锁块软体排，联锁块软体排压载体为单元联锁混凝土块，单元尺寸为 3980mm×4980mm。施工中，选用大型铺排船垂直水流方向进行沉排。

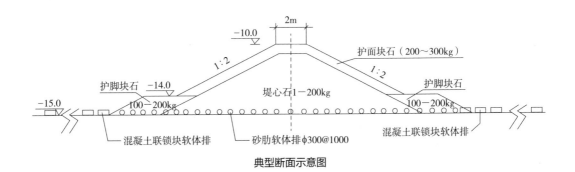

典型断面示意图

问题：

（1）感潮河段内的水流具有哪些特性？

（2）根据规范要求，单元联锁混凝土块吊运、拼装、铺设应符合哪些规定？

（3）本工程相邻排体的沉排顺序应如何确定？画出混凝土联锁块软体排沉放的工艺流程图。

2. 某 10 万吨级高桩煤码头工程，桩基采用预应力混凝土大管桩，上部结构为钢筋混凝土梁板，业主通过招标选定了某监理单位，沉桩及上部结构主体工程由某单位中标组织了煤码头项目部施工承包，并在施工合同中明确，装、卸煤设备安装工程由主体工程中标的施工单位通过招标选择具有相应资质的设备安装单位，另行发包；预应力混凝土大管桩由业主指定供应单位供桩，并运抵现场，并与之签订了合同。

施工过程中，供桩单位因种种原因发生了供桩数量、时间等没有及时到货，部分桩的质量没有达到规范要求质量标准等情况，使主体工程的沉桩进度滞后了 12d，并进而使装、卸煤设备安装工程的进度滞后了 10d。

问题：

（1）对于预应力大管桩，可否视为"甲供构件"？为什么？大管桩的进场验收应由哪个单位来组织？应有哪些单位参加？验收的主要项目有哪些？

（2）针对供桩不及时、部分桩质量不合格所引起的主体工程工期延误，码头主体工程承包单位是否可以提出索赔？

（3）涉及工程的各施工单位主体间存在怎样的索赔关系？

（4）码头主体施工单位在发包设备安装工程时，应在何时对参与设备安装投标的分包单位进行考察？考察的主要内容有哪些？

（5）整个工程的竣工验收由哪家单位提出申请？简要说明竣工验收的程序。

3. 某沿海港口吹填工程面积 5533.3 万 m^2 共划分为 3 个子区，主要工程内容包括：围堤建造、吹填施工等。围堤采用袋装砂斜坡堤结构，堤顶高程 +7.89m，护面采用栅栏板结构，胸墙为钢筋混凝土结构。本工程吹填初期低潮时在围堤底部出现了管涌现象，造成了 30m 长的围堤整体滑移，后经项目部及时采取措施防止了事态进一步扩大。此次管涌事故造成直接经济损失 120 万元。

问题：

（1）简述管涌产生的原因及其防治的基本方法。

（2）根据交通运输部《公路水运建设工程质量事故等级划分和报告制度》规定，水运建设工程质量事故分为哪几级？本工程事故属于哪一级？

（3）分别简述不同级别港口与航道工程质量事故报告的程序和要求。

4. 某船闸建在淤泥质河床上，选用土石围堰形成无支护基坑，在基坑内施工船闸结构，船闸结构施工工期 2 年，要经历 2 个雨季。上游围堰顶标高 +7.5m，河床最低处标高 −5.0m；

下游围堰顶标高＋6.5m，河床最低处标高－5.5m。上下游围堰形成后，上游设计高水位＋4.0m，平均水位＋1.8m，设计低水位＋0.3m；下游设计高水位＋3.0m，平均水位＋1.5m，设计低水位＋0.1m。

围堰采用深层水泥搅拌桩加固、止水，基坑汇水面积为50000m²。编制施工方案时，工程队配置了排水设备，以便及时抽出基坑积水，为结构混凝土施工创造了干施工条件，当地降雨量统计数据见下表。

当地降雨量统计数据表

重现期	年最大降水量（mm）	月最大降水量（mm）	日最大降水量（mm）
2年一遇	2100	920	160
5年一遇	2500	950	200
10年一遇	2700	1000	220

施工过程中，为了检查围堰结构质量，对深层水泥搅拌桩加固体进行了钻孔取芯，检测强度，在确认搅拌体强度达到设计要求后，进行后续施工。

工程队在选择混凝土浇筑工艺时，比选了吊灌和泵送工艺，确定选用吊灌工艺。船闸闸首混凝土结构设置了后浇带，其浇筑时间设计未做规定。施工中，在浇筑完后浇带两侧混凝土后，进行了沉降位移观测，根据观测数据分析，两侧混凝土全部浇筑完成25d后闸首结构已沉降稳定。

船闸大体积混凝土浇筑前进行了温控设计，采取了满足大体积混凝土施工阶段温控标准的措施。在典型施工中，对混凝土内部最高温度和表面最低温度进行了监测，混凝土内部最高温度曲线如下图所示。

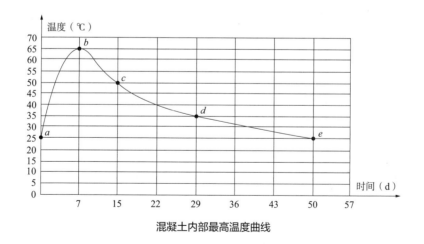

混凝土内部最高温度曲线

问题：

（1）写出深层水泥搅拌桩的主要施工步骤？水泥搅拌桩的钻孔取芯至少宜在成桩后多少

天进行?

（2）设计条件下，计算出上下游围堰中迎水面每延米承受的水平向最大水压力。（水的重度 $\gamma = 9800\text{N/m}^3$）

（3）计算基坑径流排水量及需配备的排水设备的最低总额定排水能力。

（4）根据大体积混凝土施工阶段温控标准，给出上图中 b、c 点对应时间的混凝土表面最低温度控制值。此时，如环境气温骤降，为满足温控标准需采取哪些措施？

（5）分别写出适合吊灌工艺和泵送工艺的混凝土坍落度范围和粗骨料级配要求。后浇带混凝土在两侧混凝土浇筑后至少多少天可施工？

（6）在水运工程建设项目重大事故隐患清单中，围堰施工隐患易引发事故的类型有哪些？

5. 某海港航道疏浚工程长度为 25km，疏浚土质为粉土，设计底高程为 −20.0m（当地理论深度基准面），航道浚前平均高程为 −9.0m（当地理论深度基准面），其中有一段长为 1.9km 的浅水段，浚前高程为 −7.0～−8.0m（当地理论深度基准面），当地平均高潮位为 ＋1.5m（黄海平均海平面），平均低潮位为 −0.5m（黄海平均海平面）。本工程选用 10000m^3 自航耙吸挖泥船将泥土抛到抛泥区，10000m^3 自航耙吸挖泥船满载吃水为 8.8m。当地理论深度基准面与黄海平均海平面相差 1.0m。

问题：

（1）分别计算本工程当地理论深度基准面下的平均高潮位和平均低潮位。

（2）计算确定本工程在平均潮位时挖泥船能否乘潮全线施工？

（3）自航耙吸挖泥船在哪些情况下应分段施工？

（4）当疏浚粉土时应采取哪些具体措施以提高舱内泥浆浓度、增加装舱量？挖泥期间自航耙吸挖泥船的波浪补偿器的压力应如何控制？

综合测试题四参考答案

一、单项选择题

1	2	3	4	5	6	7	8	9	10	11	12
C	B	B	D	A	A	C	A	A	C	C	C

13	14	15	16	17	18	19	20				
B	A	C	C	A	B	B	C				

二、多项选择题

1	2	3	4	5	6	7	8
A、C	A、B、C、E	A、C、D、E	A、B、D、E	B、C、E	A、B、D	A、B、C、D	A、C
9	10						
A、D、E	A、B、C						

三、实务操作和案例分析题

1.

（1）① 在潮流界和潮区界之间，仅有水位升降的现象，而不存在指向上游的涨潮流。

② 在潮流界以下，涨落潮流呈往复形式，落潮流量大于涨潮流量。

③ 涨潮历时小于落潮历时，涨潮历时越向上游越短。

（2）① 选用相应承载能力的专用起吊设备，按单元逐一吊运拼装。

② 施工时应采取必要的安全防护措施，安排专人指挥，轻装轻放。

③ 单元之间以及联锁块体与排垫之间的连接方式，连接点的布置应满足设计要求，连接扣环应锁紧、卡牢，不得松脱、漏扣；排垫与单元联锁混凝土块应联为一体。

④ 排体铺设前应对单元联锁混凝土块的连接绳索损伤，混凝土块破损情况进行检查，同一单元的断裂、掉角的破损块体比例超过5%或有块体脱落已影响使用功能的应按单元整体更换。

（3）根据潮水流向选择铺排施工顺序。

工艺流程图：

2.

（1）可视为"甲供"构件，因为供桩单位是业主选定的，业主与之有供货合同，码头主体施工单位与供桩单位无合同关系。桩验收由码头主体工程施工单位负责组织。业主、供桩单位、监理单位参加。验收的主要项目有：桩的质量、数量及相关的质量证明材料。

（2）码头主体施工单位可以进行索赔。

（3）各主体单位间的索赔关系有：

1）码头主体施工单位向业主索赔；

2）业主向供桩单位索赔；

3）设备安装单位向码头主体施工单位索赔。

（4）应在分包招标阶段考察，考察的主要内容有：

1）资质等级合格否；

2）技术、装备满足工程需要否；

3）人员配置、上岗证齐全否；

4）质量、安全保证体系完善否；

5）业绩、信誉状况如何。

（5）提出申请单位：码头主体施工单位。

程序：

1）预验收：当工程具备验收条件后，码头主体施工单位填写工程竣工报验单，将全部竣工资料报送监理单位申请竣工验收，对监理单位提出的问题及时整改，合格后报监理单位直至预验收合格。

2）正式验收：码头主体工程施工单位向业主提出正式竣工验收。

3.

（1）管涌产生的原因：水在土粒骨架的孔隙中流动时，受到土粒骨架对孔隙水流的摩阻力，这个作用力的方向与水流方向相反，它使动水能量逐渐减小，水头逐渐损失。根据作用力与反作用力相等的原理，水流也必然有一个相等的力作用在土颗粒上，这个力在土力学上称之为动水力或者渗流力。单位体积土体受到的渗透力与水力坡降 i 成正比。当水力坡降超过一定界限后，土中的渗透水流会把部分土体或颗粒带走，导致土体发生位移，位移达到一定程度，土体将发生失稳破坏，这种现象称为渗透变形，即管涌。

其防治的基本方法有：土质改良、截水防渗、人工降低地下水位、出逸边界措施以及其他施工考虑等。

（2）水运建设工程质量事故分为特别重大质量事故、重大质量事故、较大质量事故和一般质量事故四个等级：本工程属于一般质量事故。

（3）较大质量事故和一般质量事故发生后，现场有关人员应立即向事故报告责任单位负责人报告。事故报告责任单位应在接报 2 小时内，核实、汇总并向负责项目监管的交通运输主管部门及其工程质量监督机构报告。

重大及以上质量事故，省级交通运输主管部门应在接报 2 小时内进一步核实，并按工程质量事故快报统一报交通运输部应急办转部工程质量监督管理部门；出现新的经济损失、工程损毁扩大等情况的应及时续报。省级交通运输主管部门应在事故情况稳定后的 10 日内汇总、核查事故数据，形成质量事故情况报告，报交通运输部工程质量监督管理部门。

对特别重大质量事故，交通运输部将按《交通运输部突发事件应急工作暂行规范》由交通运输部应急办会同部工程质量监督管理部门及时向国务院应急办报告。

4.

（1）深层搅拌桩的主要施工步骤是：

1）搅拌机械就位。

2）预搅拌下沉至设计加固深度。

3）边喷浆、边搅拌提升搅拌头直至预定的停浆面。

4）重复搅拌下沉至设计加固深度。

5）根据设计要求，喷浆或仅搅拌直至预定的停浆面。

钻孔取芯宜在成桩后 90d 进行。

（2）

上游围堰迎水面每延米承受水平向的最大水压力

$$F = 1/2\gamma h^2$$
$$= 1/2（9800 \times 9^2）$$
$$= 396900（N/m）$$

（3）

基坑径流排水量 $Q = AR$

$$= 50000 \times 0.2 \times 0.5$$
$$= 5000（m^3/h）$$

排水设备最低总额定排水能力 $Q' = 2Q$

$$= 2 \times 5000$$
$$= 10000（m^3/h）$$

（4）

b、c 点对应时间混凝土表面最低温度控制值分别为：40℃、25℃。

采用表面保温和升温措施控制混凝土表面温度。

（5）

吊灌混凝土工艺：混凝土坍落度宜为 50～80mm，粗骨料宜用 3 级配，最大粒径不宜大于 80mm。

泵送混凝土工艺：混凝土坍落度宜为 120～180mm，粗骨料宜采用连续级配。

闸首结构的后浇带混凝土在两侧混凝土浇筑 30d 后施工。

（6）

在水运工程建设项目重大事故隐患清单中，围堰施工隐患易引发事故的类型有：坍塌、淹溺、渗水和船舶沉没。

5.

（1）本工程当地理论深度基准面与黄海平均海平面相差 1.0m，则平均高潮位为：1.5 + 1.0 = + 2.5m，平均低潮位为 − 0.5 + 1.0 = + 0.5m。

（2）以当地理论深度基准面计，当地平均潮位为：（2.5 ＋ 0.5）/2 ＝ ＋1.5m，浅水段在平均潮位时的浚前最小水深为：1.5 ＋ 7.0 ＝ 8.5m，因为挖泥船的满载吃水为8.8m，大于8.5m，所以，本工程在平均潮位时挖泥船不能乘潮全线施工。

（3）在下列情况下应分段施工：

1）当挖槽长度大于挖泥船挖满一舱泥所需的长度时，应分段施工。

2）当挖泥船挖泥、航行、调头受水深限制时，可根据潮位情况分段施工。

3）当施工存在与航行的干扰时，应根据商定的避让办法，分段施工。

4）挖槽尺度不一或工期要求不同时，可按平面形状及合同要求分段。

（4）当疏浚粉土时，在挖泥装舱之前，应将泥舱中的水抽干，并将开始挖泥下耙时和终止挖泥起耙时所挖吸的清水和稀泥浆排出舷外，以提高舱内泥浆浓度，增加装舱量。

应根据土质和挖深，调节波浪补偿器的压力，以保持耙头对地有合适的压力。对软土，应适当调高波浪补偿器的压力，使耙头对地压力减小，对密实的土应适当调低波浪补偿器的压力，使耙头对地压力加大。

第四部分

参考答案

单项选择题 多项选择题参考答案

1E410000 港口与航道工程技术

1E411000 港口与航道工程专业技术

1E411010 港口与航道工程的水文和气象

1E411011 波浪要素和常用波浪的统计特征值

一、单项选择题

1	2	3	4	5	6	7	8				
D	D	C	B	B	D	A	B				

二、多项选择题

1	2	3	4	5	6		
A、B、D、E	A、B、C、E	A、C、E	A、B、D、E	A、B、D、E	B、C、D		

1E411012 潮汐与设计潮位

一、单项选择题

1	2	3	4	5	6	7	8	9	10	11	12
B	B	D	C	B	B	C	D	A	C	A	C

13	14	15	16								
A	D	C	C								

二、多项选择题

1	2	3	4	5			
A、B、C	B、D	A、B、C	A、B、D、E	A、C、D、E			

1E411013 近岸海流特征

一、单项选择题

1	2	3							
B	A	B							

二、多项选择题

1	2						
A、B	A、C、D						

1E411014 海岸带泥沙运动规律

一、单项选择题

1	2	3	4	5					
C	D	C	D	C					

二、多项选择题

1	2	3						
C、D	A、B、E	A、B、C、E						

1E411015 内河的特征水位和泥沙运动规律

一、单项选择题

1	2							
B	B							

二、多项选择题

1	2							
A、C、E	A、C、E							

1E411016　气象及影响

一、单项选择题

1	2	3	4	5	6	7	8	9	10		
D	D	A	D	A	A	D	C	B	C		

二、多项选择题

1	2	3	4				
B、D	B、C、D、E	C、D、E	A、D				

1E411020　港口与航道工程勘察与测量成果的应用

1E411021　港口与航道工程地质勘察与地质钻孔剖面图的应用

一、单项选择题

1	2	3	4	5	6	7	8	9	10	11	12
D	C	C	C	C	B	C	A	D	B	C	A
13	14	15	16	17	18	19	20	21	22	23	24
A	A	B	A	A	D	D	C	B	B	A	C
25	26	27	28	29	30	31					
B	A	B	C	D	A	D					

二、多项选择题

1	2	3	4	5	6	7	8
A、B	A、C、D、E	A、C、D	B、D	A、B、C、D	A、C、D、E	A、B、C、E	B、C、D
9	10	11	12	13	14	15	16
A、C、D	C、D、E	A、B	B、C、D、E	A、C、D、E	A、B、D、E	A、B、C	A、B、C、E
17	18	19	20	21	22	23	24
A、E	A、B	A、B	A、E	A、B、C、D	B、C、E	A、B、C	B、C、D
25							
A、B、C、D							

1E411022　港口与航道工程地形图和水深图的应用

一、单项选择题

1	2	3	4	5	6	7	8	9	10	11	12
B	B	C	B	C	C	D	A	B	A	D	C

13											
A											

二、多项选择题

1	2							
A、B	A、B、C							

1E411030　港口与航道工程常用混凝土原材料

1E411031　水泥

一、单项选择题

1	2	3	4	5	6	7	8	9	10
C	D	C	C	B	A	B	D	C	B

二、多项选择题

1	2	3	4	5	6	7	8
A、B、C、E	A、B、D、E	A、B、D	C、D、E	B、C、D、E	A、C、D、E	A、B、C、D	A、C

1E411032　骨料

一、单项选择题

1	2	3	4								
C	D	D	A								

二、多项选择题

B、C、E							

1E411033 掺合料

一、单项选择题

1	2									
B	D									

二、多项选择题

1	2							
A、C、D、E	A、B、D、E						

1E411034 外加剂

一、单项选择题

1	2									
B	C									

二、多项选择题

B、C、D、E							

1E411040 港口与航道工程钢材的性能及其应用

1E411041 港口与航道工程钢材的物理力学性能及其应用范围

多项选择题

A、B、D							

1E411042 港口与航道工程钢筋的品种及其应用范围

一、单项选择题

1	2	3	4							
B	C	B	C							

二、多项选择题

1	2						
A、B、C、E	A、B、C、E						

1E411043　粗直径钢筋的机械连接

一、单项选择题

1	2	3	4						
B	B	A	D						

二、多项选择题

1	2	3						
A、B、C、E	A、B、E	A、C、D、E						

1E411050　港口与航道工程土工织物的性能及其应用

1E411051　港口与航道工程常用土工织物的种类及其性能

一、单项选择题

1	2	3	4	5	6				
C	C	B	A	B	C				

二、多项选择题

1	2	3	4	5	6	7		
A、C、D	A、B、C、D	A、B、C	A、B、D、E	A、C、D、E	A、D	A、B、C、E		

1E411052　土工织物在港口与航道工程中的应用

一、单项选择题

1	2	3						
B	B	A						

二、多项选择题

1	2	3				
A、B、C	A、B	A、B、C、D				

1E411060　港口与航道工程混凝土的特点及其配制要求

1E411061　港口与航道工程混凝土特点

一、单项选择题

1	2	3	4	5	6	7	8	9	10	11	12
B	B	C	B	A	B	A	B	C	B	B	C

二、多项选择题

B、C、D、E						

1E411062　港口与航道工程混凝土配制要求

一、单项选择题

1	2	3	4	5	6		
(1) B、(2) D、(3) C、(4) C	C	D	D	C	B		

二、多项选择题

1	2					
C、D	A、C、D、E					

1E411070　港口与航道工程大体积混凝土的开裂机理及防裂措施

1E411071　港口与航道工程大体积混凝土开裂机理

单项选择题

1	2									
C	C									

1E411072　港口与航道工程大体积混凝土防裂措施

一、单项选择题

1	2	3	4	5						
C	D	B	C	A						

二、多项选择题

1	2								
A、B、D	A、B、E								

1E411080　港口与航道工程混凝土的耐久性

1E411081　提高港口与航道工程混凝土耐久性的措施

一、单项选择题

1	2	3	4	5	6	7	8			
C	B	C	A	A	A	C	C			

二、多项选择题

1	2	3	4	5					
A、B、C、D	A、B、C	A、B、D、E	B、C、D	C、D、E					

1E411082　高性能混凝土的特性

一、单项选择题

1	2								
C	C								

二、多项选择题

1	2	3	4						
A、B、C、D	A、B、C	B、C、D	B、C、D、E						

1E411090 港口与航道工程预应力混凝土

一、单项选择题

1	2	3	4	5	6					
D	B	B	D	B	A					

二、多项选择题

A、B、C									

1E411091 先张法预应力混凝土

一、单项选择题

1	2	3	4	5	6					
C	B	C	B	B	B					

二、多项选择题

1	2	3						
A、B、D	A、B、C、D	A、B、C、D						

1E411092 后张法预应力混凝土

一、单项选择题

1	2	3	4	5					
A	A	C	B	A					

二、多项选择题

1	2	3						
A、B、C	A、B、C、D	A、B、C、E						

1E411100 港口与航道工程软土地基加固方法

1E411101 排水固结法

一、单项选择题

1	2	3	4	5	6	7	8	9	10		
B	B	B	C	C	C	D	A	C	B		

二、多项选择题

1	2	3	4	5	6	7	8
A、B、D	A、B、C	A、C、D、E	D、E	C、D、E	A、B、E	B、C、E	A、B、D、E

1E411102 振动水冲法

一、单项选择题

1	2	3	4	5	6	7					
C	B	C	B	B	A	C					

二、多项选择题

1	2	3	4	5	6		
B、D	A、B、E	A、C、D	A、C、E	A、C、D、E	A、B		

1E411103 强夯法

一、单项选择题

1	2	3	4	5	6	7	8				
D	D	D	B	A	C	B	C				

二、多项选择题

1	2	3	4	5	6		
A、C、E	B、C、D、E	A、C、D	A、C、D	A、B、E	A、B、C、D		

1E411104　深层搅拌法

一、单项选择题

1	2	3	4	5	6	7	8	9	10	11	
C	B	C	D	C	C	A	D	B	D	B	

二、多项选择题

1	2	3	4	5	6	7	8
A、D、E	C、E	C、D、E	A、E	B、C、E	A、B、C、D	B、E	B、D

9	10	11					
B、E	B、C、E	A、B、C、E					

1E411105　爆炸排淤填石法

一、单项选择题

1	2	3	4	5	6	7	8	9	10		
C	D	C	C	A	C	A	C	C	A		

二、多项选择题

1	2	3	4	5	6		
A、C、E	A、B、D、E	C、E	A、E	C、D、E	B、D、E		

1E411110　管涌和流沙的防治方法

1E411111　影响土渗透性的因素

一、单项选择题

1	2	3	4	5	6	7	8	9			
B	C	C	A	C	B	D	A	A			

二、多项选择题

1	2	3					
C、D、E	C、E	B、C、D、E					

1E411112 管涌和流沙的防治方法

一、单项选择题

1	2	3	4	5	6	7	8	9	10	11	12
D	A	C	A	B	B	B	A	D	B	B	B

二、多项选择题

1	2	3	4	5	6	7	8
A、C	C、E	A、B、D	B、C、D、E	A、C、E	A、B、C、D	B、C、D、E	A、B、D、E
9							
B、C							

1E411120 港口与航道工程钢结构的防腐蚀

1E411121 港口与航道工程钢结构防腐蚀的主要方法及其效果

一、单项选择题

1	2	3									
C	B	C									

二、多项选择题

A、B、C							

1E411122 海水环境中钢结构腐蚀区域的划分和防腐蚀措施

一、单项选择题

C											

二、多项选择题

1	2						
D、E	A、C、D						

1E411130　港口与航道工程施工的测量控制

1E411131　港口与航道工程施工平面控制与高程控制方法

一、单项选择题

1	2	3	4	5	6	7	8	9		
C	C	D	B	B	B	A	C	C		

二、多项选择题

1	2	3	4	5	
A、B、D	A、C、E	A、B、C、E	A、B、D、E	A、C、E	

1E411132　港口与航道工程沉降和位移观测方法

一、单项选择题

1	2	3	4	5	6						
C	D	A	C	A	D						

二、多项选择题

1	2	3	4	5	6		
C、E	B、C、D、E	A、B、E	C、D、E	A、C、E	A、B、C		

1E411140　GPS 在港口与航道工程中的应用

1E411141　GPS 测量定位系统

单项选择题

1	2	3	4	5	6	7	8	9	10	
A	A	B	D	B	A	B	C	D	B	

1E411142　GPS 测量定位系统在港口与航道工程中的应用

多项选择题

A、B、C、D								

1E411150　港口与航道工程混凝土的质量检查和试验检测

1E411151　港口与航道工程混凝土质量检查

一、单项选择题

1	2	3	4	5	6	7				
C	B	A	D	B	D	B				

二、多项选择题

1	2							
A、C、D、E	B、C、D							

1E411152　港口与航道工程混凝土试验检测

单项选择题

1	2	3	4	5	6	7	8			
D	A	D	C	D	A	A	C			

1E412000　港口与航道工程施工技术

1E412010　重力式码头施工技术

1E412011　基床施工

一、单项选择题

1	2	3	4	5	6	7	8	9	10	11	12
C	C	C	A	A	A	B	B	C	C	B	C
13	14	15	16	17	18	19	20				
C	B	B	C	C	C	C	B				

二、多项选择题

1	2	3	4	5	6	7	8
B、C、E	A、B	A、C	A、B	A、B	A、B、C	A、C	A、B、C
9	10	11	12				
B、D	A、B、D	A、B、C、E	B、C、D				

1E412012　构件预制及安装

一、单项选择题

1	2	3	4	5	6	7	8	9	10	11	12
D	C	A	B	A	D	B	B	C	B	A	C
13	14	15	16								
A	D	A	B								

二、多项选择题

1	2	3	4	5	6	7	8
A、C	B、C、D	A、B	B、C	A、E	A、B、E	B、E	A、B、D、E
9	10	11	12	13	14	15	16
A、B、C	A、E	A、B	A、B、C、D	B、C、E	A、B	B、D、E	B、C、D
17	18	19					
B、C	B、C、E	A、C					

1E412013　棱体和倒滤结构施工

一、单项选择题

1	2	3	4	5	6	7	8	9	10	11	12
B	B	C	D	A	B	D	A	D	C	A	C
13	14	15	16	17	18						
B	C	B	A	C	C						

二、多项选择题

1	2	3	4	5	6	7	
C、D	A、B、D、E	A、B	B、C	A、B、C、D	A、C、D、E	A、B	

1E412014 胸墙施工

一、单项选择题

1	2	3	4	5	6					
D	B	C	C	B	A					

二、多项选择题

1	2	3	4					
B、E	A、C	A、B	A、D、E					

1E412020 高桩码头施工技术

1E412021 沉桩施工

一、单项选择题

1	2	3	4	5	6	7	8			
C	A	B	B	D	D	D	C			

二、多项选择题

1	2	3	4	5	6	7	8
B、D	A、B	A、C	A、C、E	A、C	A、C、E	B、C	A、D、E
9							
A、B、C、D							

1E412022 构件预制和安装

一、单项选择题

1	2	3	4	5	6	7	8	9	10	11	12
C	C	C	D	B	B	D	A	A	C	A	D
13											
A											

二、多项选择题

1	2	3	4	5	6	7	
A、B、C、E	D、E	A、B、D	A、C、E	A、B、C、D	A、B、C、D	B、C、E	

1E412023 上部结构现浇混凝土施工

一、单项选择题

1	2										
D	C										

二、多项选择题

A、B、D、E							

1E412024 接岸结构和岸坡施工

一、单项选择题

1	2	3	4	5	6	7	8	9			
B	B	B	A	C	C	B	D	D			

二、多项选择题

1	2	3	4	5			
A、B、D	B、C	A、E	A、C、D	B、C			

1E412030 板桩码头施工技术

1E412031 板桩的沉桩

一、单项选择题

1	2	3	4	5	6	7	8	9	10		
C	C	D	B	B	A	A	A	C	B		

二、多项选择题

1	2	3	4	5	6	7	8
A、C、D	A、B、D、E	A、B、D	A、B、D、E	B、E	A、B	A、B、D、E	A、B、C、D
9							
B、D							

1E412032　锚碇系统施工

一、单项选择题

1	2	3	4	5	6	7			
D	A	C	B	B	D	B			

二、多项选择题

1	2	3	4	5	6		
A、C、D、E	A、B、C	C、D	B、C	B、D	A、C、D		

1E412040　斜坡堤施工技术

1E412041　砂垫层与土工织物垫层施工

一、单项选择题

1	2	3	4	5	6				
B	D	A	C	B	A				

二、多项选择题

1	2	3	4	5		
A、B、C	A、D	B、D	C、D	C、D		

1E412042　堤身抛填

一、单项选择题

1	2	3	4	5	6	7	8	9	
B	C	C	A	A	C	C	B	C	

二、多项选择题

1	2	3	4	5	6	7	
A、B、D、E	A、B、C	A、C	B、C、E	C、D、E	C、D、E	A、B、E	

1E412043 护面块体的预制和安装

一、单项选择题

1	2	3	4	5	6	7	8					
C	D	C	A	C	B	C	B					

二、多项选择题

1	2	3					
B、C、D、E	A、B、D、E	A、B、D					

1E412050 船闸施工技术

1E412051 围堰施工

一、单项选择题

D											

二、多项选择题

1	2							
A、B、C、D	A、B、D、E							

1E412052 基坑施工

一、单项选择题

1	2									
D	A									

二、多项选择题

1	2							
A、E	B、C、E							

1E412053　地基与基础施工

一、单项选择题

1	2									
C	B									

二、多项选择题

1	2							
A、C、D、E	A、C、E							

1E412054　船闸主体施工

一、单项选择题

1	2	3								
B	D	C								

二、多项选择题

A、B、D								

1E412055　引航道施工

一、单项选择题

A										

二、多项选择题

A、B、C、E							

1E412060 航道整治工程施工技术

1E412061 航道整治的方法

一、单项选择题

1	2	3	4	5	6	7	8	9	10	11	
B	C	B	A	B	C	A	C	D	B	A	

二、多项选择题

1	2	3	4	5	6	7	8
A、B、C、D	A、C、D	A、B、C	B、C、D	A、C	A、C	B、C、D、E	B、C、D
9							
B、E							

1E412062 护滩与护底施工

一、单项选择题

1	2	3	4	5	6	7	8	9	10	
B	B	C	D	B	B	C	D	B	D	

二、多项选择题

1	2	3	4	5	6	7	8
B、C、D、E	A、B、C	B、C	A、D	A、B、C、D	B、D	B、D	A、C、D、E
9	10	11					
A、B、E	A、C、E	B、C、D、E					

1E412063 坝与导堤施工

一、单项选择题

1	2	3	4	5	6	7	8	9	
C	A	C	B	C	C	D	A	C	

二、多项选择题

1	2	3	4	5	6	7	8
B、C、E	A、C、D	A、B、C、D	C、D	C、E	A、D、E	C、D	A、B

9	10	11					
B、C	C、E	B、D、E					

1E412064 护岸施工

一、单项选择题

1	2	3	4	5	6	7	8	9				
B	A	D	C	B	C	A	D	B				

二、多项选择题

1	2	3	4	5	6	7	8
A、B、D	A、B、E	B、C、D	A、B、C	D、E	A、B	A、D	C、E

1E412065 清礁施工

一、单项选择题

1	2	3	4	5	6						
C	A	C	D	D	A						

二、多项选择题

1	2	3	4	5						
A、D	C、D、E	A、E	A、B、C	A、B、C						

1E412070 疏浚与吹填工程施工技术

一、单项选择题

1	2									
B	A									

二、多项选择题

1	2	3					
B、D	C、D、E	A、B					

1E412071 耙吸挖泥船施工

一、单项选择题

1	2	3	4	5	6	7	8	9	10	11	12
B	D	C	B	B	A	B	A	B	A	B	A

二、多项选择题

1	2	3	4	5	6	7	8
A、B、C、D	A、B、C、D	B、C、D	A、C、E	B、C	A、B、C、D	A、B、C	A、B、D
9	10	11					
A、C	A、B、D	A、B、C、E					

1E412072 绞吸挖泥船施工

一、单项选择题

1	2	3	4	5	6	7	8	9
B	A	B	A	D	C	C	C	C

二、多项选择题

1	2	3	4	5	6	7	8
A、B、C	A、B	A、C	A、B、C	A、B	C、E	C、D、E	B、C、E
9	10						
B、C、D、E	A、B、C						

1E412073 链斗挖泥船施工

一、单项选择题

1	2	3	4	5	6	7	8	9	10	11	12
A	B	B	C	D	B	B	B	B	B	A	C

13								
C								

二、多项选择题

1	2	3	4	5	6	7	8
A、B、C	A、B、C	D、E	D、E	A、C、D、E	A、C、E	A、C	B、D、E

9	10						
A、C、D、E	A、B、C、D						

1E412074　抓斗挖泥船施工

一、单项选择题

1	2	3	4	5	6	7	8	9	10	11
A	C	A	C	C	B	C	C	C	C	D

二、多项选择题

1	2	3	4	5	6	7
A、B、D	A、D	A、D、E	A、B、C	A、B、C、E	A、C、D、E	A、B

1E412075　铲斗挖泥船施工

一、单项选择题

1	2	3	4	5	6
D	B	A	D	A	B

二、多项选择题

1	2	3	4	5
A、C	A、C、D、E	B、D	B、D	A、C、E

1E412076　接力泵施工

一、单项选择题

1	2	3
D	A	B

二、多项选择题

1	2						
A、B、D、E	A、B、C、E						

1E412077 联合施工

一、单项选择题

A									

二、多项选择题

A、B、C							

1E412078 吹填工程施工

一、单项选择题

1	2	3	4	5	6	7	8		
B	A	D	B	B	D	C	B		

二、多项选择题

1	2	3	4	5	6	7	8
A、B、D、E	A、C、E	A、B、E	A、B、E	C、D	C、D	A、C、D、E	A、B、D、E

1E412080　环保疏浚与疏浚环保

1E412081　环保疏浚

1E412082　疏浚环保

一、单项选择题

1	2	3							
C	B	B							

二、多项选择题

1	2	3					
A、B、E	B、C、D、E	A、B、E					

1E420000　港口与航道工程项目施工管理

1E420010　水运工程施工招标投标

1E420011　水运工程施工招标投标管理要求

1E420012　水运工程施工招标

1E420013　水运工程施工投标

1E420014　开标、评标和定标

一、单项选择题

1	2	3	4	5	6	7	8	9	10	11
A	B	B	A	B	B	A	C	B	A	D

二、多项选择题

1	2	3	4	5	6	7	8
A、B	A、B	A、C、D、E	A、B	A、D	A、E	A、C、E	A、B、C、E

9	10	11					
B、E	A、C、D、E	A、B、E					

1E420020 港口与航道工程合同管理

1E420021 合同的签署与授权

1E420022 合同涉及的担保的种类与特点

1E420023 水运工程标准施工承包合同的主要条款

1E420024 发包人、监理人、承包人的职责与相互关系

1E420025 项目开工工作程序

1E420026 隐蔽工程覆盖检查工作程序

1E420027 合同的争议和解决

1E420028 港口与航道工程合同价款与支付

1E420029 港口与航道工程设计变更

一、单项选择题

1	2	3	4	5	6	7	8	9	10	11	12
C	B	A	C	D	A	A	B	B	B	A	C

13	14	15	16	17	18	19	20	21	22		
C	C	B	B	D	D	C	B	C	B		

二、多项选择题

1	2	3	4			
B、C、D、E	B、C	B、D、E	A、C			

1E420030 港口与航道工程计量

1E420031 港口与航道工程工程量清单计价的应用

1E420032 港口与航道工程计量的标准和方法

1E420033 港口与航道工程工程价款变更的依据与方法

一、单项选择题

1	2	3	4	5	6	7	8	9	10	11	12
D	C	D	C	D	C	C	C	D	A	C	A

13											
D											

二、多项选择题

1	2	3	4	5	6	7	8
C、D、E	C、D	A、B、D、E	A、B、C	B、C、D	A、B、C	A、B、C	B、C、E

9							
C、D、E							

1E420040 水运工程质量监督管理

1E420041 水运工程质量监督机构职责

1E420042 水运工程质量监督程序

1E420043 水运工程质量监督内容

1E420044 违反水运工程质量监督规定的处罚

一、单项选择题

1	2	3	4	5	6	7				
B	B	A	C	B	C	C				

二、多项选择题

1	2	3	4	5			
A、C、E	A、B、D、E	B、C、D	A、D	A、B、C			

1E420050 港口与航道工程施工安全生产监督管理

1E420051 港口与航道工程施工安全生产的监督管理

1E420052 港口与航道工程施工安全事故等级划分

1E420053 港口与航道工程施工安全事故处理程序

一、单项选择题

1	2	3	4	5	6	7				
C	D	B	D	C	B	B				

二、多项选择题

1	2	3	4	5	6	7	8
B、C、D	A、B、C、D	A、C、E	A、B、E	A、B、C、E	A、B、C、E	A、C、E	A、B、C
9	10	11					
C、D	A、B、C、D	A、C、E					

1E420060 港口与航道工程施工安全事故的防范

1E420061 构成港口与航道工程施工安全隐患的根本因素

一、单项选择题

C										

二、多项选择题

1	2							
A、B、C、D	A、B、C、E							

1E420062 港口与航道工程施工安全事故防范的特点和措施

一、单项选择题

1	2	3	4	5	6	7	8	9			
C	A	B	D	B	D	C	A	B			

二、多项选择题

1	2	3	4	5	6	7	8
B、C、D、E	A、B、D、E	A、E	A、C、E	A、B、C、E	B、C、D	A、B、C、D	A、C、E

1E420070　大型施工船舶的调遣和防台风

1E420071　大型施工船舶拖航和调遣

1E420072　大型施工船舶的防台风

一、单项选择题

1	2	3	4	5	6	7	8	9	10	11	12
C	B	A	D	D	B	D	A	A	C	C	A
13	14	15	16	17	18	19	20	21			
D	A	B	A	D	B	C	C	C			

二、多项选择题

1	2	3	4	5			
A、B、D、E	A、B、C、E	A、B、D、E	A、C、E	B、C、D			

1E420080 水上水下活动通航安全管理

1E420081 水上水下活动通航安全管理的范围

1E420082 从事水上水下通航安全活动的申请

1E420083 水上水下通航安全活动许可证的管理

1E420084 对从事水上水下施工生产活动主体的规定

1E420085 对水上水下活动通航安全的监督

1E420086 对违反水上水下活动通航安全管理规定的处罚

一、单项选择题

1	2	3	4	5	6	7	8	9			
C	D	B	A	A	B	C	B	C			

二、多项选择题

1	2	3	4	5	6	7	8
A、B、C、D	A、C、D、E	B、C、D、E	A、B、C、E	A、B、E	A、C、D、E	A、B、C、E	A、B、C

9	10	11					
A、B、C、D	A、B、D、E	A、C、D					

1E420090 海上航行警告和航行通告管理

1E420091 海上航行警告和航行通告的管理

1E420092 海上航行警告和航行通告申请的程序

1E420093 对违反海上航行警告和航行通告管理规定的处罚

一、单项选择题

1	2	3	4	5	6						
B	A	A	B	C	C						

二、多项选择题

1	2	3	4				
A、B、C、D	A、B、C、E	A、B、D	B、D、E				

1E420100　港口与航道工程项目的技术管理

1E420101　港口与航道工程项目技术管理的任务和作用

一、单项选择题

1	2										
C	C										

二、多项选择题

1	2						
A、B、C、D	A、C、D、E						

1E420102　港口与航道工程图纸的熟悉与审查

一、单项选择题

B											

二、多项选择题

A、B、C、E							

1E420103　港口与航道工程危险性较大的分部分项工程安全专项施工方案编制

一、单项选择题

C											

二、多项选择题

A、B、C、E							

1E420104　港口与航道工程技术交底

一、单项选择题

A										

二、多项选择题

1	2								
A、B、C、D	A、C、E								

1E420105　港口与航道工程技术总结

一、单项选择题

A										

二、多项选择题

A、C、D									

1E420110　港口与航道工程项目的质量管理

1E420111　港口与航道工程质量控制措施

1E420112　港口与航道工程质量事故等级划分

1E420113　港口与航道工程质量事故报告的有关要求

一、单项选择题

1	2	3	4	5						
B	A	B	D	B						

二、多项选择题

1	2	3						
A、B	B、C	B、D						

302

1E420120 港口与航道施工企业资质

1E420121 港口与航道施工企业资质分类

1E420122 港口与航道施工企业资质承包范围

一、单项选择题

1	2								
D	C								

二、多项选择题

1	2	3	4	5	6	7	
A、B、C、D	B、C、D	B、C、D	B、C、D	B、C	A、B、C、D	A、B、C	

1E420130 港口与航道工程施工组织设计的编制

1E420131 高桩码头工程施工组织设计

一、单项选择题

1	2	3	4	5	6	7	8	9	10	11	
C	D	C	C	B	C	C	B	A	D	C	

二、多项选择题

1	2	3	4	5	6	7	8
C、E	A、D、E	B、E	C、E	A、B	A、C、D	A、B、C、E	B、D

9	10	11					
A、B	B、D	B、C					

1E420132 重力式码头工程施工组织设计

一、单项选择题

1	2	3	4	5	6				
B	B	B	C	A	C				

二、多项选择题

1	2						
A、B、D	A、B、C、D						

1E420133 斜坡堤施工组织设计

一、单项选择题

1	2								
D	B								

二、多项选择题

1	2						
A、B、D、E	A、B、C、D						

1E420134 疏浚与吹填工程施工组织设计

一、单项选择题

1	2	3	4	5					
C	C	B	D	B					

二、多项选择题

1	2	3	4	5	6	7	8
A、B	A、B、C	A、B、C	D、E	B、D	A、C、D、E	A、B	A、C、D、E

1E420135 航道整治工程施工组织设计

一、单项选择题

1	2	3	4					
C	A	D	A					

二、多项选择题

1	2	3	4	5	6	7	8
B、C、D、E	B、C、D、E	A、B、D、E	A、B、C、E	A、B、D、E	A、B、C、E	A、B、D、E	A、B、C、D

9	10	11					
A、B、E	B、E	A、E					

1E420140　港口与航道工程概算和预算编制

1E420141　沿海港口建设工程概算和预算编制

1E420142　内河航运建设工程概算和预算编制

1E420143　疏浚工程概算和预算编制

一、单项选择题

1	2	3	4	5	6	7	8			
B	C	A	B	D	D	C	A			

二、多项选择题

1	2	3	4	5	6	7	8
A、B、C	A、C、E	A、C	A、B、C	A、B、E	B、C	A、B、C、E	A、B、C、E
9	10						
C、D	B、D						

1E420150　港口与航道工程工期索赔与费用索赔

1E420151　港口与航道工程工期索赔

1E420152　港口与航道工程费用索赔

一、单项选择题

1	2	3								
B	C	D								

二、多项选择题

1	2	3	4	5	6	7	8
C、E	A、B、D、E	A、B、D	A、D、E	A、B、C、E	A、B、D、E	A、B、C、E	A、C

9							
A、B							

1E420160　港口与航道工程进度控制方法

1E420161　港口与航道工程进度计划编制

一、单项选择题

1	2	3	4	5					
C	C	B	C	B					

二、多项选择题

1	2	3	4	5		
A、B、C、D	A、B、C	A、B、C、E	A、B、C、E	B、E		

1E420162　港口与航道工程进度计划实施与检查

一、单项选择题

1	2								
B	A								

二、多项选择题

1	2						
A、C、D、E	A、C、D、E						

1E420163　港口与航道工程进度计划分析与调整

一、单项选择题

1	2	3							
B	C	C							

二、多项选择题

1	2						
A、B、C	A、B、E						

1E420164 港口与航道工程竣工验收

一、单项选择题

1	2	3							
B	A	C							

二、多项选择题

1	2	3						
A、B、E	A、B、D	A、B、D、E					

1E420170 水运工程质量检查与检验

1E420171 水运工程质量检查与检验的划分

一、单项选择题

1	2	3	4	5	6	7	8	9		
B	B	A	A	C	B	C	A	C		

二、多项选择题

1	2	3				
B、C、D	B、E	A、B、C、E				

1E420172 水运工程质量检查与检验的合格标准

一、单项选择题

1	2	3	4	5	6	7	8	9	10	
B	C	A	B	A	B	C	B	B	C	

1	2	3	4	5	6	7	8
A、C、D、E	A、C	A、B	B、D	A、C	A、C、E	B、D、E	A、C、D、E

1E420173 水运工程质量检查与检验的程序和组织

一、单项选择题

1	2	3	4	5	6	7	8	9	10	11	12
C	C	C	D	B	C	C	A	B	C	A	C

二、多项选择题

1	2	3	4	5	6	7
B、D	B、C、D	B、C、D	B、C、D	B、C、D	B、C、D	A、B、C、E

1E420180 港口与航道工程安全生产的要求

1E420181 通用作业的安全防护要求

1E420182 沉桩施工安全生产的要求

1E420183 构件起吊、出运和安装作业的安全生产要求

1E420184 施工用电安全生产的要求

1E420185 大型施工船舶作业安全生产的要求

一、单项选择题

1	2	3	4	5	6	7	8	9	10	11	12
C	C	B	C	D	D	A	D	B	C	D	B

二、多项选择题

1	2	3	4	5	6
A、B、D、E	A、B、C、E	A、B、C、E	A、C、D、E	A、C、D	A、B、D、E

1E420190　港口与航道工程现场文明施工

1E420191　港口与航道工程现场文明施工的基本要求

1E420192　在施工生产中全面落实现场文明施工的要求

一、单项选择题

1	2	3									
A	A	C									

二、多项选择题

1	2	3							
A、C、E	A、B、C	A、C、D							

1E420200　港口与航道工程定额的应用

1E420201　沿海港口水工建筑工程定额的应用

1E420202　沿海港口水工建筑及装卸机械设备安装工程船舶机械艘（台）班费用定额的应用

1E420203　水运工程混凝土和砂浆材料用量定额的应用

1E420204　内河航运水工建筑工程定额的应用

1E420205　内河航运工程船舶机械艘（台）班费用定额的应用

1E420206　疏浚工程预算定额的应用

1E420207　疏浚工程船舶机械艘（台）班费用定额的应用

一、单项选择题

1	2	3	4	5	6	7	8	9	10	11	12
C	A	B	D	B	C	B	A	C	D	B	C

13	14	15						
A	B	D						

二、多项选择题

1	2	3	4	5	6	7	8
A、C、E	A、E	A、C、D、E	A、B、D	B、C、D、E	A、C、D	A、B、C、E	A、B、C、D
9	10						
A、C、D	A、C、E						

1E430000　港口与航道工程项目施工相关法规与标准

1E431000　法律法规

1E431010　国家港口和航道法的相关规定

1E431011　港口法中与港口规划和建设相关的规定

单项选择题

1	2	3	4	5	6	7					
A	D	B	C	C	D	A					

1E431012　港口法中港口安全、监督管理与施工相关的规定

单项选择题

A											

1E431013 港口法中法律责任与施工相关的规定

一、单项选择题

C										

二、多项选择题

B、E							

1E431014 航道法中与航道规划和建设相关的规定

单项选择题

1	2									
A	B									

1E431015 航道法中航道养护、航道保护与施工相关的规定

单项选择题

1	2									
D	B									

1E431016 航道法中法律责任与施工相关的规定

一、单项选择题

B										

二、多项选择题

A、D							

1E431020　港口与航道建设管理有关规章的规定

1E431021　港口建设管理的相关规定

一、单项选择题

1	2								
A	A								

二、多项选择题

1	2	3	4	5	6			
B、C	A、B、C、E	A、B、D	A、C、D	A、B、D	A、B			

1E431022　航道建设管理的相关规定

一、单项选择题

1	2								
A	A								

二、多项选择题

1	2	3	4					
A、C、E	A、B	A、B、C、E	A、B、C、E					

1E431023　水运建设市场监督管理的相关规定

一、单项选择题

1	2	3							
A	B	C							

二、多项选择题

1	2	3						
A、C、E	B、D	C、E						

1E431024 水运工程安全生产监督管理的相关规定

一、单项选择题

1	2	3	4							
B	D	C	A							

二、多项选择题

1	2	3	4						
A、B、D、E	A、B、C、D	A、B、D、E	D、E						

1E431025 防止船舶及其有关作业活动污染海洋环境防治管理的相关规定

一、单项选择题

1	2	3								
B	B	C								

二、多项选择题

1	2								
A、B、D、E	A、B、C、D								

1E432000　水运工程建设标准强制性条文

1E432010　水运工程建设标准强制性条文的相关规定

1E432011　对海水环境混凝土最小保护层厚度和水灰比最大允许值的规定

单项选择题

1	2	3	4	5	6					
B	D	D	B	C	A					

1E432012　对重力式码头施工的有关规定

一、单项选择题

1	2	3								
D	C	C								

二、多项选择题

1	2								
A、D、E	A、B、D、E								

1E432013　对高桩码头施工的有关规定

一、单项选择题

1	2									
C	D									

二、多项选择题

A、B、C、D								

1E432014　对防波堤施工的有关规定

一、单项选择题

C										

二、多项选择题

A、B、C、E								

1E432015　对船闸施工的有关规定

一、单项选择题

1	2	3								
B	C	C								

二、多项选择题

1	2						
A、B、C、E	C、D、E						

1E432016　对航道整治工程施工的有关规定

一、单项选择题

1	2	3							
A	C	C							

二、多项选择题

B、D、E						

1E432017　水运工程质量检验标准中的强制性条文

一、单项选择题

1	2	3	4	5	6				
A	B	C	B	A	B				

二、多项选择题

1	2	3	4			
A、D	A、B、D	B、C、D	A、C			

实务操作和案例分析题参考答案

1. 答案：

（1）本工程当地理论深度基准面与黄海平均海平面相差 1.0m，则平均高潮位为：1.5 + 1.0 = 2.5m，平均低潮位为：-0.5 + 1.0 = 0.5m。

（2）以当地理论深度基准面计，当地平均潮位为：（2.5 + 0.5）/2 = 1.5m，浅水段在平均潮位时的浚前最小水深为：1.5 + 7.0 = 8.5m，因为挖泥船的满载吃水为 8.8m，大于 8.5m，所以，本工程在平均潮位时挖泥船不能乘潮全线施工。

（3）根据规范规定，本工程施工测量的测图比例尺范围应取 1∶1000～1∶5000 合理。

2. 答案：

（1）降水强度是指降水过程中某一时间段降下水量的多少。

（2）按照降水强度，可将降雨划分为微量降雨（零星小雨）、小雨、中雨、大雨、暴雨、大暴雨和特大暴雨；将降雪分为微量降雪（零星小雪）、小雪、中雪、大雪、暴雪、大暴雪和特大暴雪。

（3）一是突然的降雨会破坏刚浇筑混凝土的面层，雨水将冲刷已支立模板的隔离剂，因而，必须预备大量防雨材料，以便遇雨进行覆盖；二是降雨将改变露天砂石料的含水量，雨停后，搅拌站必须调整混凝土的配合比；三是下雨时不得进行钢筋焊接、对接等工作，刚焊好的钢筋接头部位应防雨水浇淋，以免接头骤冷发生脆裂，影响建筑物质量。

3. 答案：

（1）蒲福风级按风速大小不同分为 12 级；风速为 10.8～13.8m/s 或风力达 6 级的风称为强风；风速为 17.2～20.7m/s 或风力达 8 级的风称为大风。

（2）风玫瑰图是指用来表达风的时间段、风向、风速和频率四个量的变化情况；风玫瑰图一般按 16 个方位绘制。

（3）Ⅲ级防台——防台准备阶段：当台风中心在 48h 内可能进入防台界线以内水域，或在未来 48h 内防台界线以内水域平均风力达 8 级或以上。

Ⅱ级防台——防台实施阶段：当台风中心在 24h 内进入防台界线以内水域，或在未来 24h 内防台界线以内水域平均风力达 10 级以上。

Ⅰ级防台——抗击台风阶段：当台风中心在未来 12h 内进入防台界线以内水域，或在未来 12h 内防台界线以内水域平均风力达 12 级或以上。

4．答案：

（1）按港口工程水深计算的原则，可用的水深为：$14-2+0.5=12.5m$，出运沉箱需要的水深为：$13+0.5=13.5m$，$12.5m < 13.5m$ 所以出运沉箱是不可行的。

（2）$13.5-12=1.5m$，所以乘潮出运沉箱，需要的潮高最低要达到1.5m。

5．答案：

（1）液限 W_L：由流动状态变成可塑状态的界限含水率。

（2）塑限 W_P：土从可塑状态转为半固体状态的界限含水率。用于计算塑性指数 I_P 和液性指数 I_L。

（3）塑性指数 I_P：土颗粒保持结合水的数量，说明可塑性的大小。用于确定黏性土的名称和单桩极限承载力。

（4）液性指数 I_L：说明土的软硬程度。用于确定黏性土的状态和单桩极限承载力。

6．答案：

海岸带分为沙质海岸带、粉沙质海岸带和淤泥质海岸带。其基本特征分别为：

（1）沙质海岸

沙质海岸一般指泥沙颗粒的中值粒径大于0.1mm，颗粒间无粘结力；在高潮线附近，泥沙颗粒较粗，海岸剖面较陡；从高潮线到低潮线，泥沙颗粒逐渐变细，坡面变缓；在波浪破碎带附近常出现一条或几条平行于海岸的水下沙堤。

（2）粉沙质海岸

粉沙质海岸一般指泥沙颗粒的中值粒径小于等于0.1mm、大于等于0.03mm，在水中颗粒间有一定粘结力，干燥后粘结力消失、呈分散状态；海底坡度较平缓，通常小于1/400，水下地形无明显起伏状态。

（3）淤泥质海岸

淤泥质海岸一般指泥沙颗粒的中值粒径小于0.03mm，其中的淤泥颗粒之间有粘结力，在海水中呈絮凝状态；滩面宽广，坡度平坦，一般为1/2500～1/500。

7．答案：

对混凝土拌合物的要求：

（1）强度等级不小于C80；

（2）胶凝材料用量480～520kg/m³；

（3）混凝土拌合物水胶比不大于0.35；

（4）混凝土拌合物坍落度80～120mm；

（5）混凝土表观密度不小于2500kg/m³；

（6）混凝土中总氯离子含量不超过胶凝材料重的0.06%。

养护：宜采用常压蒸养，常压蒸养应分为静停、升温、恒温和降温四个阶段，从升温至降温的时间不得少于6h；当采用常压蒸养和高压蒸养结合养护时，高压蒸养应分为升温、恒温和降温三个阶段，且三阶段总时间不少于11h。

8. 答案：

（1）港口与航道工程混凝土的主要特点是：建筑物不同区域的混凝土技术条件、耐久性指标、混凝土的钢筋保护层厚度等有不同的规定；对混凝土的组成材料水泥、粗细骨料等有相应的要求和限制；混凝土的配合比设计、性能、结构构造均突出耐久性要求，对最大水灰比、最低水泥用量、混凝土拌合物中氯离子含量的最高限量、钢筋最小保护层厚度都有明确的规定；要有适应海洋环境特点的混凝土施工措施。

（2）海水环境港口与航道工程混凝土区域的划分如下：共分为四个区域。

大气区——设计高水位加1.5m以上的区域

浪溅区——设计高水位加1.5m到设计高水位减1.0m之间的区域

水位变动区——设计高水位减1.0m至设计低水位减1.0m之间的区域

水下区——设计低水位减1.0m以下的区域

（3）港口与航道工程混凝土配制的基本要求是：所配制混凝土的强度、耐久性符合设计要求；所配制的混凝土应满足施工操作要求；所配制的混凝土应经济合理。

9. 答案：

（1）混凝土的施工配制强度＝45＋1.645×5.5＝54MPa（C45的混凝土取σ＝5.5MPa）；

（2）混凝土的砂率＝（1.15/2.62）/［1.15÷2.62＋（2.68/2.65）］＝29.1%；砂的相对密度取2.62，碎石的密度取2.65；

（3）［（1/3.1）＋（1.15/2.62）＋（2.68/2.65）＋0.40］＝V·（1－0.04）V＝2.26

1m³该混凝土水泥用量＝1000/2.26＝442.5kg；

1m³该混凝土砂用量＝442.5×1.15＝508.9kg；

1m³该混凝土碎石用量＝442.5×2.68＝1186kg；

1m³该混凝土拌合水用量＝442.5×0.4＝177kg；

1m³该混凝土高效减水剂用量＝442.5×0.7%＝3.1kg；

1m³该混凝土AE引气剂用量＝442.5×0.05%＝0.22kg。

10. 答案：

塑料排水板宜采用套管式打设法，管靴的形式和结构应有利于塑料排水板的打设和留置板头。打入地基的塑料排水板宜为整板，需要接长时，每根塑料排水板不得多于1个接头，接长时，芯板搭接长度不应小于200mm，相邻的排水板不得同时出现接头，有接头排水板的总根数不得超过打设总根数的10%。打设过程中套管的垂直度偏差不应大于1.5%，打设时回带长度不得超过500mm，且回带的根数不宜超过总根数的5%。

11. 答案：

（1）1）表面温度：是指距混凝土表面50mm处的混凝土温度。

2）内表温差：是指同一时间混凝土内部温度最高值与表面温度最低值之差。

（2）根据《水运工程大体积混凝土温度裂缝控制技术规程》JTS 202—1—2010 的规定，大体积混凝土施工阶段温控标准包括：

1）混凝土入模温度不高于 30℃。

2）混凝土内部最高温度不高于 70℃。

3）混凝土内表温差不大于 25℃。

4）混凝土块体的降温速率不大于 2℃/d。

对照以上标准：

1）本次浇筑的混凝土入模温度未超过 30℃，满足要求。

2）实测最高温度 56℃，不高于 70℃，满足要求。

3）内表温差达到 26℃，大于 25℃的允许值，不满足要求。

4）块体的降温速率自第 60h55℃到第 156h41℃，四天降温 14℃，大于 8℃，即大于 2℃/d 的允许值，不满足。

原因分析：

1）当地环境温度变化大，夜间温度低。

2）夜间混凝土表面的保温措施不足。

（3）根据测温读数曲线，可以看出：

混凝土的入模温度控制和内部最高温度的控制较好（或配合比绝热温升较低）；内表温差控制和降温速率的控制较差。

改进意见：需要加大混凝土表面的夜间保温措施。

（4）应注意养护水温不得低于混凝土表面温度 15℃。

原因：防止混凝土受冷击。

12. 答案：

码头基槽的开挖方式应根据工程的自然环境条件和建设要求来进行选择。

地基为岩基且开挖不危及邻近建筑物的安全时，可视岩石风化程度，采用水下爆破，然后用抓斗式挖泥船清渣，或直接用抓扬式挖泥船挖除；地基为非岩基时多采用挖泥船开挖。

选择挖泥船时，要对风浪、水流、地质以及邻近建筑物和障碍物的情况等工程环境条件；工程量、进度、允许超深、允许超宽、平整度等建设要求；以及挖泥船的吃水、适宜土质、最大、最小挖深、抗风、浪、流的能力、可能控制的超挖和平整度、挖泥效率等技术性能作综合分析，选择能满足工程要求的、可作业的且挖泥性价比高的挖泥船。由于基槽一般面积较小、开挖工程量不大，对非岩基基槽，也较多选用抓斗（铲斗）挖泥船开挖，砂质及淤泥质土也可选用绞吸式挖泥船开挖，对黏性土或松散岩石也可选用链斗式挖泥船开挖。此外，在外海进行基槽开挖作业时，应选用抗风浪能力强的挖泥船。

13. 答案：

（1）高桩码头施工沉桩平面定位方法有：采用 2～3 台经纬仪用前方任意角或直角交会

法进行直桩定位；用 2～3 台经纬仪的任意角交会法（水准仪配合）进行斜桩定位；采用 GPS 设备定位时，宜同时用全站仪进行校核。

（2）《港口工程桩基规范》规定，锤击沉桩控制应根据地质情况、设计承载力、锤型、桩型和桩长综合考虑，并满足下列要求：

1）设计桩端土层为黏性土时，应以标高控制为主，贯入度作校核。

2）设计桩端土层为砾石、密实砂土或风化岩时，应以贯入度控制为主，标高作校核。

（3）预制构件安装要求：搁置面要平整，预制构件与搁置面间应接触紧密；应逐层控制标高；当露出的钢筋影响安装时，不得随意割除，并应及时与设计单位研究解决，安装后应及时采取加固措施，防止构件倾倒或坠落。

（4）沉降位移观测点的要求：施工期间对正在施工部位及附近受影响的建筑物或岸坡定期进行位移观测，并做好记录；在浇筑码头面层时，埋置固定的沉降位移观测点，定期进行观测，并做好记录；固定的沉降位移观测点，应在竣工平面图上注明，交工验收时一并交付使用单位。

14. 答案：如下图所示。

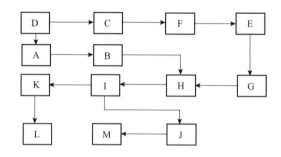

15. 答案：

（1）抛石前要对基槽断面尺寸、标高及回淤沉积物进行检查，查明有无回淤及塌坡情况。对回淤严重的港区，要有防淤措施，重度大于 12.6kN/m³ 的回淤沉积物厚度不应超过 300mm，超过时应用泥泵清淤。

（2）抛石前应进行试抛，通过试抛，掌握块石漂流与水深、流速、水位的关系，当用开底驳和倾卸驳时，掌握块石堆扩散情况，以选定始点位置和移船距离。

（3）用导标定位时，导标标位要正确。要勤对标、对准标、勤测量水深，以确保基床平面位置和尺度，避免漏抛或抛高，特别是基床顶宽不得小于设计宽度，基床顶面不得超过施工规定的高程，且不得低于 0.5m。

（4）粗抛和细抛相结合，顶层面以下 0.5～0.8m 范围应细抛，顶层 0.5～0.8m 以下和以下各层可粗抛；抛填控制高差，一般粗抛为 ±300mm，细抛为 0～300mm，细抛应趁平潮时进行。

（5）作夯实处理的基床应预留沉降量，其数值应按当地经验或试夯资料确定。无实测资料时，可取抛石层厚的 10%～12%。

16. 答案：

（1）施工组织设计应在宣布中标后，在项目经理领导下，由项目总工程师组织经理部的人员分工协作进行编写，由项目总工程师统一汇总、协调，以保证各项内容的正确性及其相互关系的协调性。

（2）港口与航道工程施工组织设计包括以下主要内容：1）编制依据；2）工程概况；3）施工的组织管理机构；4）施工总体部署和主要的施工方案；5）施工进度计划；6）各项资源的需求、供应计划；7）施工总平面布置；8）技术、质量、安全管理和保证措施；9）文明施工与环境保护；10）主要技术经济指标；11）附图。

（3）施工组织设计经项目经理审查后，应报企业审定，在工程开工之前，将经企业法人代表签发批准的施工组织设计报送业主和工程监理单位。所报送的施工组织设计，经监理工程师审核确认后才能正式批准开工。

17. 答案：

（1）抽真空设备宜采用射流泵，其单机功率不宜低于 7.5kW，在进气孔封闭状态下，其真空压力应不小于 96kPa。

（2）抽真空设备宜均匀布置在加固区四周，必要时也可适量布置在加固区中部，每台抽真空设备的控制面积宜为 900～1100m^2。

（3）抽真空时密封膜上应有一定深度的覆水，试抽气时间为 4～10d，正式抽气阶段膜下真空压力应满足设计要求。

（4）抽真空设备应连续运行，真空压力达到设计要求稳定后，抽真空设备开启数量应超过总数的 80%。

18. 答案：

（1）抛石基床进行夯实处理一般有重锤夯实法和爆炸夯实法两种。

（2）其工艺上，重锤夯实法一般用抓斗挖泥船或在方驳上安设起重机（或卷扬机）吊重锤的方法进行夯实作业。基床应分层、分段夯实，每层厚度大致相等，夯实后厚度不宜大于 2m。分段夯实的搭接长度不少于 2m。夯锤底面压强可采用 40～60kPa，落距为 2～3m。夯锤宜具有竖向泄水通道。夯实冲击能宜采用 150～200kJ/m^2。夯击遍数由试夯确定，不进行试夯时，不宜少于八夯，并分两遍夯打。

采用爆夯法密实基床时，基床的分层厚度、药包的悬吊高度及重量、布药方式、爆夯遍数、一次爆夯的总药量等参数应经设计和试验确定。其夯沉量一般控制在抛石厚度的 10%～20%。

（3）重锤夯实施工质量控制：基床夯实范围应按设计规定采用。如设计未规定，可按墙身底面各边加宽 1m，若分层夯实时，可根据分层处的应力扩散线各边加宽 1m。抛石面层局部高差不宜大于 300mm。每层抛石接近顶面时应勤测水深，控制超抛和欠抛。基床夯实后，应进行夯实检验。爆炸夯实法质量控制：水上布药时应取逆风或逆流向布药顺序。对夯实率进行检查，应满足设计要求。

19. 答案：

（1）本承台混凝土的浇筑总量：$10 \times 10 \times 4 - 9 \times 3.14 \times 0.6^2 \times 2 = 379.65 m^3$

本承台第一次混凝土浇筑量：$10 \times 10 \times 1 - 9 \times 3.14 \times 0.6^2 \times 1 = 89.83 m^3$

（2）在落潮的过程中，5：00时（或潮位落至＋1.0m，承台底模板刚露出水面）。

原因：选择此时浇筑，可利用落潮时间，延长混凝土浇筑到被水淹没的时间。

（3）底层和顶层混凝土对应的顶面标高分别为＋1.3m和＋2.0m。

当潮位落到＋1.0m的时间是5：00，开始浇筑混凝土：

潮水回涨到＋1.30m的时间是7：30，需要的时间是：$7.5 - 5.0 = 2.5 h$；

潮水继续涨到＋2.0m需要的时间是：$(8.5 + 0.5 \times 9/27) - 5.0 = 3.67 h$。

用$50 m^3/h$的混凝土拌合船赶潮浇筑承台第一次混凝土，浇筑至各层需用时：

浇筑完第一层300mm混凝土耗用时间：$89.83 \times 0.30/50 = 0.54 h$，振捣本层混凝土的最终时间为$5 h + 0.54 h = 5.54 h$，即5：32，此时潮水低于1.0m的振捣标高，是在水位以上振捣。

浇筑完第一次全部1.0m混凝土耗用时间：$89.83/50 = 1.80 h$，振捣本层混凝土的最终时间为$5 h + 1.8 h = 6.8 h$，即6：48，此时潮水低于1.8m的振捣标高，是在水位以上振捣。

对于5：00开始浇筑，初凝时间1.5h的混凝土：浇筑完的第一层300mm混凝土的初凝时间为$0.54 + 1.5 = 2.04 h <$潮水涨回的2.5h。

浇筑完的第一次1.0m混凝土的初凝时间为$1.80 + 1.5 = 3.30 h$。$<$潮水涨回的3.67h。

或潮水涨到对应的混凝土顶面的＋1.3m和＋2.0m标高，需要的时间是2.5h和3.67h，晚于各层混凝土的初凝时间。

用有效生产能力为$50 m^3/h$的混凝土拌合船赶潮第一次浇筑承台混凝土可行。

（4）备料量计算

1）胶凝材料：$444 \times 89.83 \times (1 + 5\%) = 41.88 t$

2）砂：$444 \times 1.50 \times 89.83 \times (1 + 5\%) = 62.82 t$（或$41.88 \times 1.50 = 62.82$）

3）石子：$444 \times 2.50 \times 89.83 \times (1 + 5\%) = 104.7 t$（或$41.88 \times 2.50 = 104.7$）

4）水：$444 \times 0.40 \times 89.83 \times (1 + 5\%) = 16.75 t$（或$41.88 \times 0.40 = 16.75$）

（5）提高承台耐久性的主要技术措施有：

1）选用优质的原材料；

2）优化混凝土的配合比设计；

3）采用环氧涂层钢筋；

4）采用混凝土涂层保护。

20. 答案：

（1）重力式方块码头有墩式或线型建筑物，墩式建筑物以墩为单位，逐墩安装，每个墩由一边的一角开始，逐层安装。线型建筑物，一般由一端开始向另一端安装，当长度较大时，也可由中间附近开始向两端安装。在平面上，先安装外侧，后安装内侧。在立面上，有阶梯安装、分段分层安装和长段分层安装。

（2）吊运和安装施工时应注意以下问题：

1）安装前，必须对基床和预制件进行检查，不符合技术要求时，应予修整和清理。

2）方块装驳前，应清除方块顶面的杂物和底面的粘底物，以免方块安放不平稳。

3）方块装驳和从驳船上吊取方块要对称地装和取，并且后安的先装放在里面，先安的后装放在外边。当运距较远，又可能遇有风浪时，装船时要采取固定措施，以防止方块之间相互碰撞。

（3）在安装底层第一块方块时，方块的纵、横向两个方向都无依托，为达到安装要求，又避免因反复起落而扰动基床的整平层，一般在第一块方块的位置先粗安一块，以它为依托安第二块，然后以第二块方块为依托，重新吊安第一块方块。

（4）《水运工程质量检验评定标准》强制性条文中对方块安装规定：安装所用构件的型号和质量必须符合设计要求。安装前，应对基床进行检查，基床面不得有回淤沉积物。空心方块安装就位稳定后应及时进行箱格内回填。

21. 答案：

（1）高桩码头主要由下列几部分组成：基桩、上部结构、接岸结构、岸坡和码头设备等。

（2）沉桩时要保证桩偏位不超过规定，应采取以下措施：

1）在安排工程进度时，避开在强风盛行季节沉桩，当风、浪、水流超过规定时停止沉桩作业。

2）要防止因施工活动造成定位基线走动，采用有足够定位精度的定位方法，要及时开动平衡装置和松紧锚缆，以维持打桩架坡度、防止打桩船走动。

3）掌握斜坡上打桩和打斜桩的规律。拟定合理的打桩顺序，采取恰当的偏离桩位下桩，以保证沉桩完毕后的最终位置符合设计规定，并采取削坡和分区跳打桩的方法，防止岸坡滑动和走桩。

（3）桩沉完以后，应保证满足设计承载力的要求。一般是控制桩尖标高和打桩最后贯入度（最后一阵平均每击下沉量），即"双控"。在黏性土中以标高控制为主，贯入度作校核；在砂层、强风化岩层以贯入度为主，标高作校核。必要时，进行高应变动测定桩的极限承载力。

（4）在沉桩过程中，选用合适的桩锤、合适的冲程、合适的桩垫材料，要随时查看沉桩的情况，如锤、替打、桩三者是否在同一轴线上，贯入度是否有异常变化，桩顶碎裂情况等等。桩下沉结束后，要检查桩身完好情况。

22．答案：

（1）

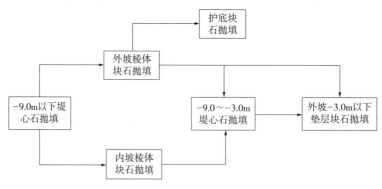

水上抛填块石施工工艺流程图

（2）

＋5.8m以下扭王字块安装由堤根往堤头（由岸向海）方向推进。

＋5.8m以上扭王字块安装则由堤头往堤根（由海向岸）方向逐段推进。

（3）

堤心石水上粗抛施工选用的船舶机械设备是自航开体驳和定位方驳。

垫层块石水上抛填施工选用的船舶机械设备是自航平板驳＋挖掘机和定位方驳。

（4）

＋5.8m标高堤心石及垫层块石顶面总宽：

$9.0+2×\sqrt{1.5^2+(1.5×1.5)^2}=9.0+2×2.704=14.408m。$

外坡第一排扭王字块中心距280t履带式起重机转轴中心的最小距离（或幅度）是：

$35.204-2.704-1.8+1.0+(6.4+1.2)÷2=35.5m。$

对照280t履带式起重机（臂长48m）起重性能表：幅度36m时对应起重量是21.1t＞21t，结论是：自有280t履带式起重机能安装外坡第一排扭王字块。

（5）

1）满足施工现场船舶、设施的水深要求；

2）在施工作业区或靠近施工作业区的水域；

3）周围无障碍物的环抱式港湾、水道；

4）有消除或减弱涌浪的天然屏障或人工屏障的水域；

5）有足够回旋距离的水域；

6）泥或泥沙混合的底质；

7）流速平缓；

8）便于通信联系和应急抢险救助。

23．答案：

（1）预制构件安装前，应进行下列工作：

1）测设预制构件的安装位置线和标高控制点；

2）对预制构件的类型编号、外形尺寸、质量、数量、混凝土强度、预留孔、预埋件及吊点等进行复查；

3）检查支承结构的可靠性以及周围钢筋和模板是否妨碍安装；

4）为使安装顺利进行，应结合施工情况，选择安装船机和吊索点，编制预制构件装驳和安装顺序图，按顺序图装驳及安装。

（2）预制构件安装时，应满足下列要求：

1）搁置面要平整，预制构件与搁置面间应接触紧密；

2）应逐层控制标高；

3）当露出的钢筋影响安装时，不得随意割除，应及时与设计单位研究解决；

4）对安装后不易稳定及可能遭受风浪、水流和船舶碰撞等影响的构件，应在安装后及时采取夹木、加撑、加焊和系缆等加固措施，防止构件倾倒或坠落。

（3）用水泥砂浆找平预制构件搁置面时，应符合下列规定：

1）不得在砂浆硬化后安装构件；

2）水泥砂浆找平厚度宜取10～20mm，超过20mm应采取措施；

3）应做到坐浆饱满，安装后略有余浆挤出缝口为准，缝口处不得有空隙，并在接缝处应用砂浆嵌塞密实及勾缝。

24．答案：

（1）板桩码头建筑物主要组成部分有：板桩墙、拉杆、锚碇结构、导梁、帽梁和码头设备等。

（2）板桩码头建筑物的施工程序包括：预制和施工板桩；预制和安设锚碇结构；制作和安装导梁；加工和安装拉杆；现场浇筑帽梁；墙后回填土和墙前港池挖泥等。

（3）拉杆的安装应符合下列要求：

1）钢拉杆应在前墙后侧回填施工前进行安装。

2）如设计对拉杆的安装支垫无具体规定时，可将拉杆搁置在垫平的垫块上，垫块的间距取5m左右；

3）拉杆连接铰的转动轴线位于水平面上；

4）在锚碇结构前回填完成和锚碇结构及板桩墙导梁或胸墙的现浇混凝土达到设计强度后，方可张紧拉杆；

5）张紧拉杆时，使拉杆具有设计要求的初始拉力；

6）拉杆的螺母全部旋进，并有不少于2～3个丝扣外露；

7）拉杆安装后，对防护层进行检查，发现有涂料缺漏和损伤之处，加以修补。

25．答案：

（1）砂垫层抛填时应考虑水深、水流和波浪等自然影响因素；砂垫层的砂宜采用中粗砂，砂的含泥量不宜大于5%。

（2）软体排铺设应遵循的原则是：

软体排铺块的宽度不宜小于8m，铺块的长度应在设计长度的基础上增加一定的富余量。

软体排护底应先于堤坝施工，超前护底范围应覆盖因堤身结构施工引起流速增大的区域且不宜少于50m。

垂直堤坝轴线方向宜采取连续方式铺设，沿堤坝轴线方向宜采取搭接方式铺设。铺设方向在单向流河段宜从下游向上游铺设，在往复流河段宜逆主流铺设。

低潮时出露的部位可采用人工直接铺设；高平潮有2m水深以上区域的软体排宜使用铺排船铺设，并宜采用全球卫星定位系统和水下测控系统测量软体排的铺设轨迹、铺设位置和相邻排体搭接长度。软体排铺设过程中，排与排之间应保证有效搭接长度，软体排沿堤坝轴线方向宽度不宜突变。砂被软体排的铺设不应出现通缝。

（3）对开山石的质量要求：开山石应有适当的级配、含泥量应小于10%、不成片状、无严重风化和裂纹，最大重量可采用300kg、深水堤可用800kg。

26．答案：

（1）用于堤心石的石料质量要求：一般采用10～100kg的块石，无级配要求。石料的外观质量要求不成片状，无严重风化和裂纹。对夯实基床块石饱水抗压强度≥50MPa，对不夯实基床≥30MPa。

（2）软土地基上的抛石顺序要求：

1）当堤侧有块石压载层时，应先抛压载层，后抛堤身；

2）当有挤淤要求时，应从断面中间逐渐向两侧抛填；

3）当设计有控制抛石加荷速率要求时，应按设计设置沉降观测点，控制加荷间歇时间。

（3）爆破排淤填石的原理是：在抛石体外缘一定距离和深度的淤泥质软基中埋放药包群，起爆瞬间在淤泥中形成空腔，抛石体随即坍塌充填空腔形成"石舌"，达到置换淤泥的目的。经多次推进爆破，即可达到最终置换要求。

27．答案：

（1）

第Ⅰ级加载结构部分的施工流程：

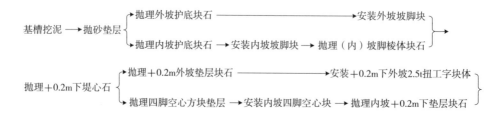

（2）

1）计算第Ⅰ级加载部分抛理外坡块石垫层每延米工程量：

已知垫层块石厚度为 0.8m，又因坡度为 1：2，第Ⅰ级加载部分外坡垫层块石的底标高为 −4.7m，顶标高为 ＋0.2m，高度共 4.9m。故该部分垫层块石每延米工程量为：$0.8 \times \sqrt{5} \times 4.9 = 8.77\text{m}^3$。

2）施工方法：

＋0.2m 以下垫层块石要采用水上抛石的方法施工。用船舶运载石料到施工现场驻位，用反铲或吊机等机械设备进行抛填。抛填垫层块石要分段进行，每段应从坡脚向坡顶抛石，要勤对标，勤测水深，抛填结束后还要由潜水员进行理坡。

（3）

1）第Ⅱ级加载结构部分的主要施工风险：

第Ⅱ级加载结构部分位于防波堤的水位变动区，其主要施工风险是堤心石和垫层块石在施工中易受大浪损坏。

2）施工安排应采取的措施：

在本级加载中，要根据波浪的季节性规律合理安排施工。本部分结构尽可能安排在大浪少的季节施工，施工中要根据天气预报分析波浪，采取防护措施，冬季大浪发生频率高，且有冰冻，宜停止施工，并做好停工期间的防护。

（4）项目技术管理的主要内容包括：技术策划、图纸会审、施工技术方案、技术交底、变更设计、典型施工（首件制）、测量与试验检测、技术创新、内业技术资料、交竣工验收、技术总结、技术培训与交流等。

28．答案：

检测桩的数量应根据地质条件和桩的类型确定，宜取总桩数的 2%～5%，并不得少于 5 根，对地质条件复杂、桩的种类较多或其他特殊情况，宜取上限。

当进行桩的轴向抗压极限承载力检测时，检测桩在沉桩、成桩后至检测时的间歇时间，对黏性土不应少于 14d，对砂土不应少于 3d，对水冲沉桩不应少于 28d。

高应变检测专用重锤应整体铸造、材质均匀、形状对称、锤底平整，高径比或高宽比不得小于 1，进行承载力检测时，锤的重量应大于预估单桩竖向抗压极限承载力的 1.0%。除导杆式柴油锤、振动锤外，筒式柴油锤、液压锤、蒸汽锤等具有导向装置的打桩机械均可做为锤击设备。

检测桩顶面应平整，桩顶高度应满足锤击装置的要求，桩头应能承受重锤的冲击，对已受损或其他原因不能保证锤击能量正常传递的桩头应在检测前进行处理。

29．答案：

（1）牺牲阳极的布置应使被保护钢结构的表面电位均匀分布，宜采用均匀布置。

（2）牺牲阳极的安装顶高程与设计低水位的距离不小于 1.2m。

（3）牺牲阳极的安装底高程与海泥面的距离不小于 1.0m。

（4）牺牲阳极与被保护钢结构之间的距离不宜小于 100mm。

30．答案：

（1）确定施工方案前应搜集处理区域内的岩土工程资料，主要应包括：填土层的厚度和组成；软土层的分布范围、分层情况；地下水的水位及 pH 值；土的含水率、塑性指数和有机质含量等参数。

（2）施工前，施工现场应整平，必须清除地上和地下的障碍物。当遇有明沟、池塘和洼地时，应排水并清淤回填，回填土料应压实，回填土料应满足水泥搅拌桩法施工要求。

（3）施工前应通过工艺性试桩确定施工参数。单轴搅拌桩每种工艺参数试桩数量不少于 3 根；双轴或三轴搅拌桩试桩数量不少于 2 根。

31．答案：

7m 在原地面（＋5.0m）以上最终堆载高 7m，对原地面（＋5.0m）的荷载为 112kPa；

$16 \times h - 16 \times 2 = 80，h = 7$m。

加固完成后，卸载至＋6.0m（设计使用标高）；＋6.0m 地面的预压荷载为 $16 \times 5 = 80$kPa。

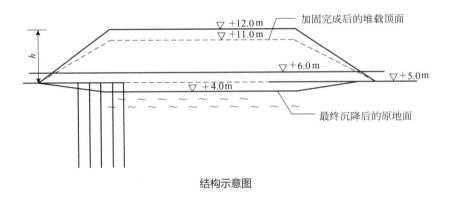

结构示意图

原地面＋5.0m 沉降至＋4.0m，其有效使用荷载为 80kPa。如前图所示。

32．答案：

将土工织物铺设于软基上所建斜坡堤的堤基表面，应用土工织物的功能及作用如下：

（1）加筋功能：起到减少堤基的差异沉降和侧向位移，提高堤基整体稳定性的作用；

（2）排水功能：在土工织物层以上堤身荷载的预压作用下，织物层下软基中的水沿织物层排除，加速了堤下软基的固结；

（3）隔离作用：将堤身的抛填料（块石、充填砂袋等）与堤基软土隔离开，避免两种材料的互混，免得堤心块石等陷入软基中，节省了堤心料，同时又防止了软土挤入堤心料中降低抗剪强度，提高堤身的整体稳定性；

（4）防护作用：堤底铺设土工织物软体排，对铺设范围内的水下基底起到防冲刷的护底作用。

33. 答案：

（1）可以要求工期顺延。因为提供施工场地，办理征地、征海和拆迁是业主的责任范围。业主应按合同专用条款约定的时间、位置、面积向施工单位提供施工场地。

（2）可以委托外单位承担试验任务。施工单位应将拟委托的试验单位的资质报监理审查，并将试验内容、方法、设备报监理审查后方能签订委托合同。

（3）由于是5000吨级码头，沉箱尺寸及重量不大，可采用起重船直接吊装方驳拖运至现场，起吊下水、安装的方案；如果就近有预制场，也可方便地采用滑道下水，或用半潜驳下水，拖运至现场安装。

34. 答案：

（1）分包商不能向业主提出索赔要求。因分包与业主无合同关系，分包单位应向总包单位根据分包合同专用条款的规定，协商索赔事项。总包单位再以合同规定，向业主提出索赔。

（2）可以提出工期延长。根据施工合同范本的规定，如果合同专用条款没有特别的规定，地质条件的变化造成的工期延误其施工期可以延长。总包单位应在5d内就延误的内容、天数和增加的费用向监理报告，监理工程师应在收到报告后5d内报业主确认并答复施工单位，若监理工程师逾期未予答复，则可视为施工单位的要求已被业主同意。

（3）工期没有延误。竣工日期应为重新申请验收的日期。业主应按合同奖励施工单位4万元。

35. 答案：

（1）施工单位没有违约行为，停工损失可以向建设单位索赔。

（2）施工单位可以要求按照原报表的工程量支付。因为监理应在收到报表后3d内审核签认，逾期则可视为已被监理确认。

（3）建设单位的要求不合理。履约保证金的期限应以工程竣工验收合格为截止日期。3%的质保金才是1年保修期的责任担保金。

36. 答案：

（1）水下炮孔堵塞应确保药柱不浮出钻孔外，还应满足：

1）选用砂或粒径小于2cm卵石、碎石堵塞，堵塞长度不小于0.5m。

2）对水击波防护要求较高水域施工采取砂石混合堵塞。

3）流速较大水域炮孔堵塞长度不小于0.8m。

（2）水下礁石有覆盖层时，应采取护孔管隔离措施，覆盖层超过1m时，先清除覆盖层，再进行钻孔作业。

（3）抓斗船水下清渣应符合下列规定：

1）清渣施工顺序宜采用从深水到浅水、分条、分段顺水流开挖，在流速较缓水域、潮汐河段清渣时也可采用逆流施工。

2）水下清渣开挖分条宽度不应大于挖泥船宽度和抓斗作业半径，条与条之间开挖搭接宽度宜为2～3m；分段开挖长度应根据挖泥船布设锚缆位置确定。

3）施工过程中应根据挖斗大小和岩层厚度分层开挖，分层厚度宜为抓斗高度的1/4～1/3。

4）宜采用顺序排斗，抓出堑口后依次向前挖。

5）在流速较大的水域施工时，应注意抓斗漂移对下斗位置和挖深的影响，可根据抓斗漂移情况确定斗绳上的标注挖深值。

6）采用卫星定位系统测量定位，设施工导标时，导标夜间灯光应与航标灯光有所区别。

37．答案：

（1）生态袋填充与垒放应分别符合下列规定：

1）生态袋填充料的配比应满足设计要求，充填时应保证充填的饱满度和平整度，袋口扎口后袋体外形宜为矩形立方体，其宽度、厚度应不小于设计值。

2）生态袋垒放时，应当按坡度设置样架分层挂线施工，上下层袋体应错缝排列、压实，标准扣骑缝放置，互锁结构稳定。

（2）钢丝石笼生态护岸种植土覆盖和植被栽种应符合下列规定：

1）石笼面层覆盖的土质、厚度应满足设计要求，宜选择耕植土，并除去杂草杂物。

2）种植土应分层铺设，底层覆土厚度宜为70～100mm，应在部分土粒落入卵石缝隙后撒种草籽、覆盖面层土。

3）草籽播种宜选择早春温度上升时进行，植物应有足够的发芽温度和生长期，应考虑洪水影响。

4）草籽发芽后，应及时浇水灌溉、追加肥料，洒水养护时间不宜少于20d。遇低温天气宜采取薄膜覆盖等保温措施。

（3）木排桩生态护岸施工前、沉桩时和沉桩后应分别符合下列规定：

1）施工前，应对桩轴线进行放样，桩轴线位置应满足设计要求。

2）沉桩时，应保证木桩入土时的垂直度和沿岸线方向的平直度，木桩入土深度和间距应满足设计要求。

3）沉桩后，应对桩位和桩顶高程进行复核。

4）沉桩后，排桩绑扎、桩后回填土方高程应满足设计要求。

38．答案：

（1）采用陆上端进法抛筑坝芯石时，坝根的浅水区可一次抛到设计高程，坝身和坝头可根据水深、地基承载力、水流和波浪情况一次或多次分层抛填至设计高程。

（2）浆砌石坝面施工应符合下列规定：

1）浆砌块石坝面宜在坝体稳定后进行施工。

2）石料的规格、质量应满足设计要求，材质坚实，无风化剥落层或裂纹，石材表面无污垢、杂质。

3）砌筑前，应将砌体外石料表面的泥垢冲净，砌筑时应保持砌体表面湿润。

4）砌筑时块石宜坐浆卧砌，应平整、稳定、错缝、内外搭接。

5）石块间不得直接接触；不得有空缝。

6）浆砌坝面块石的长边应垂直于坡面，块石长边尺寸不宜小于护面层的厚度。

39．答案：

（1）优点是：结构简单、施工方便，有较高的整体稳定性，适用于不同的地基，可以就地取材，破坏后易于修复。

适用条件是：一般适用于水深较浅（小于10～12m）、地基较差和石料来源有保障的情况。

（2）施工组织编制的主要内容为：

1）编制依据；2）工程概况；3）施工的组织管理机构；4）施工的总体部署和主要施工方案；5）施工进度计划；6）各项资源需求、供应计划；7）施工总平面布置；8）技术、质量、安全管理和保证措施；9）文明施工与环境保护；10）主要技术经济指标；11）附图。

（3）水上沉软体排的工艺流程：

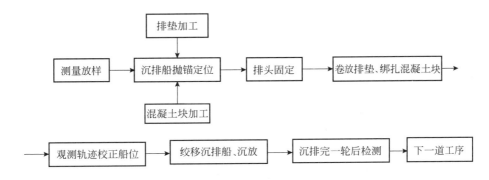

40．答案：

分部工程	分项工程
基础	基槽开挖、抛石挤淤、填砂挤淤、现浇混凝土基础、浆砌石基础、砂石垫层、土工织物垫层、换砂基础、抛石基础、袋装砂井、塑料排水板、水下基床抛石、水下基床整平等
护底	基槽开挖、散抛石压载软体排护底、系结压载软体排护底、散抛物护底、砂石垫层、土工织物垫层等
坝体	混凝土预制构件制作、混凝土预制构件安装、充填袋坝体、块石抛筑坝体、石笼抛筑坝体等
坝面	土工织物垫层、抛石护面、铺石护面、砌石护面、干砌条石护面、预制混凝土铺砌块铺砌、现浇混凝土护面、模袋混凝土护面、钢丝网格护面、混凝土预制块体制作、混凝土块体安装、预制混凝土铺砌块制作、铰链排制作与铺设等
护坡	岸坡开挖、土石方回填、削坡及整平、基槽开挖、砂石垫层、土工织物垫层、砂石倒滤层、土工织物倒滤层、盲沟、明沟、抛石护面、铺石护面、砌石护面、干砌条石护面、模袋混凝土护面、现浇混凝土护面、预制混凝土铺砌块预制、预制混凝土铺砌块铺砌、预制混凝土块体制作、混凝土块体护面、预制联锁块护面、钢丝网格护面、三维钢丝网垫护面、砌石拱圈、砌石齿墙等
护脚	水下抛充填袋护脚、水下抛石护脚、水下抛石笼护脚、抛石面层等

41．答案：

（1）土工织物软体排系结混凝土压载块施工应符合下列规定：

1）混凝土压载块系结前应进行检查，发现损坏应及时更换；其绑系方式应满足设计要求，且系结牢靠，不得松脱。

2）系结混凝土压载块之间填塞碎石前应调整混凝土块的位置。同一检验区域内块体摆放应缝隙均匀、横平竖直。

3）缺角、断裂等质量不合格的混凝土压载块禁止使用，对已经破损的混凝土压载块应及时更换。废弃的混凝土压载块及其他施工弃料应及时清理，不得在护滩工程区及周边50m范围内弃料。

（2）不符合检验程序，因为分项工程的质量检验应在分项工程完工后或下道工序覆盖上道工序前，由施工单位分项工程技术负责人组织自检，并填写"分项工程质量检验记录表，自检合格后报监理单位，监理工程师组织施工单位专职质量检查员进行检验与确认。"

（3）单位工程的质量检验应在单位工程完工后由施工单位组织自检，填写"单位工程质量检验记录表"，自检合格后，报监理单位，并向建设单位提交单位工程竣工报告。

42．答案：

（1）主要包括滩面整平、排垫铺设、混凝土压载块绑系、混凝土压载块位置调整以及填缝处理等工序。

（2）排垫铺设方向应满足设计要求。设计无要求时，其铺设方向宜垂直护滩带轴线，自下游向上游铺设，搭接处上游侧的排体应压住下游侧的排体。

（3）透水框架陆上施工应符合下列规定：

1）施工前工程区域的滩面宜进行平整，不得出现局部深坑、陡坎及明显凸起。

2）透水框架可叠加摆放，叠加层级不宜超过3层。

3）透水框架应按设计要求的行距依序摆放，相邻两排透水框架宜错位摆放，顺水流方向不得形成连续的过流通道。

43．答案：

（1）砂枕缝制、充填应符合下列规定：

1）砂枕缝制前应进行检测，其材料的质量、抗拉强度、孔径、透水性和保土性能等指标应满足设计要求。

2）砂枕缝制后应检查砂枕尺寸、拼接缝形式和缝合强度，其指标应满足设计要求。

3）土工织物充灌口数量宜根据袋体尺寸、填料粒径和充填能力确定。充填完成后，充灌口应封闭。

4）砂枕充填宜采用泥浆泵充填，充填物技术指标应满足设计要求，砂枕充填饱满度不应大于80%，充填后应排水密实。

（2）抛枕施工船舶选用应考虑的因素有：砂枕规格、水深、流速、风浪等。

（3）抛枕施工应遵循的顺序是：宜自下游向上游、先深水后浅水的顺序进行。

44．答案：

（1）凿岩锤应根据吊机或抓斗机提升能力、岩石等级确定。本工程凿岩锤宜选用楔状凿岩锤或梅花锤。

（2）凿岩锤落锤高度宜为 2～3m；凿击点间距宜为 1.5～2.0m、接近设计底高时落点距宜加密为 1m；凿岩与清渣施工循环作业深度宜为 0.2～0.8m。凿击点布置宜为等边三角形。

（3）凿岩锤施工时应控制垂直自由下落高度，避免发生凿岩锤落底前钢缆突然受力导致钢丝绳互绞。

45．答案：

（1）根据泥舱装载土方量计算公式求得装舱量为：

$$Q_1 = \frac{G - r_w Q}{r_s - r_w} = \frac{7500 - 1.025 \times 5000}{1.85 - 1.025} = 2879 \text{m}^3$$

（2）影响挖泥船时间利用率应考虑下列主要客观因素：

1）强风及其风向情况，风的影响主要限于高速风引起的水面状况造成操作上的困难。

2）当波高超过挖泥船安全作业的波高时，应停止施工作业。

3）浓雾，当能见度低，看不清施工导标或对航行安全不利时，应停止施工。

4）水流，特别是横流流速较大时，对挖泥船施工会造成影响。

5）冰凌，当冰层达到一定厚度值时，挖泥船就不宜施工。

6）潮汐，在高潮位时，挖泥船可能因其挖深不够需候潮。而当低潮位时有可能使疏浚设备搁浅也需候潮。

7）施工干扰，如避让航行船舶等。

46．答案：

（1）计算该船的泥舱装载土方量

根据泥舱装载土方量计算公式求得装载量为：

$$Q_1 = \frac{G - r_w Q}{r_s - r_w} = \frac{7000 - 1.025 \times 5000}{1.85 - 1.025} = 2273 \text{m}^3$$

（2）计算该船生产率

航速换算：

重载航速为：$9 \times 1.852 = 16.7 \text{km/h}$；

轻载航速为：$11 \times 1.852 = 20.4 \text{km/h}$；

挖泥航速为：$3 \times 1.852 = 5.6 \text{km/h}$。

根据耙吸船生产率计算公式求得生产率为：

由 A 挖至 B：$W_{AB} = \dfrac{Q}{\dfrac{l_1}{v_1} + \dfrac{l_2}{v_2} + \dfrac{l_3}{v_3} + t} = \dfrac{2273}{\dfrac{15 - 1.5}{16.7} + \dfrac{15 + 1.5}{20.4} + \dfrac{3}{5.6} + \dfrac{8}{60}} = 993 \text{m}^3/\text{h}$

由 B 挖至 A：$W_{BA} = \dfrac{2273}{\dfrac{15-1.5}{20.4} + \dfrac{15+1.5}{16.7} + \dfrac{3}{5.6} + \dfrac{8}{60}} = 979\text{m}^3/\text{h}$

所以由 A 挖至 B 合理些。

47．答案：

（1）本工程①流动性淤泥宜选用冲刷型耙头、②软黏土宜选用挖掘型耙头、③密实砂宜选用主动挖掘型耙头。

（2）本工程①流动性淤泥应选用挖泥对地航速为 2.0～2.5kn、②软黏土应选用挖泥对地航速为 3.0～4.0kn、③密实砂应选用挖泥对地航速为 3.0～4.0kn。

（3）本工程自航耙吸挖泥船施工工艺流程为：空载航行至挖泥区，减速后定位上线下耙挖泥，通过离心式泥泵将耙头搅松的泥土吸入泥舱内，满舱后起耙，航行至抛泥区后，开启泥舱底部的泥门抛泥，然后空载航行至挖泥区，进行下一循环的挖泥施工。

48．答案：

（1）计算挖泥循环周期时间：

$$T = \dfrac{20}{1.852 \times 10} \times 2 + 1 = 3.2\text{h}$$

（2）计算挖泥船生产率：

$$W = \dfrac{Q}{T} = \dfrac{3000}{3.2} = 937\text{m}^3/\text{h}$$

（3）计算施工工期。

施工小时 $= \dfrac{400 \times 10000}{937 \times 0.85} = 5022\text{h}$

施工天数 $= \dfrac{5022}{24} = 209\text{d}$

施工工期为 $209 + 209 \times 10\% = 230\text{d}$。

49．答案：

（1）接力泵站设置位置选择应符合下列要求：

1）接力泵吸入口压力较低且不得小于 0.1MPa。

2）地基稳定性好，承载力足够。

3）满足泵站设备运输要求，水、电满足需求。

4）减少施工噪声等对周边环境的不利影响。

（2）接力泵施工应符合下列要求：

1）接力泵前端应设空气释放阀、真空压力表和放气阀，排出端应设压力表。

2）各接力泵站和被接力船舶系统内部应建立可靠的通信联络系统，并同时具备两种及以上的通信手段，其中至少有一种为非公用自备系统。

3）各接力泵与被接力船舶系统内部组成的系统中各设备的启动和工作参数调整等应统一协调。

4）系统停止工作前应从最后一级接力泵开始逐级、逐时向前降低泥泵转速；系统停泵应从最后一级接力泵开始，每停一泵稍作停顿待系统工作稳定后再逐级向前停泵。

50．答案：

（1）计算抓斗挖泥船小时生产率需要考虑的参数包括：每小时抓取斗数、抓斗容积、土的搅松系数和抓斗充泥系数。

（2）施工分层厚度确定的原则为：分层的厚度要根据土质、抓斗高度、斗重、张斗的宽度等因素确定。因本工程选用 8m³ 抓斗挖泥船施工，因此，分层厚度宜取 1.5～2.0m。

（3）抓斗挖泥船的抓斗分为轻型平口抓斗、中型抓斗、重型全齿抓斗和超重型抓斗共四种。轻型平口抓斗适用于淤泥土类、软塑黏土和松散砂；中型抓斗适用于可塑黏土和中等密实砂；重型全齿抓斗适用于硬塑黏土、密实砂和中等密实碎石；超重型抓斗适用于风化岩和密实碎石。

51．答案：

（1）泥舱的载泥量

根据泥舱装载土方量计算公式：

$$Q = \frac{7500 - 1.025 \times 5000}{1.85 - 1.025} = 2879 \text{m}^3$$

泥舱载泥量为 2879m³。

（2）计算生产率：

$$T = \frac{2879}{\dfrac{20}{9 \times 1.852} + \dfrac{20}{11 \times 1.852} + \dfrac{50}{60} + \dfrac{10}{60}} = 905 \text{m}^3/\text{h}$$

（3）

1）耙吸挖泥船的主要技术性能有：

具有自航、自挖、自载、自抛和自吹的性能，挖泥作业时处于船舶航行状态，耙吸挖泥船通过耙头以及各种耙齿，运用高压水冲等方法，能够挖掘水下的黏土、密实的细沙，以及一定程度的硬质土和含有相当数量卵石、小石块的土层。

耙吸挖泥船的主要技术参数有舱容、挖深、航速、装机功率等。小型耙吸挖泥船舱容仅有几百立方米，大型耙吸挖泥船舱容已达 46000m³，最大挖深已超过 155m。

2）主要优缺点：

优点有：挖泥作业不需占用大量水域，无需封闭航道，对在航道中航行的其他船舶影响小；自航调遣十分方便，自身能迅速转移至其他施工作业区；航行状态下挖泥作业，能适应比较恶劣的海况。

缺点有：由于航行状态下挖泥作业，挖掘土层的平整度较差，超挖土方比其他类型的挖泥船要多。

52. 答案：

（1）管内泥浆平均浓度计算：$\rho = \dfrac{r_m - r_w}{r_s - r_w} \times 100\% = \dfrac{1.2 - 1.025}{1.85 - 1.025} \times 100\% = 21\%$

（2）输送生产率计算：

流量计算：$Q = \pi R^2 V = 3.14 \times 0.35^2 \times 5 \times 3600 = 6924\,\text{m}^3/\text{h}$；

$$W = Q \times \rho = 6924 \times 21\% = 1454\,\text{m}^3/\text{h}。$$

（3）挖掘系数计算

根据挖掘生产率公式：$\qquad\qquad W = 60KDTV$

挖掘系数：$\qquad\qquad K = \dfrac{W}{60DTV} = \dfrac{1454}{60 \times 1.5 \times 2 \times 10} = 0.81$

（4）时间利用率计算

挖泥时间计算：$\qquad\qquad T_1 = \dfrac{500000}{1454} = 343\text{h}$

$$S = \frac{T_1}{T_1 + T_2} = \frac{343}{343 + 200} = 63\%$$

53. 答案：

（1）名称：

A：坡顶明沟（或浆砌石坡顶明沟）；B：脚槽（或脚槽砌石）；C：枯水平台。

施工流程图如下：

（2）护岸工程沉排宜采用垂直岸线，从河岸往河心，自下游往上游方向进行铺设；

允许偏差值为 $\pm 0.5B = 0.5 \times 6 = 3\text{m}$

（3）1＋700 断面排体撕裂处补排纵向搭接长度最小应为 15m。

理由如下：因撕排处原始地形高程 16.5m，补排当日，根据 10 月份施工区实测水位过程线，20 日水位高程约为 28.2m，水深 28.2－16.5 = 11.7m。根据《航道整治工程施工规范》JTS 224—2016，沉排过程中出现排体应从撕排处起算，水深在 10m ≤ h < 15m 时，补排最小纵向搭接长度 15m。

（4）本工程沉排施工排头固定宜采用：

1）直接埋入枯水平台内侧的脚槽内。

2）在稳定的岸坡打入木桩，并采用绳索固定。

3）1＋700断面处补排施工时，因远离岸坡，补排排头宜采用系排梁固定。

（5）

1）水运工程质量安全督查分类：专项督查；综合督查。

2）抽检指标项有：软体排缝制偏差；压载物厚度或数量。

54．答案：

（1）驻船水域水深满足挖泥船满载吃水要求，水域宽度不低于2倍船长。

（2）艏喷施工应符合下列要求：

1）进点时控制航速并提前抛艏锚，有条件时抛艉锚辅助定位。

2）先打开引水阀门吹水，再打开抽泥舱内疏浚土门抽取砂。

3）泥门按顺序启闭，开启的泥门处泥砂接近抽尽时开启下一组泥门，随后关闭原开启的泥门，双列泥门左右对称成对启闭。

4）施工过程中根据流量和浓度调节引水阀门，保持引水阀门与泥门启闭的协调，避免舱内泥砂经引水通道流出船外。

5）施工过程中，根据真空、流量、浓度和压力等变化情况，对泥泵转速、泥门开启数量和引水阀开度进行调节。

6）根据水流、潮流、风向、水深及挖泥船操纵要求选择就位点。

7）根据施工工况选取合理的喷嘴尺度、喷射角度和泥泵转速。

55．答案：

（1）确定挖泥船的斗速

根据链斗式挖泥船的生产率计算式：

$$W = \frac{60ncf_m}{B}$$

计算斗速为：

$$n = \frac{WB}{60cf_m} = \frac{480 \times 1.2}{60 \times 0.5 \times 0.6} = 32 \text{ 斗} / min$$

（2）确定本工程的施工天数

挖泥运转时间：800000/480 ＝ 1666h

施工天数：$\frac{1666}{0.6 \times 24} = 116d$

（3）链斗式挖泥船基本原理

链斗式挖泥船一般在船体的首部或尾部中央开槽部位安装由斗桥、斗链和泥斗所组成的挖泥机具。在疏浚作业中，将斗桥的下端放入水下一定深度，使之与疏浚土层相接触。然后在斗桥下端的上导轮驱动下，使斗链连续运转，通过斗链上安装的各个泥斗，随斗链转动而对土层的泥沙进行挖掘。泥沙经挖掘后装入泥斗，再随斗链转动沿斗桥提升出水面，并传送至上端的斗塔顶部。当泥斗到达斗塔顶部，经过上导轮而改变方向后，斗内的泥沙在自身的重力作用下，从泥斗倒入斗塔中的泥井。倒入泥井的泥沙经过两边的溜泥槽排出挖泥船的舷外，倒入泥驳之中。

56. 答案：

（1）抓斗挖泥船的分条最大宽度不得超过抓斗吊机的有效工作半径的 2 倍；在浅水区施工时，分条最小宽度应满足挖泥船作业和泥驳绑靠所需的水域要求；在流速大的深水挖槽施工时，分条的挖宽不得大于挖泥船的船宽。

（2）抓斗挖泥船分层厚度应根据土质、抓斗斗高及张斗宽度等因素确定。

（3）淤泥质土选用斗容较大的轻型平口抓斗；可塑黏土选用中型抓斗；硬黏土选用重型全齿抓斗。

57. 答案：

（1）分条宽度应根据当时挖深条件下铲斗的回转半径和回转角确定，挖硬土时回转角宜适当减小，挖软土时宜适当增大。

（2）采用挖掘与提升铲斗同步挖掘法施工。

（3）针对本工程土质宜配备小容量带齿铲斗。

58. 答案：

上底宽 $B_1 = 50 + 2 \times (5 \times 2 + 4) = 78\text{m}$；

下底宽 $B_2 = 50 + 2 \times (4 - 0.5 \times 2) = 56\text{m}$；

断面面积 $A = (5 + 0.5) \times (78 + 56) / 2 = 368.5\text{m}^2$；

工程量 $V = 368.5 \times 100 = 36850\text{m}^3$。

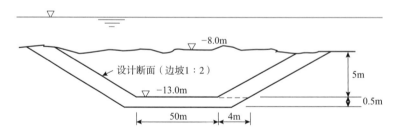

59. 答案：

（1）本工程①松散砂宜选用前端直径较大的冠形平刃绞刀、②密实砂宜选用前端直径较小的冠形可换齿绞刀并配凿形齿、③强风化岩宜选用锥形绞刀并配尖齿。

（2）本工程挖泥船开工展布工作应包括定船位，抛锚，架设水上、水下及岸上排泥管线等。

（3）本工程分条宽度确定原则为：① 正常情况下分条的宽度等于钢桩中心到绞刀前端水平投影的长度；②坚硬土质或在高流速地区施工，分条的宽度适当缩小；③土质松软或顺流施工时，分条的宽度适当放宽。

分层挖泥的厚度为：松散砂为绞刀直径的 1.5～2.5 倍；密实砂为绞刀直径的 1.0～2.0 倍；强风化岩为绞刀直径的 0.3～0.75 倍。

60．答案：

（1）本工程所采用的联合施工方式的适用条件有：取砂区具备耙吸挖泥船取砂条件，具备运砂通道、吹填区附近设置储泥坑且该区受风浪水流影响较小。

（2）本工程所采用的联合施工方式的特点有：

1）优点：取砂区风浪适应能力强；不受运距限制；施工能力强，能适应高强度施工。

2）缺点：对运砂通道要求高；储砂坑规格大，受流速限制；抛砂扩散易影响周边水域。

61．答案：

（1）该工程所需主要施工设备为：泥浆泵，发电机组，混凝土搅拌、运输设备，小型绞吸挖泥船等；

（2）该工程的主要施工工艺如下：

1）清基。在长 18km、宽度略大于 60m 路基底宽的范围内清除杂物等。

2）袋装砂棱体施工。用泥浆泵从滩地取砂充填土工织物袋，两侧对称形成棱体，至设计标高。

3）棱体当中路基回填砂。用绞吸式挖泥船在滩地取土回填至标高。

4）棱体外侧护坡、镇脚施工，结束后进行防浪墙施工，主要流程是：垫层施工→支模→浇筑混凝土→拆模→养护。

62．答案：

（1）由两个或两个以上法人或者其他组织组成一个联合体，以一个投标人的身份共同投标称为联合体投标。

（2）联合体各方均应当具备承担招标项目施工的相应能力；国家有关规定或者招标文件对投标人资格条件有规定的，联合体各方均应具备规定的相应资格条件。由同一专业的单位组成的联合体，按照资格等级较低的单位确定资格等级。

（3）由于联合体是由一级与二级港口与航道专业资质的两个施工单位所组成，根据规定，该联合体的资质等级只能按照资格等级较低的单位确定资格等级，故该联合体为二级港口与航道专业资质，根据港口与航道工程施工企业资质管理的有关规定：二级企业可承担沿海 3 万吨级以下的码头，而本工程为承建三个 2.5 万吨级泊位的码头，故在其资质等级范围内，根据其资质，业主能接受该联合体参加投标。

63．答案：

（1）投标文件应按照招标文件规定的内容和要求编写。一般应包括：1）综合说明书；2）对招标文件实质性要求和条件的响应；3）工程总报价及分部分项报价，主要材料数量；4）施工工期；5）施工方案：施工进度安排，施工平面布置，主要工程的施工方法，使用的主要船机设备，技术组织措施，安全、质量保证措施，项目负责人的基本情况；6）质量等级。

（2）投标文件送达后，在投标文件截止时间前，投标人可以补充、修改或者撤回已提交的文件，并书面通知招标人。补充、修改的文件应使用与投标文件相同的签署和密封方式送达，补充、修改的内容为投标文件的组成部分。

（3）投标人为防止标书成为废标，应避免以下情况：1）投标文件未按照招标文件要求盖章、签字和密封；2）未按照招标文件要求提交保证金（保函）；3）投标函未按照招标文件要求填写，内容不全或关键字迹模糊无法辨认；4）投标文件没有对招标文件提出的实质性要求和条件做出响应；5）同时提交两份或多份内容不同的投标文件，或同一份文件对同一招标项目有两个或多个报价，且未声明最终报价；6）报价明显低于成本价或者高于招标文件中设定的最高价；7）串通投标、以行贿手段谋取中标。

64. 答案：

（1）振冲密实法施工可采用功率为 30～180kW 的振冲器。施工前应严格检查振冲器的绝缘性能，并通过现场试验确定供水系统水压及流量、振密电流和留振时间等参数。

（2）粉土地基处理宜采用围打法，靠近码头前沿区施工时，应按背离码头的方向推进。

（3）成孔贯入时水压宜为 200～600kPa，水量宜为 200～400L/min，振冲器下沉速率宜为 1.0～2.0m/min。

（4）成孔后孔内每次填料厚度不宜大于 500mm，每层填料最终振密电流和留振时间应满足设计要求。

（5）每层填料量、最终振密电流和留振时间应进行记录。

（6）对不符合规定要求的振冲点，应重新振冲密实或采取其他有效的补救措施。

（7）成桩后顶部松散桩体应按设计要求进行处理。

（8）施工现场应事先设置泥水排放系统和沉淀池，沉淀池内上部清水可重复使用，泥水的排放应符合相关的环保要求。

（9）施工过程中应对场地地面高程变化、裂缝等进行监测，监测断面宜为 50～100m，必要时应对施工过程的深层水平位移、孔隙水压力和水位进行观测。

65. 答案：

（1）施工单位应在合同专用条款中约定的期限内，向监理工程师提交开工申请报告，经监理工程师审查，并报建设单位批准后，监理工程师应在合同条款中约定的期限内发布开工令。施工单位应在开工令中指定的日期内开工。

（2）出现下列情况时，经监理工程师确认并报建设单位批准，施工期可以延长：① 设计变更或工程量增加造成工程延误；② 不可抗力或地质条件变化造成工程延误；③ 建设单位原因造成工程延误；④ 合同专用条款中约定的其他情况。

（3）在确有必要，监理工程师通知施工单位暂停施工，停工责任在施工单位时，停工损失由施工单位承担，施工期不予延长。若由于监理工程师的指令错误或停工责任在建设单位时，施工单位停工的经济损失由建设单位承担，由此影响的施工期相应延长。

66．答案：

（1）该工程可按以下划分单位工程：根据《水运工程质量检验标准》JTS 257—2008的规定，可划分为四个单位工程（码头每个泊位为一个单位工程，引桥850m也可划为一个单位工程）。

（2）分项工程质量检验应在工序交接验收的基础上，由该分项工程技术负责人组织有关人员进行自检，自检合格后报监理单位监理工程师组织施工单位专职质量检查员进行检验确认。

（3）分项工程质量合格的标准是：

1）分项工程所含验收批质量均应合格，且质量记录完整；

2）当分项工程不划分验收批时，其主要检验项目全部合格；一般检验项目应全部合格。其中允许偏差的抽检合格率应≥80%，其中不合格的点最大偏差值，对于影响结构安全和使用功能的，不得大于允许偏差值的1.5倍。

67．答案：

（1）施工安全风险评估工作包括：前期准备、现场调查、总体风险评估、专项风险评估、风险评估报告编制和风险评估报告评审等六个步骤。

（2）总体风险评估是以工程项目或具有独立使用功能的主体结构、作业单元为评估对象，根据工程特点、施工环境、地质条件、气象水文、资料完整性等，评估其施工的整体风险，确定风险等级并提出控制措施建议。

专项风险评估是以作业活动或施工区段为评估对象，根据其施工技术复杂程度、施工工艺成熟度、施工组织便利性、施工环境条件匹配性以及类似工程事故案例等，进行风险辨识与风险分析、风险估测，确定风险等级，提出相应的风险控制措施建议。

（3）总体风险评估和专项风险评估等级均分为四级；均是低风险（Ⅰ级）、一般风险（Ⅱ级）、较大风险（Ⅲ级）、重大风险（Ⅳ级）。

68．答案：

（1）项目综合应急预案是建设单位为应对项目可能发生的各种生产安全事故而制定的总体工作方案。

合同段施工专项应急预案是施工单位为应对单位工程、分部分项工程施工中某一种或者多种类型的生产安全事故而制定的专项应对方案，重点规范应急组织机构以及应急救援处置程序和措施。

现场处置方案是施工单位根据不同生产安全事故类型，针对具体部位、作业环节和设施设备等制定的应急处置措施，重点分析风险事件，规范应急工作职责、处置措施和注意事项，应突出班组自救互救与先期处置的特点。

（2）应急预案编制的步骤为：1）编制工作小组成立、2）资料收集、3）风险评估、4）应急资源调查、5）应急预案编制、6）应急预案评审、7）应急预案发布。

（3）合同段施工专项应急预案应包括的内容有：适用范围、风险事件描述、应急组织机构、处置程序、处置措施、应急预案管理。

69．答案：

（1）一般分为两种形式：

第一种是综合会审：收到项目的施工图后，由总包单位和分包单位分别对图纸进行审查和熟悉，然后进行综合会审，或在设计交底时与设计单位、建设单位和监理单位一起进行综合会审，以解决大的方案性问题和各专业之间的搭接和协调问题。

第二种是由工程项目经理负责组织各工种对图纸进行学习、熟悉、审查，同时组织各专业间的会审。

（2）要做好图纸的熟悉与审查工作，项目经理要做的主要工作有：

1）做好审查的引导和辅导工作

项目经理自己要先学好并组织进行交底和辅导。介绍工程概况、设计意图、工艺流程、指出关键部位和审图重点。

2）分工种进行熟悉和初审

由工段长组织各工种骨干在学习、熟悉图纸的基础上，详细核对有关各工种图纸的结构尺寸、相互的关系、施工方法等细节。

3）进行各工种的综合会审

（3）安全专项施工方案应当包括以下内容：

1）工程概况：危险性较大的分部分项工程概况、施工平面布置、施工特点分析、施工要求和技术保证条件。

2）编制依据：相关法律、法规、规范性文件、标准、规范及设计图纸（国标图集）、施工组织设计等。

3）施工计划：包括施工进度计划、材料与设备计划。

4）施工工艺技术：技术参数、工艺流程、施工方法、检查验收等。

5）施工安全保证措施：组织保障、技术措施、应急预案、监测监控等。

6）劳动力计划：专职安全生产管理人员、特种作业人员等。

7）人员培训计划。

8）计算书及相关图纸。

70．答案：

（1）沿海港口的水工建筑物工程的建筑工程费中的"其他直接费"包括：安全文明施工费、临时设施费、冬季雨季及夜间施工增加费、材料二次倒运费和施工辅助费。

（2）疏浚与吹填工程的建筑工程费中的"其他直接费"包括：安全文明施工费、卧冬费、疏浚测量费和施工浮标抛撒及使用费。

71．答案：

（1）乙承包商应通过监理工程师向业主索赔。

（2）业主与甲承包商和乙承包商有施工合同关系，甲承包商与其分包商有分包合同关系，甲、乙承包商没有合同关系。

（3）乙承包商向业主索赔；业主向甲承包商反索赔；甲承包商向其分包商反索赔。

（4）乙承包商向业主索赔要通过监理工程师；业主向甲承包商反索赔也应通过监理工程师；甲承包商向其分包商反索赔与监理工程师无关。

72．答案：

（1）一类费用指船舶机械艘（台）班费用定额中不可变动部分，包括：折旧费、船舶检修费、机械检修费、船舶小修费、船舶航修费、机械维护费、船舶辅材费、机械安拆及辅助费。

（2）二类费用指工程船舶机械艘（台）班费用中可变动部分，主要包括：工程船舶定员、机械配员的人工费用，工程船舶机械动力费用及工程船舶定员的饮用水费用。

（3）工程船舶停置艘班费＝折旧费＋航修费＋1/2辅助材料费＋车船税及其他费＋人工费＋10%燃料费＋淡水。

（4）工程机械停置台班费＝折旧费＋人工费＋车船税及其他费。

73．答案：

（1）可索赔事项如下：

1）由于业主原因变更设计事项，新增加的制桩、运桩及打桩变更工期及费用可索赔；

2）不可抗力因素造成的工期延误可索赔；

3）业主供货不及时造成的人员窝工、设备停置可索赔。

（2）根据以上可索赔事项计算工期顺延为：

$$18 + 15 + 11 = 44d$$

（3）根据以上可索赔事项计算索赔费用如下：

制桩打桩费为：$1.5 \times 10 = 15$ 万元

$$1.2 \times 10 = 12 \text{ 万元}$$

业主供货原因造成窝工费用为：

人工费＝30 人 $\times 11d \times 30$ 元/（人·d）＝9900 元

机械停置费＝$49 \times 1 \times 11 + 178.34 \times 1 \times 11 = 2500.74$ 元

以上费用合计＝$15 + 12 + （9900 + 2500.74）/10000 \approx 28.24$ 万元

费用准予调增 28.24 万元。

74．答案：

（1）在露天台座制作预应力混凝土方桩时，应采取措施避免由于气温升高而增加预应力损失或由于气温降低使钢筋发生冷断事故。

（2）桩身混凝土浇筑必须连续进行，不得留有施工缝。

（3）利用充气胶囊制桩，在使用前应对胶囊进行检查，漏气或质量不合格者不得使用，使用时应采取有效措施控制胶囊上浮或偏心。

（4）预应力放张时的混凝土强度和弹性模量应符合设计规定；设计未规定时，混凝土强度不应低于设计强度等级值的 80%，弹性模量不应低于混凝土 28d 弹性模量的 80%。

（5）主筋切割前预应力应先放张，主筋应对称切割。

（6）桩身混凝土采用潮湿养护时，养护时间不宜少于 14d，龄期不宜少于 28d；采用常压蒸养时，龄期不宜少于 14d。

75．答案：

（1）疏浚工程量计算断面示意图如下图所示。

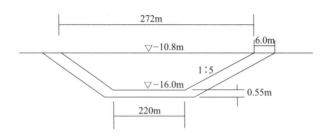

（2）本工程万方耙吸挖泥船挖、运、吹施工工艺流程图如下图所示。

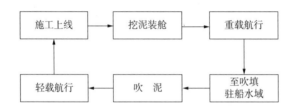

（3）本工程围埝施工流程图如下图所示。

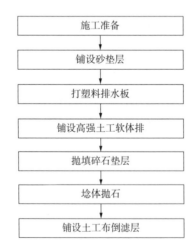

76．答案：

（1）追究业主拖延工程进度款的违约行为责任，必须按规定程序执行。监理工程师按合同约定及监理工程师签认的工程量 10d 内业主应支付工程款；在应支付日期期满后 10d 仍未支付，承包商采取的第一个行动是发出催款要求，要求 10d 内付款的通知，并明确提出可能采取停工措施的警告；发出可能停工通知后 10d 内仍得不到支付才可以停工。

（2）由于非承包商责任原因导致本该进行的竣工试验不能进行，则应该要求监理工程师在本该进行试验这天确认部分工程竣工。但在进入缺陷责任期试验条件满足后，还需进行补充试验，以确定质量是否合格。

77. 答案：

（1）承包商可以提出工期索赔。因为工期的延误不是由于承包商的原因和责任所致，是由于业主设计变更、工程量增加的原因所致。

（2）承包商应提出的工期索赔时间为：

$$T = （附加或新增工程量价值 / 原合同总价额）\times 原合同工期$$
$$= （100/2000）\times 12 = 0.6 \ 个月$$

所以承包商提出索赔 1 个月工期是不合适的。

78. 答案：

（1）①——码头面层混凝土；

②——码头的预应力混凝土面板；

③——码头预应力混凝土纵梁；

④——码头横梁；

⑤——码头钢筋混凝土靠船构件；

⑥——桩帽；

⑦——预应力混凝土桩；

⑧——抛石棱体；

⑨——挡土墙；

⑩——倒滤层；

⑪——后方回填；

⑫——后方堆场面层混凝土。

（2）主要工序流程框图：

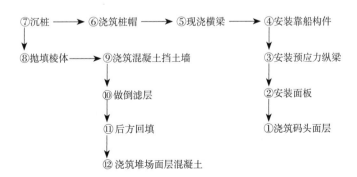

79．答案：

根据题意计算钻孔桩混凝土用量＝ $(1.8 \div 2)^2 \times 3.14 \times 3000 \times 1.2 \times (1 + 2\%) = 9339.36 m^3$。

根据配合比计算水泥、砂、碎石用量分别为：

$$水泥 = 9339.36 \times 0.38 = 3548.96t。$$

$$砂 = 9339.36 \times 0.6 = 5603.62 m^3。$$

$$碎石 = 9339.36 \times 0.76 = 7097.91 m^3。$$

混凝土预算单价计算：

C20 混凝土的预算单价 $= 0.38 \times 350 + 0.76 \times 55 + 0.6 \times 35 + 0.213 \times 1.5 + 1.595 \times 7 + 0.38 \times 5 + 0.061 \times 3 \approx 209.37 元/m^3$

C20 混凝土的总价 $= 9339.36 \times 209.37 = 1955381.80 元$。

80．答案：

（1）按照合同文件的解释顺序，合同条款与招标文件在内容上有矛盾时，应以合同条款为准。故目标工期应为 581d。

（2）合同规定业主供应图纸 7 套，施工单位再要 3 套图纸，超出合同规定故增加的图纸费用应由施工单位支付。

（3）在基槽开挖土方后，在四周设置围栏，按合同文件规定是施工单位的责任。未设围栏而发生人员摔伤事故，发生的医疗费用应由施工单位支付。

（4）夜间施工已经业主同意，并办理了有关手续后应由业主承担有关费用。

（5）由于施工单位以外的原因造成连续停电，在一周内累计超过 8h。施工单位又按规定提出索赔，应该批准其工期顺延。由于工人已安排其他生产工作，可以批准其因改换工作引起的生产效率降低的费用。造成施工机械停止工作可视情况进行机械设备租赁或折旧费的补偿。

81．答案：

（1）本工程应划分为 A 区、B 区、C 区共三个单位工程。

（2）确定吹填区内排泥管线布设间距应考虑的因素主要有设计要求、泥泵功率、吹填土的特性、吹填土的流程和坡度等因素。

（3）最大吹填设计工程量 V 为：

$$V = \frac{V_1 + \Delta V_1 + \Delta V_2}{(1 - P)}$$

式中：$V_1 = 2000 万 m^3$

$\Delta V_1 = 0.12 \times 2.5 \times 100 = 30 万 m^3$

$\Delta V_2 = 0.2 \times 2.5 \times 100 = 50 万 m^3$

$P = 6\%$

$$V = \frac{2000 + 30 + 50}{(1 - 0.06)} = \frac{2080}{0.94} = 2213 万 m^3$$

82．答案：

（1）设计变更、等待图纸责任在发包人，应该批准延期 10d；

（2）正常阴雨天气影响是承包人的风险，虽然是监理工程师下令停工，但阴雨天气影响了施工质量，承包人应当事先考虑到气候影响，不予延期；

（3）承包人自己的设备故障，产生的延误不予延期；

（4）发生不可抗力事件停工 6d，但是此段时间其中有 5d 与设备故障时间重合，而且不可抗力事件的发生可能影响承包人设备的修复。承包人可准备翔实的证明资料并及时报告监理工程师。监理工程师应从实际出发，充分调查，再与发包人和承包人进行磋商决定。因此，应批准承包人延期至少要 16d。

83．答案：

（1）工程量清单计价包括分部分项工程量清单费用、一般项目清单费用和计日工项目清单费用等全部费用。

（2）综合单价是指完成工程量清单中一个质量合格的规定计量单位项目所需的人工费、材料费、船舶机械使用费、施工取费及税金等全部费用的单价，并考虑风险因素。

（3）一般项目是指招标人要求计列的、不以图纸计算工程量的费用项目，招标人不要求列示工程数量的措施项目和其他项目。

（4）计日工项目是指完成招标人提出的合同范围以外的、不能以实物计量的零星工作所需的人工、材料、船舶机械项目。

（5）暂列金额是指招标人在工程量清单中暂定，用以尚未确定的工程材料、设备、服务的采购或可能发生的合同变更而预留的费用。

84．答案：

对于第 1 项应该给予施工单位费用补偿。因为修改设计造成了施工单位的全场性停工，可能造成人工调动、生产率下降及机械设备闲置等。但上述所列的计算方法不正确，因为现场管理费的计算不能以合同总价为基数乘相应的费率，而应以直接费为基数乘相应的费率来计算，利润包括在实施的工程内容价格内，规定是不给予利润补偿的，所以施工单位提出的以上索赔费用计算不正确，而应重新计算。

第 2 项不应给予索赔。因这一保证质量的措施是施工单位的技术措施，而不是业主、监理、规范、设计、合同的要求，所以这一措施造成的成本增加应由施工单位自己承担。

85．答案：

（1）索赔应该成立，承包商可增加费用 114 万元，延长本部分工期 30d。理由是现场地质情况与招标文件的要求和所给条件不符，属于工程变更范畴，且为业主责任，应按合同规定给予承包商费用和工期补偿。

（2）承包商可按新方案实施，但费用索赔申请不成立。理由是承包商是为了便于施工，缩短船机闲置时间，降低成本而改变施工工艺的，属于承包商的施工替代方案，不是业主的要求。因此费用索赔不成立。

（3）调价申请不成立。理由是对码头在防波堤建成之前进行施工的这一情况承包商在投标时是清楚的，承包商投标文件中的施工组织设计已反映这一点。作为一个有经验的承包商对此是可以预料到的，故应理解其投标报价中已考虑了在无掩护条件下进行码头施工的相关费用，故此项索赔要求不成立。

86. 答案：

（1）可以申请修改施工方案，及时调整施工工艺，可以申请费用索赔。

（2）承包人应考虑及时将由于硬土问题闲置的施工人员和机械调配到其他区段施工，如不可行可申请关于闲置费用的索赔。

（3）对硬塑粉质黏土和砖杂土的开挖，应及时调整施工方法，土方单价可以要求在原来中标单价的基础上进行补助，支付数量按时计量。

87. 答案：本预算编制执行内河航运建设工程费用定额标准，计算结果如下：

长江三峡某移民码头的预算费用计算表

序号	项目	计算式	金额（万元）
（一）	基价定额直接费		643
（二）	定额直接费（含税）		680
（三）	定额直接费（除税）		667
（四）	其他直接费（含税）	643×6%	39
（五）	其他直接费（除税）	39/1＋3%	38
（六）	直接工程费（含税）	680＋39	719
（七）	直接工程费（除税）	667＋38	705
（八）	规费	643×1.5%	10
（九）	企业管理费（含税）	（643＋39）×6%	41
（十）	企业管理费（除税）	41/1＋3%	40
（十一）	利润	（643＋39＋41）×7%	51
（十二）	增值税销项税	（705＋10＋40＋51）×11%	89
（十三）	增值税进项税	（719－705）＋（41－40）	15
（十四）	增值税应纳税	89－15	74
（十五）	附加税	74×7%	5
（十六）	税金	74＋5	79
（十七）	专项费用		10
（十八）	建筑安装工程费	705＋10＋40＋51＋15＋79＋10	910

88. 答案：

根据以上情况可如下办理：

（1）1991 年 7 月 1 日前已建（完成）的合同工程和设计变更以及额外工程，无论支付与否，均不能要求进行价格调整。

（2）在 1991 年 7 月 1 日以后通知或指示实施的额外工程和设计变更增加（或者减少）的工程，按合同工期完成且工程质量达到设计要求的项目均可按实际要求进行价格调整。

（3）1991 年 7 月 1 日以后完成的全部合同内项目，只要能在合同工期内完成并且满足质量要求，同样可以按照实际情况进行价格调整。

89．答案：

（1）拖航计划和安全实施方案由主拖船船长制定，包括任务、区域、日期、气象、方法、通信方式、应急安全措施等。

（2）要进行拖航检验。因为这次调遣超过200海里时，属长途拖航。

（3）见右图。

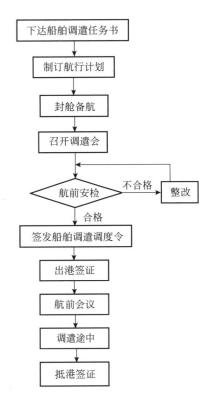

90．答案：

1．应针对合同段可能发生的风险事件，制定相应的处置措施，明确处置原则和具体要求。

2．应急处置措施应包含但不局限于以下要求：

（1）坍塌处置措施应结合基槽基坑、码头上部、防波堤或护岸等施工部位，或者模板、脚手架、支架等作业环节制定，明确结构监测、防护加固、人员搜救、应急通信保障等要求。

（2）高处坠落处置措施应结合码头上部结构、沉箱预制等施工部位或者作业环节制定，明确现场临边防护、人员抢救等要求。

（3）起重伤害处置措施应结合施工升降机、塔式和门式起重机、起重船等不同起重机械类型制定，明确机械关停、作业停止、人员抢救、安全转移等要求。

（4）淹溺处置措施应结合施工水域掩护条件、水深、风浪、水流及其变化、搜救资源等情况制定，明确人员营救、水上救援交通组织等要求。

（5）防台防汛处置措施应结合台风预警、潮汐水位变化、防台拖带能力、航道通航和锚地选择、人员驻地防护等情况制定，明确监测预警、作业停止、设施设备稳固、船舶避风、人员撤离、驻地防洪等要求。

（6）其他风险事件处置措施应根据发生部位或作业环节、施工环境特点制定。

3. 明确与处置措施相匹配的应急物资装配名称、型号及性能、数量、存放地点及保管人员等，并要求动态更新管理。物资装备保障应满足相关规定的要求。

91. 答案：

（1）分为：特别重大事故、重大事故、较大事故和一般事故；本事故属于一般事故；因为本事故造成 1 人死亡，根据《生产安全事故报告和调查处理条例》，造成 3 人以下死亡的事故属于一般事故。

（2）主要程序为：事故报告→事故调查→事故处理。

（3）事故调查报告应包括的主要内容有：

1）事故发生单位概况。

2）事故发生经过和事故救援情况。

3）事故造成的人员伤亡和直接经济损失。

4）事故发生的原因和事故性质。

5）事故责任的认定以及对事故责任者的处理建议。

6）事故防范和整改措施。

92. 答案：

（1）分为：特别重大事故、重大事故、较大事故和一般事故；本事故属于一般事故；因为本事故造成直接经济损失 250 万元，根据《水上交通事故统计办法》，造成 100 万元以上 1000 万元以下直接经济损失的事故属于一般事故。

（2）主要程序为：事故报告→事故调查→事故处理。

（3）报告内容应当包括：船舶或设施的名称、呼号、国籍、起讫港，船舶或设施的所有人或经营人名称，事故发生的时间、地点、海况以及船舶、设施的损害程度、救助要求等。

93. 答案：

（1）该事故的等级为伤亡事故。

（2）造成该事故的直接原因是：违反安全操作规程，水上作业未穿救生衣。

（3）1）水上作业，必须穿好救生衣。

2）水上作业严禁一人单独作业。

3）水上作业必须设水上救生设施。

4）加强安全思想教育。

94. 答案：

（1）该事故为伤亡事故。

（2）1）上下船必须设置专用跳板。

2）跳板下必须设安全网。

3）跳板必须架设平稳，码头端必须扎牢。

4）安全管理必须到位，发现安全隐患必须立即予以整改。

95．答案：

（1）该事故为重伤事故。

（2）违章作业，现场缺乏安全监控人员。

（3）1）悬锤提架时禁止检查，提架提锤时不得将身体伸进架内笼口危险区。

2）起吊物件下不准站人操作。

3）加强现场的安全检查和监管。

96．答案：

（1）船舶应保持VHF及电话等通信畅通，确保与当地海事局随时保持联系，发生险情必须立即报告。

（2）锚泊抗台船舶应加强巡视检查，加固锚链，备妥主机，采取一切有效手段防止船舶发生走锚、丢锚等险情。

（3）冲滩抗台船舶应进一步加强船位固定措施，并视情况撤离船上所有人员。

（4）如遇紧急情况需弃船时，船舶首先应确保人员安全撤离，在弃船前应尽量采取措施，防止弃船后船舶出现漂移，碰撞其他船舶和水上构筑物。

（5）发生船舶险情时，在确保自身安全前提下，附近船舶应服从主管机关的调遣，按照本船的抗风浪能力参与救助抢险。

97．答案：

（1）等级为伤亡事故；类别为起重伤害。

（2）1）违反施工组织设计规定的程序。

2）施工现场安全管理不严，检查督促不力，安全措施不落实；在水上作业不穿救生衣和不按施工方案作业，没有及时发现和制止。

98．答案：

（1）根据规定，码头按泊位划分单位工程，本工程设计为集装箱码头和多用途件杂货码头泊位各一个，故码头应划分为两个单位工程。本工程引桥规模较大，应单独划分为一个单位工程。因此，本工程应划分为三个单位工程。

（2）集装箱泊位划分为四个分部工程：基槽及岸坡开挖、桩基、上部结构和码头设施。主要分部工程是桩基和上部结构；桩基分部的主要分项工程有预制 $\phi1200$ 预应力大管桩和沉 $\phi1200$ 预应力大管桩；上部结构分部的主要分项工程有：预制纵梁、预制轨道梁、预制面板、现浇横梁。

（3）集装箱泊位工程质量达到合格标准的要求是：

1）所含分部工程的质量均应符合合格的规定。

2）质量控制资料和所含分部工程有关安全和主要功能的检验资料完整。

3）主要功能项目的抽检结果应符合相关规定。

4）观感质量符合规范要求。

99．答案：

（1）水运工程项目开工前，建设单位应组织施工单位、监理单位对单位工程、分部工程和分项工程进行划分，并报水运工程质量监督机构备案。工程建设各方应据此进行工程质量控制和检验。

（2）分项工程及检验批的质量应由施工单位分项工程技术负责人组织检验，自检合格后报监理单位，监理工程师应及时组织施工单位专职质量检查员等进行检验与确认。

（3）分部工程的质量应由施工单位项目技术负责人组织检验，自检合格后报监理单位，总监理工程师应组织施工单位项目负责人和技术、质量负责人等进行检验与确认。其中，地基与基础等分部工程检验时，勘察、设计单位应参加相关项目的检验。

（4）单位工程完工后，施工单位应组织有关人员进行检验，自检合格后报监理单位，并向建设单位提交单位工程竣工报告。

（5）单位工程中有分包单位施工时，分包单位对所承包的工程项目应按规定的程序进行检验，总包单位应派人参加。分包工程完成后，应将工程有关资料交总包单位。

（6）建设单位收到单位工程竣工报告后应及时组织施工单位、设计单位、监理单位对单位工程进行预验收。

（7）单位工程质量预验收合格后，建设单位应在规定的时间内将工程质量检验有关文件、报水运工程质量监督机构申请质量鉴定。

（8）建设项目或单项工程全部建成后，建设单位申请竣工验收前应填写建设项目或单项工程质量检验汇总表，报送质量监督机构申请质量核定。

100．答案：

（1）"综合管理"要求的内容：

1）生活区内应设置供作业人员学习和娱乐的场所。

2）施工现场应建立治安保卫制度，责任分解落实到人。

3）施工现场应制定治安防范措施。

（2）"五牌一图"分别是：工程概况牌、消防保卫牌、安全生产牌、文明施工牌、管理人员名单及监督电话牌、施工现场总平面图。

（3）"现场办公与住宿"管理要求的内容：

1）施工作业、材料存放区与办公、生活区划分清晰，并应采取相应的隔离措施。

2）伙房、库房不得兼做宿舍。

3）宿舍、办公用房的防火等级应符合规范要求。

4）冬季宿舍内应有采暖和防一氧化碳中毒措施。

5）夏季宿舍内应有防暑降温和防蚊蝇措施。

6）生活用品应摆放整齐，环境卫生应良好。

网上增值服务说明

为了给一级建造师考试人员提供更优质、持续的服务，我社为购买正版考试图书的读者免费提供网上增值服务。**增值服务包括**在线答疑、在线视频课程、在线测试等内容。

网上免费增值服务使用方法如下：

1. 计算机用户

2. 移动端用户

注：增值服务从本书发行之日起开始提供，至次年新版图书上市时结束，提供形式为在线阅读、观看。如果输入卡号和密码或扫码后无法通过验证，请及时与我社联系。

客服电话：010-68865457，4008-188-688（周一至周五9：00—17：00）

Email：jzs@cabp.com.cn

防盗版举报电话：010-58337026，举报查实重奖。

网上增值服务如有不完善之处，敬请广大读者谅解。欢迎提出宝贵意见和建议，谢谢！